光滑离散颗粒流体动力学及与有限体积耦合方法

——一种气体-颗粒两相流数值模拟新方法

强洪夫　陈福振　著

科学出版社

北　京

内 容 简 介

气体-颗粒（液滴、气泡或固体颗粒）两相流作为自然界和工业生产中很普遍的一种现象，广泛存在于航空航天、现代化工、能源、冶金、材料以及环保等各个领域，对该问题进行研究具有重要的科学价值和实际意义。本书是论述一种全新的求解气体-颗粒两相流动问题数值模拟方法的专著，包括基于颗粒动力学模型的SDPH方法的概念、SDPH-FVM耦合框架及其实现以及考虑颗粒蒸发、燃烧、聚合、破碎等过程的耦合新方法等。全书叙述力求简明扼要，重点突出。

本书适用于高等院校力学、工程热物理、航空航天、化工等专业高年级的本科生、研究生，以及相关专业的工程和科研人员使用。

图书在版编目(CIP)数据

光滑离散颗粒流体动力学及与有限体积耦合方法：一种气体-颗粒两相流数值模拟新方法/强洪夫，陈福振著. —北京：科学出版社，2019.3

ISBN 978-7-03-060016-5

Ⅰ. ①光… Ⅱ. ①强…②陈… Ⅲ. ①颗粒-流体动力学-研究 Ⅳ. ①O351.2

中国版本图书馆CIP数据核字(2018) 第294306号

责任编辑：宋无汗　张瑞涛 / 责任校对：郭瑞芝

责任印制：师艳茹 / 封面设计：陈　敬

科学出版社 出版

北京东黄城根北街16号

邮政编码：100717

http://www.sciencep.com

北京通州皇家印刷厂 印刷

科学出版社发行　各地新华书店经销

*

2019年3月第　一　版　开本：720×1000 1/16

2019年3月第一次印刷　印张：15 1/4

字数：307 000

定价：120.00元

(如有印装质量问题，我社负责调换)

序

气体–颗粒两相流动作为两相流体动力学中的重要部分，在热能、化工、运输、水利、环保和医学等现代工程领域有着广泛的应用。对气体–颗粒两相流动系统进行研究涉及多尺度、物质转化、动量交换与能量传递等细节，属于包含数学、力学、物理学和系统学领域知识在内的跨学科、跨领域的复杂问题。鉴于气体–颗粒两相流动结构的复杂性、颗粒粒径分布的不均匀性以及实验设备的局限性等，单纯采用实验很难探究其全部流动特性。随着现代高速电子计算机的出现和快速发展，采用数值模拟仿真配合实验研究已成为多相流研究领域的主要趋势。

该书作者强洪夫教授及其团队以气体–颗粒两相流现象为研究背景，针对现有数值方法存在的不足，结合无网格数值方法领域多年研究积累的经验，提出了一种无网格粒子法与传统网格法耦合（SPH-FVM）的数值模拟方法，有效结合了两种数值方法的优势，取得了较好的数值仿真结果与仿真精度。同时，作者又成功地将新方法拓展至模拟颗粒的蒸发与燃烧以及液滴等软颗粒的聚合、破碎等复杂问题研究中，建立了新的模拟仿真方法体系，有效地解决了这一类问题。该书便是在此基础上，由近十年的研究成果收集整理而成，为多相流领域问题研究提供了一种全新的数值计算方法和工程仿真策略。

该书结构合理，内容新颖，系统完整，逻辑清晰。全书理论性、创新性较强，在计算流体力学理论最前沿开展技术、方法和理论探索，并积极与多相流学科最前沿的问题相结合，将新理论和新方法成功应用于复杂过程研究中，是一部典型的由工程应用到前沿理论方法研究，最后成功回归到工程实践的著作，同时又为其他领域同类型问题的研究提供了解决方案。

该书的出版对从事计算力学研究、应用和教学的科学工作者及相关工程技术人员都有重要的参考价值。

G.R. Liu

美国辛辛那提大学宇航工程与工程力学系教授

前　　言

在航空航天动力系统中存在着大量的气体–颗粒 (以下简称气–粒) 两相流动现象。最典型的为固体推进剂铝颗粒的燃烧流动以及液体推进剂或航空燃油的雾化燃烧过程，该过程对于发动机的能量性能、绝热材料的烧蚀性能以及发动机燃烧稳定性具有重要的影响。同时，气–粒两相流还广泛存在于自然界、工业、农业、能源、制造以及环保等领域，典型的有自然界中风沙、冰雹、雨雪的运动，化学工业中的流化床，能源工程中煤的利用，石油、天然气的加工，装备制造业中炼钢炼铁，水泥、化肥和各种粉末材料的生产过程以及高新技术中纳米材料的制备加工，微化工系统及生物代谢过程等均涉及气–粒两相流动。因此，针对气–粒两相流开展研究对指导工程实际具有广泛、深远的意义。

当前有关多相流数值模拟的书籍中，关于气–粒两相流数值方法主要有两种：颗粒轨道模型 (又称离散颗粒模型) 和颗粒拟流体模型 (又称双流体模型)。然而，由于气–粒两相流系统具有多态性和复杂性，采用颗粒轨道模型和颗粒拟流体模型处理均会遇到一些问题。因此，阐述一种新的数值方法，解决现有模型在处理此类问题时遇到的困难，同时对新方法应用于各工程领域中的示范进行描述，将为读者提供一种新的思路。本书系统介绍了气–粒两相流概念及研究现状、气–粒两相流常用模型及方法和无网格 SPH 方法的基本理论等，为在多相流研究和计算流体力学方面零基础的读者提供一种循序渐进的学习过程，可有力地提升读者对于气–粒两相流问题的认知水平。

本书阐述了作者及研究团队提出的一种全新的求解气–粒两相流动问题的数值模拟方法 —— 光滑离散颗粒流体动力学方法及与有限体积耦合方法，该方法克服了传统颗粒轨道模型求解遇到的运算复杂、计算量大、精度低、无法获取系统宏观特性的问题，克服了传统双流体模型遇到的无法追踪单颗粒运动轨迹、无法捕捉颗粒流动变形细节、不易加入颗粒蒸发燃烧模型等问题。对广泛存在于航空航天、现代化工、能源、冶金、材料以及环保等各领域中的气–粒两相流动问题进行数值模拟，真实再现颗粒碰撞、流动、蒸发、燃烧等细节过程，为揭示两相流动机理、改进装备设计、指导工业生产提供理论依据与技术支撑。

全书共 10 章，第 1 章主要阐述气–粒两相流动系统的概念、发展现状、SPH 研究现状及 SDPH 方法；第 2 章主要系统论述多相流求解常用模型及方法，使读者对气–粒两相流计算有深入的了解，同时对气–粒与气–液两相流计算模型和方法之间的差别有清晰的理解和认识；第 3 章主要论述 SPH 方法的基本思想及积分插值理论，对本书新方法使用的边界施加模型及多相黏性流离散方法进行重点阐述；第 4 章阐述了基于颗粒动力学模型适于离散颗粒相求解的 SDPH 方法，通过推导 SPH 粒子属性与颗粒属性间的关系式，将传统 SPH 方法进行了改造，同时分析了该方法与传统 SPH 方法的差别；第 5 章论述了从基于颗粒动力学的双流体模型出发构建的 SDPH 与 FVM 间的耦合框架，并与其他现有的四种数值方法进行对比分析；第 6 章对含颗粒蒸发与燃烧模型的 SDPH-FVM 耦合方法进行了深入分析；第 7 章将气–液两相流这一特殊现象从气–粒两相流问题中剥离出来，专设章节进行 SPH 方法模拟求解的论述；第 8 章对基于颗粒间碰撞聚合及破碎理论，通过引入结晶动力学中的群体平衡模型，并基于矩方法求解策略所建立的考虑颗粒碰撞聚合、破碎和单颗粒破碎等过程在内的 SDPH-FVM 耦合新方法进行了详细阐述；第 9 章对第 8 章所述新方法在航天领域中的应用进行了详细分析和描述；第 10 章主要拓展新方法在武器研发、化工、灾害预防、物料输送等其他领域中的应用。

本书的撰写和出版得到了有关学者与专家的关心和帮助，在此表示衷心的感谢。同时感谢研究团队的其他成员——高巍然、刘虎、石超、范树佳、刘开、张林涛、郑华林、张国星、孙新亚、汪杜豆等给予的大力支持。另外，对本书涉及的相关国内外文献作者表示感谢。SDPH-FVM 耦合方法作为一种新提出的方法，正处在不断发展和完善中，仍有许多问题需要解决，希望本书能为多相流研究领域的科研和工程实践提供帮助，对 SPH 方法及其与传统方法的耦合方法的创新和新的应用领域的开拓起到促进作用。

特别感谢国家自然科学基金项目 (51276192) 对本书的资助。

由于作者水平有限，书中不妥之处在所难免，还望广大读者批评指正！

目　录

第1章　绪　　论

1.1　气体–颗粒两相流动系统

1.1.1　多相流动和两相流动

按照理解角度的不同，可以将多相流按两种不同的方式进行划分：一种从物质形态上进行相的划分，另一种则从动力学意义上进行区分。从物质形态上看，自然界中的物质通常有三种状态：气体、液体和固体。因此除单相流动以外，流动还存在气–液、气–固、液–固构成的两相流动和气–液–固构成的多相流动。除此之外，还存在动力学意义上的相。例如，两种互不相溶的液体构成的流动，由于两种液体物性的不同，将不可避免地造成流动在动力学上的差异，因此互不相溶的液–液混合物的流动也属于两相流动。又例如，气流中携带大量固体颗粒构成的流动，由于固体颗粒通常存在粒径上的差异，不同粒径的颗粒显然具有不同的动力学性质。为了能够精确地研究不同粒径颗粒的流动特性，可将颗粒按不同粒径范围进行分组，采用不同的动力学方程加以描述，这样从固体颗粒中又分出了多个相，称为多相系统的流动。本书所研究的气–粒两相流动即从动力学意义上进行区分，这里的颗粒既可以指固体颗粒 (从物质形态上可称为气–固两相流)，又可以指液体颗粒如液滴 (从物质形态上可称为气–液两相流)，也可以指气体颗粒如气泡 (从物质形态上也称为气–液两相流)。但本书所述的颗粒粒径分散性不大，为了减小问题的复杂性，在研究的过程中仅考虑颗粒的粒径分布，不对颗粒粒径造成的流动差异进行考虑，将所有颗粒采用相同动力学方程加以描述。气–粒两相流动是多相流动的一个简单特例。

1.1.2　气体–颗粒两相流动所涉及的领域

随着科学技术的发展，针对气–粒两相系统的研究领域不断扩大。在研究初期，人们对气–粒两相流的兴趣仅仅局限于接触最多的颗粒输送、气–液两相流动和泥沙运动等方面，而今天针对气–粒两相系统的研究已经扩展到从航空航天到动植物生理活动的广泛领域。目前气–粒两相流动系统研究涉及较多的领域包括以下几个。

(1) 宇航：固体或液体燃料火箭、航空飞行器、空间生命保障系统、人造卫星运行、飞行器再入大气层、飞行器末端毁伤等。

(2) 能源：常规电站锅炉、核反应堆、石油开采、地热电站、磁流体发电机、内燃机、喷流式冷却塔以及喷气式发动机等。

(3) 运输：水煤浆的管道输送，颗粒矿料、粮食谷物、棉花等物质的气流输送，生产过程中颗粒材料的管内输送等。

(4) 化工：精馏装置、反应器、流化床、乳化装置、喷雾器、洗涤塔、吸收装置、搅拌装置、除湿干燥装置等。

(5) 水利：江河、湖泊中泥沙的沉积，水库淤泥防治，河口、港湾的泥沙运动等。

(6) 环境：空气污染控制、防尘装置、PM2.5 预防和治理、垃圾处理、空调制冷装置等。

(7) 地理：土地的风蚀与沙土沉降、沙漠迁移、沙丘形成、泥石流、山体滑坡、雨滴的运动、江河与海洋的浮冰等。

(8) 生物：细胞的运动、血液的流动、汗腺控制体温等。

1.1.3　连续介质与离散颗粒

在对气–粒两相流建立数学模型进行求解时，必须建立连续介质与离散颗粒的概念。同时各相采用何种概念进行建模，直接决定了相关数值方法的选择。连续介质作为流体力学和固体力学研究的基本假设之一，它认为流体或固体质点在空间连续且无间隙地分布。质点具有宏观物理量属性，如质量、压强、速度、温度等。这些属性都是空间和时间的连续函数，满足一定的物理定律，如质量守恒定律、牛顿运动定律、能量守恒定律、热力学定律等。质点是流体或固体保持宏观特性的最小体积单元。众所周知，离散的颗粒间存在间隙，当所研究的颗粒涉及的尺寸小于流体质点尺寸时，连续介质概念不再有效，这类问题不属于普通流体力学或固体力学的研究范畴，其流动变形机理需要根据颗粒动力学理论进行研究。

对于气–粒两相流动而言，在对气相建立方程时，若扣除控制体内颗粒所占有的体积份额后，连续介质的概念仍然适用。对气体中携带的大量颗粒，颗粒间的间距要比分子间距大得多，在研究颗粒相时，是否仍将其看成是连续介质，需要根据颗粒的粒径、所研究流场的空间范围相对尺寸、颗粒的浓度与颗粒浓度分布的均匀性以及研究所需要的精确程度等因素确定。将颗粒相作为不同的介质模型可以建立不同的数值方法，目前用于求解气–粒两相流的颗粒轨道方法和欧拉–欧拉方法分别属于将颗粒相看成离散颗粒和连续介质时所建立的方法。

1.1.4　描述流动的两种基本方法

在流体力学中，描述流体的流动有两种基本的方法：拉格朗日方法和欧拉方法。对于气–粒两相流中流场的描述仍然如此，根据气–粒两相流动的特征和描述准确性的需要，可同时运用欧拉方法和拉格朗日方法分别对气相和颗粒相进行描述。目前，对于气–粒两相流的研究主要有三类不同的耦合方法：欧拉–欧拉方法、欧拉–拉格朗日方法以及拉格朗日–拉格朗日方法 (具体方法的研究现状在 1.2 节进行详细介绍)。准确理解欧拉方法和拉格朗日方法对于气–粒两相流的研究相比单相流体研究更为重要。

1. *描述流体运动的欧拉方法*

欧拉方法着眼于空间，以流场中每一空间位置为描述对象，描述这些位置上流体的物理属性随时间的变化。采用欧拉方法需要对所研究的流场建立空间坐标系。在直角坐标系中，流场中任一点 (x, y, z) 处，物理参数 B 随时间 t 的变化关系表示为

$$B = B(x, y, z, t) \tag{1.1}$$

采用欧拉方法时，给定流场中任一空间位置，便可以得到这一空间位置处流体的运动状态和流体的物理参数。

2. *描述流体运动的拉格朗日方法*

拉格朗日方法着眼于流体质点，以流场中每一流体质点为描述对象，描述这些质点的位置、速度及物理量随时间的变化。若以 (a, b, c) 表示质点在某一时刻 t 所处的位置，则不论该质点在其他时刻已经运动到何位置以及物理参数经历了何种变化，该质点的任一物理量 B 对于时间的变化可以表示为

$$B = B(a, b, c, t) \tag{1.2}$$

采用拉格朗日方法，给定任意流体质点，便可得到该流体质点在 t 时刻所处的空间位置和它的运动状态等物理参数。同时，由于拉格朗日方法通过追踪每一流体质点来描述流场的变化，因此，采用拉格朗日方法可以得到流场中所有流体质点的运动轨迹。

1.2 气体–颗粒两相流研究发展与现状

1.2.1 气体–颗粒两相流研究的历史发展

对于两相流的研究，在 19 世纪就产生了有关明渠水流中泥沙的沉降和运输的论述，但对于两相流系统的研究从 20 世纪 40 年代才开始。在 40~50 年代，研究两相流的学者还较少，且对于两相流研究主要集中于实验观测和现象描述两方面。从 60 年代开始，两相流才逐渐受到越来越多学者的关注，但研究内容仍为一些简单的两相流动实验测试及基本模型的建立和研究[1,2]。在这期间，Davidson 和

Harrison[3] 在流化床研究领域，基于两相的概念提出了著名的气泡模型，对两相流研究发展产生了巨大的推动作用。在 20 世纪 70 年代，学者开始对一些相对复杂的多相流现象进行实验测试，并在流体力学、传热学等理论的基础上，发展建立了多相流理论体系 [4–6]。80 年代，对多相流的研究开始从相对简单的管道流动逐渐发展到相对复杂的流化床流动和气–粒两相分离运动，从稀相流动发展到密相流动，并在稀相流动研究的基础上，建立了密相流动的物理模型和基本方程 [7–9]，并且逐渐开始应用于固体火箭发动机 [10] 及其他领域气–粒两相流的研究。在此期间建立的颗粒动力学模型 [8] 成为后来用于数值模拟的重要理论依据。90 年代之后，多相流研究更为活跃，研究内容从无源流场向有源流场发展，刻画尺度从宏观特性向微观结构深入，研究空间由一维、二维向三维发展，许多学者建立了各种物理及数学模型，使多相流理论体系飞速发展和完善。经过半个多世纪的发展，目前气–粒两相流的稀相流动可以通过建立数学模型、借助计算机计算得到较为满意的结果。但对于高浓度气–粒悬浮系统来说，由于颗粒间相互作用和气–粒间耦合关系的复杂性，以及计算量的限制，涉及浓相气–粒两相流动的工程设计仍主要通过实验进行。

总之，气–粒两相流至今发展还很不成熟，尚属于发展初期阶段，亟需更多的研究人员开展与气–粒两相流动相关的研究工作。

1.2.2 气体–颗粒两相流研究方法

气–粒两相流动已在大量的工业工程中得到了广泛的应用，如航空航天、化工、冶金、能源等领域。如上小节回顾的气–粒两相流研究历史，研究人员对气–粒两相流动过程进行了大量的实验和模型化研究。但不论是采用测量颗粒浓度的电容法和同位素法，还是测量气体和颗粒两相的速度、湍流度和浓度的多普勒法、粒子速度测速法和全息法，都很难了解气–粒两相流动的全部特性，并且消耗大量的人力物力。同时，由于气–粒两相流动过程的复杂性，大部分理论研究基于经验或半经验模型，如上小节提到的气泡模型以及描述提升管内两相流动的环核模型、絮状物模型等。这些模型虽然在一定程度上丰富了对气–粒两相流动系统的认识，可以描述一些实验现象，但其预测能力有限，无法给出详细的流场信息。

随着计算机的快速发展，计算流体力学 (computational fluid dynamics，CFD) 逐渐成为多相流研究的主要工具。其基于流场中质量、动量和能量守恒定律，建立反映气–粒两相流动的基本流体力学方程组，进而采用相应的数值计算方法离散求解，得到对整个流动过程的详细描述。根据对连续相和离散相的处理不同，气–粒两相流的数值方法主要有三种：欧拉–欧拉双流体模型、欧拉–颗粒轨道模型和拉格朗日–拉格朗日拟颗粒模型。本书所阐述的用于求解气–粒两相流动的新方法属于另一种新的数值方法，因此这里重点对现有的三种数值方法进行归纳总结，便于对比分析和研究。

1. 欧拉–欧拉双流体模型

双流体模型 (two fluid model，TFM)，又称为颗粒相拟流体模型，最早由 Anderson 和 Jackson[11]，Soo[12]，Garg 和 Pritchett[13] 等提出并发展而来。该模型在求解多尺度气–粒两相流方面发挥着重要的作用。该模型理论上将每一相都看成是充满整个流场的连续介质，其中颗粒相是和气体相相互渗透的拟流体，与气体相相同，均在欧拉坐标系下采用基于宏观连续介质原理的质量、动量和能量守恒方程进行求解。此类模型中，空间中的每一点均为各相所共有，两相间存在着相互作用。TFM 的基本假设为：①流场中每一相具有各自的速度、温度和体积分数，按尺寸分成的各组颗粒内部具有相同的速度和温度；②颗粒相在空间中的速度、温度和体积分数分布函数连续；③采用初始尺寸分布区分颗粒组；④每一颗粒相不仅与连续相具有质量、动量和能量的交换，其自身还具有湍流脉动，造成颗粒的质量、动量和能量的湍流输运，颗粒的脉动与自身的对流、扩散及与气相的相互作用相关；⑤对于稠密颗粒拟流体，颗粒间的碰撞还会造成颗粒黏性、扩散和热传导等现象的发生。

TFM 中颗粒相方程组与气体相方程组具有相同的形式，给计算求解带来了方便，且可以处理任何浓度的颗粒流动。该模型中，气相方程通过气体压力、黏度等本构关系进行封闭，对于同样基于连续介质假设的颗粒相也可采用相似的处理方法，通过引入固体体积黏度、剪切黏度和压力等概念，建立其本构关系计算式，从而对颗粒相方程进行封闭。同时，还需考虑气–粒两相间相互作用，曳力计算模型为该问题提供了解决途径。

最早对于颗粒相黏度的处理采用常黏度模型进行计算，即将颗粒相黏度设置为常数。Gidaspow[14] 采用常数为零的无黏度模型，成功模拟了鼓泡流化床的流态化。Tsuo 和 Gidaspow[15] 通过定义颗粒相黏度为气相黏度的 $100\sim200$ 倍，模拟了低速床和提升管中气–粒运动，得到在用于垂直管瞬态二维流动的模拟时常黏度模型能够预测稀相和稠密相的流型。常黏度模型虽然可在一些算例中预测流化床内的流动，但其定量能力不确定。

由于颗粒相黏度由颗粒间碰撞和湍流行为产生，反应颗粒相能量的耗散特性，为颗粒浓度和颗粒物性等参数的函数，因此依据该结论及实验数据和经验参数，可得到一系列颗粒相黏度经验模型。Enwald 等 [16] 对该模型进行了分析研究，得出混合物黏度在颗粒相浓度较高时有数量级的差别，同时混合物黏度还包含颗粒边界层引起的近邻效应影响，反推得到固相黏度受特定条件限制。可以看出，常黏度模型及经验模型对颗粒相黏度的处理不能从机理上解释多相流的许多重要现象。

类比于分子运动理论 [17]，将颗粒相描述为无间隙的拟流体，建立起了颗粒动

力学理论 (kinetic theory of granular flow，KTGF)[8,18]，为求解颗粒相黏度提供了一种理论方法。通过 KTGF 推导，可以明确颗粒黏度的具体物理意义，并可写出完整的碰撞黏度、动力黏度和体积黏度表达式 [19]。自从 Sinclair 和 Jackson[20] 等首先应用颗粒动力学理论模拟流化床中的气固两相流动以来，许多研究者从不同的角度对 KTGF 进行了修正并应用于更广的领域。该模型中引入颗粒拟温度来描述颗粒间的速度脉动，颗粒相黏度以及应力均为颗粒拟温度的函数。由此建立起来的 TFM 作为一种多相流模型逐渐引入商业软件中，并成功进行了鼓泡流化床 [21−24]、喷动流化床 [25−28]、循环流化床及其他气–粒两相流过程 [33−36] 的模拟。另外，Gidaspow 等 [14,19] 将拟流体模型推广到流化床内壁面与床层之间传热特性的数值模拟中。在此基础上，Kuipers 等 [33] 采用气相导热系数对固定床层有效导热系数进行了计算。Schmidt 和 Renz[37] 利用该方法模拟了流化床层与床内埋管表面之间的传热过程。Chang 等 [38] 将不同颗粒间的碰撞传热模型引入 TFM 中，模拟了稠密气固两相流中的热传导过程。Enwald 等 [16] 对 TFM 在流态化领域的应用进行了全面的总结。周芳等 [39] 采用基于 KTGF 的 TFM 对二维风沙气固两相流进行了数值模拟。武生智等 [40] 同样运用该模型对摩阻风速和颗粒粒径对风沙流场的影响进行数值研究。周晓斯等 [41] 采用大涡模拟耦合颗粒相湍流拟流体模型对近床面风沙流动过程进行了三维数值计算。

尽管近些年来采用 TFM 对各领域中的流态化过程数值模拟取得了很大成功，但该模型仍存在着一些难以解决的问题，主要包括以下几种。

(1) 无法进行微观层次上的研究。拟流体模型是从连续的观点来处理问题且采用基于欧拉网格的数值方法进行求解，因此所得计算结果仅能反映多个离散颗粒在局部区域内的平均特性，获取不同时刻颗粒在固定空间位置上的分布特性，而无法追踪颗粒的运动轨迹，无法捕捉颗粒运动细节，无法获得在颗粒层次上的具体信息。

(2) 易产生伪扩散。采用 TFM 进行求解，不仅对于气体相采用网格法进行离散求解，同样对于颗粒相采用网格数值方法，而在实际数值模拟时，当流动方向与网格线成一倾斜角，并在与流动垂直的方向上存在非零的因变量梯度时，网格法离散格式都会产生伪扩散。这种两相同时产生伪扩散的结果，将对数值模拟产生严重影响。

(3) 不易加入颗粒蒸发、燃烧等物理化学模型。颗粒的蒸发、燃烧涉及流场中单颗粒或特定颗粒的变化过程，相应颗粒的粒径将同时发生改变，从而影响颗粒的运动及相间能量交换特性。而在 TFM 中，采用欧拉网格法求解颗粒相，任何参量的变化必须通过建立相应的输运方程求解得到，而对于特定颗粒发生的蒸发和燃烧过程来说，建立该模型方程存在一定的难度，目前还未见相关报道，同时也不直观，偏离了颗粒相求解的本质。

这些不足制约了 TFM 在某些领域的发展，亟待新的数值方法汲取该模型的优点，改进该模型的不足，从而实现对气–粒两相问题的更有效更精确的求解。

2. 欧拉–颗粒轨道模型

为了克服 TFM 的缺陷并追踪单颗粒的运动轨迹，欧拉–颗粒轨道模型 (又称离散颗粒模型，discrete particle model，DPM) 随后逐渐建立起来。该模型的主要思想为：与 TFM 相同，在欧拉坐标系下对气体相进行求解，而在拉格朗日坐标系下采用轨道模型追踪颗粒运动，即将连续相处理为连续介质，颗粒相处理为独立的离散颗粒。由于这类模型对颗粒运动进行的是颗粒层次上的分析，因而它可以揭示气–粒两相流动的微观细节，从颗粒尺度与宏观尺度模拟工程中的多尺度结构。

DPM 根据颗粒轨迹的计算方式分为确定性轨道模型和随机性轨道模型两类。对于确定性轨道模型，通过颗粒运动轨迹判定颗粒的碰撞发生，不考虑颗粒的湍流扩散作用，实际中可以引入修正公式加入湍流影响；随机性轨道模型通过颗粒间的碰撞概率判定颗粒发生碰撞与否，在颗粒运动方程中引入气相湍流脉动作用，考虑气相湍流对颗粒运动的影响 [42,43]。

1) 确定性轨道模型

颗粒轨道模型中，颗粒除受到外部气体作用外，颗粒间的碰撞对于颗粒的运动同样起着至关重要的作用。目前确定性轨道模型根据颗粒碰撞处理的不同，分为硬球模型 (hard-sphere model)[44] 和软球模型 (soft-sphere model)[45] 两类。在硬球模型中，假定颗粒间的所有碰撞均为瞬时的二体碰撞，对于颗粒的运动方程采用积分形式，忽略碰撞的具体过程，通过法向、切向恢复系数及摩擦系数描述碰撞前后颗粒的速度关系，如图 1.1(a) 所示。Campbell 和 Brennen[46] 最早提出硬球模型并采用该模型研究了颗粒的剪切流动，而后硬球模型广泛应用于各种复杂颗粒流体系统。Hoomans 等 [47] 首先将硬球模型引入流化床数值模拟中，随后欧阳洁等 [48,49] 分别模拟了鼓泡流化床和循环流化床内流动特性，结果清晰地显示了气泡、塞状流以及颗粒团聚等现象；Bokkers 等 [50] 采用三维硬球模型分析对比了两种不同气相阻力下流化床内单个气泡的形状差异；闫洁等 [51] 对射流颗粒中的碰撞进行了研究；同样该模型还用于高压流化过程 [52,53]，循环流化床内气–粒湍流流动 [54] 以及喷动流化床 [55,56] 等过程的数值模拟。对于固体发动机内的气–粒两相流动问题，也大多采用基于硬球模型的 DPM 进行计算。Golafshani 等 [10] 采用 DPM 对喷气推进实验室 (jet propulsion laboratory，JPL) 喷管内气–粒两相流场进行了二维数值模拟；Madabhushi 等 [57] 对潜入喷管的固体火箭发动机后封头两相流场进行了研究，计算中加入了湍流模型。后来 Najjar 等 [58] 又对航天飞机助推器用发动机 RSRM 进行了三维多物理场耦合模拟，特别考虑模拟了发动机内的颗粒残渣沉积过程及其现象。国内，曾卓雄等 [59] 和于勇等 [60] 采用硬球模型对 JPL 喷管及长尾喷管内气–粒两相流问题进行了数值模拟；何国强等 [61] 和李越森等 [62] 对高过载下固体发动机内颗粒运动状况进行了模拟研究，分析了横、纵向载荷对发动机燃烧室内粒子场和聚集带的影响；刘洋 [63] 对过载条件下长尾喷管发动机三维两相流场进行了数值模拟，分析了不同颗粒直径、过载组合和铝粉含量等对发动机内颗粒分布特性的影响；武利敏 [64] 研究了两相流计算模型对固体火箭发动机两相流数值模拟的影响，分析比较了固定轨道模型、随机轨道模型、拟流体模型在不同湍流模型中的应用。

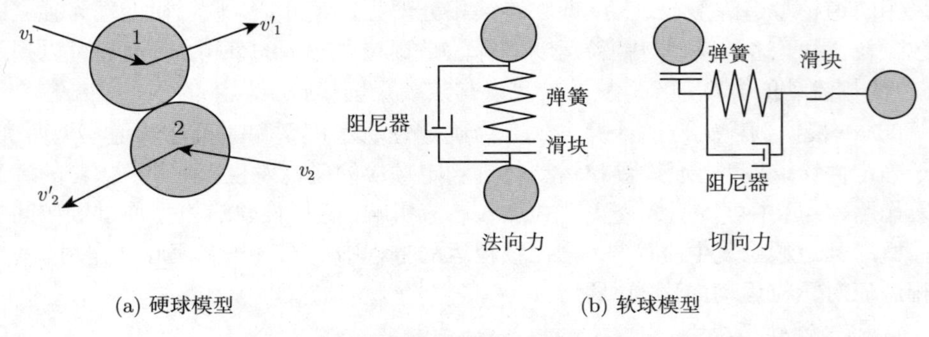

(a) 硬球模型　　(b) 软球模型

图 1.1　硬球模型及软球模型示意图

软球模型又称为离散单元方法 (discrete element method，DEM)，最早由 Cundall 和 Strack[44] 提出并用于模拟地质学中的岩石运动规律。该模型假定颗粒发生碰撞时存在微小变形，颗粒间的相互作用可持续一定时间，且允许一个颗粒与两个或多个颗粒同时接触。通过在法向上引入弹簧和阻尼器，切向方向引入弹簧、阻尼器和滑动器，表征颗粒碰撞时的塑性变形，如图 1.1(b) 所示。Tsuji 等 [45] 首先将该方法应用于浓相水平管内气力输送过程的研究，随后很多学者 [65−67] 将该模型与计算流体力学模型相结合，用于二维流化床内气固两相流数值模拟。Kawaguchi 等 [68] 将该模型拓展至三维，同时对比了二维数值模拟结果，然而在它们的模拟中，普遍采用硬球模型中的碰撞判定算法去判别初次的接触瞬间。Feng 等 [69,70] 应用该模型研究了两相混合物的分离过程。除此之外，Mikami 等 [71] 引入范德瓦耳斯力模拟了黏结颗粒的流态化过程。Zhao 等 [72] 和 Takeuchi 等 [73,74] 将软球模型用于喷动流化床的数值模拟。在风沙运动方面，Kang 等 [75−77] 建立了一种欧拉–拉格朗日二维模型，气体相通过体平均的 N-S 方程描述，颗粒相通过引入软球模型描述的沙粒–床面及沙粒–沙粒之间碰撞的牛顿运动第二定律得到单颗粒运动轨迹。杨杰程等 [78] 采用软球模型模拟了三维风沙运动过程，并将三维计算结果及二维计算结果与实验结果进行了对比分析。李志强等 [79] 采用软球模型与大涡模拟相结合的方法，对风沙气固两相运动过程进行了三维数值模拟，分析了近床面沙粒的起跳角、起跳速度、入射角和入射速度的概率分布，并对沙粒展向速度的分布进行了统计分析。Deen 等 [80] 对颗粒轨道模型的研究现状进行了全方位的总结。

与颗粒相的连续性描述不同，DPM 模型可以较容易地描述包括颗粒的转动和颗粒–颗粒间的碰撞在内的颗粒的运动，对于颗粒的数目、尺寸和密度不受限制，可以较容易地拓展至模拟多相异相反应等传质传热过程。然而，对于硬球模型来说，在二元颗粒碰撞假设条件下，颗粒相的体积分数应小于 10%。对于软球模型来说，在大的硬化参数条件下，时间步长通常应该设为很小。对于硬球模型及软球模型，为了提高数值结果的计算精度，均需要大量的颗粒及非常小的时间步长，因此需要超大的计算空间和 CPU 计算时间，DPM 模型不适用于大规模工程计算。

2) 随机性轨道模型

在对颗粒数较大的高浓度气–粒两相流数值模拟时，如果对每一单独颗粒的每次碰撞加以处理，则工作量巨大，确定性方法因为过高的计算负荷和计算机储存需求而变得失效。为克服该缺陷，可将颗粒间的相互碰撞等同于稀薄气体分子运动论中分子间的碰撞，认为颗粒碰撞具有随机性，颗粒的碰撞由碰撞概率而非颗粒的运动轨迹决定，这样可大大减小计算量，节省计算存储空间。

直接模拟蒙特卡罗 (direct simulation Monte Carlo，DSMC) 方法的特点是通过概率抽样的方法，将系统研究中的 N 个物理颗粒由 n 个样本颗粒代替计算，每个样本颗粒表征性质相同的一组物理颗粒 ($n < N$)，颗粒间碰撞使用蒙特卡罗方法通过模拟颗粒间的碰撞概率来确定。DSMC 方法源于 Bird[81] 在稀薄气体分子中用于求解 Boltzmann 方程的直接蒙特卡罗方法。Tsuji 等 [32] 模拟了循环流化床提升管内颗粒团聚物的生成，并与 TFM 所得计算结果进行了比较。Yonemura 等 [82] 研究了垂直管道内气固两相流动特性和团聚物的形成。Tanaka 等 [83] 和 Seibert 等 [84] 采用 DSMC 技术对垂直管道中气固流动过程和流化床过程进行了数值模拟。Wang 等 [85] 和张槛等 [86] 采用该技术模拟了循环流化床内颗粒的非均匀流动结构。彭正标等 [87] 对脱硫塔内的气固流动特性及优化进行了模拟研究。吴限德等 [88] 和陈伟芳等 [89] 分别采用 CFD-DSMC 方法对固体发动机 JPL 喷管中及三维超声速管道中气固两相流问题进行了模拟计算。此外，DSMC 还与硬球模型结合 [90,91] 用于流化床内气泡和颗粒运动的模拟。DSMC 与硬球及软球模型相比计算量较小，适合于大规模数值计算，但颗粒运动的细节，如颗粒在碰撞过程中的具体受力信息等无法获取，同时需要选取合理的取样数值和采用性能优越的随机数发生器。

3. 拉格朗日–拉格朗日拟颗粒模型

为了再现气–粒两相流动域内一些典型流动现象和微观特性，拉格朗日–拉格朗日耦合方法是一种非常有效的方法，气体相和颗粒相均在拉格朗日框架下进行求解。然而，由于传统拉格朗日网格法在求解此类问题时不可避免地出现网格扭曲和缠绕，计算失效，此类方法在过去很长时间内未能得到发展。而随着近些年拉格朗日粒子方法的出现和发展，如格子–玻尔兹曼模型 (lattice-Boltzmann model，LBM)[92]、分子动力学 (molecular dynamics，MD) 方法 [93]、耗散粒子动力学 (dissipative particle dynamics，DPD) 方法 [94]、有限粒子方法 (finite particle method，FPM)[95]、移动粒子半隐式 (moving particle semi-implicit，MPS) 方法 [96] 以及 SPH[97,98] 等方法，拉格朗日–拉格朗日拟颗粒模型逐渐产生并应用于一些领域之中。

LBM[99] 作为一种基于分子运动论的拉格朗日数值方法，能够反映气体运动的微观或细观物理本质，已成功应用于解决各类气体动力学 [100−102] 问题。Filippova 和 Hänel[103] 采用 LBM 描述气体流动，颗粒相采用拉格朗日质点追踪，两相间的相互作用应用经验模型描述，模拟了低雷诺数下具有复杂边界条件的气固过滤器内不可压缩流动过程。Han 等 [104]、Feng 等 [105] 和 Wang 等 [106] 耦合 LBM 和软球模型或硬球模型对气–粒两相系统进行了仿真研究，采用两相间耦合机制处理模型中气体相和颗粒相之间的相互作用。Lantermann 等 [107] 分别采用 LBM 和 DSMC 方法对气体和颗粒进行描述，模拟了超细颗粒在复杂几何体表面上的传输和沉积过程。

基于流体拟颗粒的思想，Ge 和 Li 提出了宏观尺度拟颗粒模型 (macro-scale pseudo particle model，MaPPM) 方法 [108−110]，即将气体考虑成离散的气体“颗粒”微团，微团直径介于气体分子与流体网格尺度之间，通过模拟气体“颗粒”与真实颗粒间的碰撞等相互作用，再现两相流动中的典型现象。另外，其他的粒子方法，如 FVP 方法 [111]、MD 方法 [112] 也逐渐成功用于气–粒两相流动系统中流体相拟颗粒的数值模拟。

尽管此类模型可以较好地呈现出流体相的微观特性，但是其不能模拟真实条件下的流动过程，例如，它只能模拟微重力场、低雷诺数情况下的流动。再者，该模型的准确程度与拟颗粒的大小密切相关，拟颗粒越小，颗粒数目越多，计算结果越准确，但同时带来巨大的计算量。另外，其对于颗粒相的求解与 DPM 模型相同，因此 DPM 模型存在的缺陷也未能解决。

从以上文献的综述可以看出，不论 TFM、DPM 还是 MaPPM，在求解气–粒两相流动问题时均存在一定的问题，无法实现对实际工程问题的准确高效求解，亟需发展新的数值方法弥补现有模型方法的缺陷，为各领域中气–粒两相流动问题研究提供理论和技术支持。

1.3　光滑粒子流体动力学研究现状

传统的基于欧拉和拉格朗日网格的数值方法如有限体积法 (finite volume method，FVM) 和有限元法 (finite element method，FEM) 已广泛应用于计算流体力学和计算固体力学领域，而且已成为进行区域离散化和数值离散化模拟的主要方法。然而，基于网格的数值方法在很多方面仍存在较大不足，表 1.1 列出了拉格朗日网格法和欧拉网格法的比较。这些方法的不足制约了其在许多问题中的应用。例如，求解爆炸与冲击问题时所遇到的大变形、高度非均匀性、运动物质交界面、变形边界和自由表面等网格法无法克服的问题，以及当所研究的对象是一系列离散的物质点时，同样不适合于使用基于网格的数值方法，如天体物理学中行星的相互作用问题、平衡或非平衡态的大量原子的运动问题，以及本书所提到的气–粒两相问题中的颗粒相的求解等。

表 1.1　拉格朗日网格法和欧拉网格法的比较

项目	拉格朗日网格法	欧拉网格法
网格划分	固定在物质上	固定在空间上
参量追踪	可追踪物质上任一点的运动	只能追踪网格间通量交换
时间历程	很容易得到物质上每一点的数据时间历程	很难得到物质上某一点的数据时间历程
移动边界和交界面	容易追踪	很难追踪
不规则几何形状	容易建模	很难得到精度好的模型
大变形	难处理	容易处理

无网格方法作为对传统网格方法的有效补充，正逐渐成为科学和工程研究中的一个有效工具。无网格方法通过一系列任意分布的节点或粒子求解具有各类边界条件的积分或偏微分方程组，节点或粒子无需特定连接，克服了网格法存在的缺陷，已广泛用于固体、结构以及流体问题的数值模拟。

SPH 方法是 1977 年由 Lucy[97]、Gingold 和 Monaghan[98] 分别独立提出的一种无网格粒子方法，最早应用于天体物理现象的模拟，随后被广泛应用于连续性固体力学和流体力学中。SPH 方法及其衍生的方法作为现在粒子方法中的主要类型，已融入许多商业软件中。现将 SPH 方法存在的优势及其发展概况做一总结。

1.3.1　SPH 方法的优势

在 SPH 方法中，系统中的物质采用一系列粒子来表征，粒子具有独立的材料性质，按照守恒控制方程的规律进行运动。SPH 方法作为一种拉格朗日形式的无网格粒子法有其独特的优势：①SPH 方法具有自适应性。这是其最重要的一个特性。其自适应性在场变量近似的初期就可得到，而且场变量的近似在每一时间步当前时刻任意分布粒子的基础上进行，因此 SPH 公式的构造不受粒子分布随意性所影响，可以自然地处理一些具有极大变形的问题。②SPH 方法具有无网格性。SPH 方法在计算的过程中无需网格提供连接信息，同时在没有对粒子进行细化时，其近似方法依然运算有效。③拉格朗日公式与粒子近似方法的和谐结合。SPH 方法与其他无网格方法的区别在于，其他无网格方法的节点仅作为插值点，而 SPH 粒子除此之外还携带材料的性质，可以在内力和外力的共同作用下运动。SPH 粒子可以同时作为近似点和材料成分，使得其更具灵活性。这也是本书提到采用 SPH 粒子对颗粒相进行求解的重要原因和理论依据(SPH 粒子可以携带材料属性，因此可以拓展 SPH 粒子所携带的材料的特性参数，从而使 SPH 求解的领域进一步拓展)。

1.3.2　SPH 方法研究进展

SPH 是模拟流体流动的一种无网格自适应拉格朗日粒子法，它最初提出是用于求解三维开放空间中的天体物理学问题 [97,98]。由于 SPH 方法具有比较强大的将复杂物理影响效应引入 SPH 公式的能力，因此 SPH 方法随后很快在大量计算流体力学和固体力学问题上得到广泛应用。在固体力学领域，Libersky 及其团队 [113−115] 对于冲击体的碰撞问题做出了突出贡献；Swegle 和 Attaway[116]、Liu 等 [117−119]、Qiang 等 [120−122] 在 SPH 模拟高能炸药爆轰、水下冲击以及聚能炸药射流等方面做了较多工作，促进了 SPH 方法在爆炸领域中的发展及应用。Monaghan 和 Kocharyan[123]、Colagrossi 和 Landrini[124]、Hu 和 Adams[125] 以及 Xiong 等 [126] 成功地将 SPH 应用于多相流领域，促进了 SPH 对于水动力学、微流体动力学和颗粒动力学的应用研究，但在该类方法中，多相流动中的每一相均采用 SPH 粒子进行离散求解。另外，由于边界粒子缺失和拉伸不稳定性的存在，给 SPH 方法的求解精度造成了较大的影响，很多学者一直以来致力于解决此类问题的研究。Randles 和 Libersky[115] 最早为了解决边界缺陷的问题提出了密度近似的正则化公式；Chen 等 [127,128] 提出了修正光滑粒子法 (corrective smoothed particle method，CSPM)，提供了一种对传统 SPH 方法中的核近似式和粒子近似式进行正则化的方法，以解决边界缺陷问题；Liu 等 [129] 基于泰勒展开式中函数的核近似和粒子近似与其导数的核近似和粒子近似耦合在一起联立求解的思想，提出了有限粒子法 (finite particle method，FPM)。为取长补短，发挥不同方法各自的优势，SPH 方法与其他计算方法的耦合方法近些年成为研究的热点。Attaway 等 [130] 为解决流固耦合问题，提出了 SPH 与 FEM 接触界面耦合算法；Johnson[131] 为解决高速冲击中的大变形问题，提出了新型的 SPH-FEM 耦合算法；Zhang 等 [132,133] 在前人的基础上，发展了新型的 SPH-FEM 耦合算法，并成功应用于 7.62mm 步枪弹冲击特殊热处理的 30CrMnSiA 钢板过程数值模拟；Komoróczi 等 [134] 和 Sun 等 [135] 提出并发展了 SPH 与 DEM 耦合方法，该方法在处理流–粒两相流问题中具有较大的优势；另外，SPH 与 DPD[136]、MD[137] 等不同尺度计算方法之间的耦合方法同样得到了发展和应用。

本书研究的气–粒两相流动问题是多相流的组成部分和理论研究的基础。采用基于宏观连续介质力学的颗粒动力学对颗粒相进行建模，推导得到物质守恒方程进行离散求解，属于典型的流体动力学问题，因此这里主要综述 SPH 在流体动力学领域的研究进展。

气–粒两相流动问题首先涉及的为多相流动，各相的处理方法以及相间的处理策略直接关系此类问题求解的本质。SPH 方法中对于多相流的数值模拟，最早由 Monaghan 等 [123,138] 对含尘气体的气固两相流问题进行了模拟研究，但该模型中仅引入了体积分数的概念；Ott 等 [139] 采用粒子数密度代替粒子质量密度，解决了多相流界面间断处计算不稳定问题；Colagrossi 等 [124,140] 基于连续介质假设中多相流界面处压强连续的观点，提出了新的压力梯度近似式，保证了界面处参数的连续性；Grenier 等 [141] 在此基础上，借鉴 Hu 等 [125] 的研究成果，从拉格朗日变分原理出发推导了适用于求解交界面处物理量不连续问题的离散格式，并进行了算例验证；另外，Hu 等 [142,143] 同样对多相流问题进行了较为深入的研究，通过引入粒子均值空间导数的概念，有效解决了大密度差两相交界面处密度不连续的问题。这些处理方法虽然取得了一定的效果，但是由于多相流中的各相均由 SPH 来离散求解，同时为克服界面不连续引入了复杂的修正算法，导致计算量偏大。

气–粒两相流动中的颗粒既包含固体颗粒，又包含液体颗粒即液滴，而对于液滴来说，在运动过程中不可避免地发生碰撞聚合、反弹、破碎等物理过程，表面张力对于该过程具有至关重要的作用。对于 SPH 方法中表面张力的处理主要有三种方法：基于范德瓦耳斯内聚力模型的表面张力算法、基于 Lennard-Jones 对势分子力形式的表面张力算法和基于连续表面力 (continuum surface force，CSF) 模型的表面张力算法，前两种方法均为从微观分子间作用力角度出发建立起来的算法，第三种为从宏观受力角度出发发展起来的算法，已成功运用于网格方法中。Nugent 等 [144] 最早提出了范德瓦耳斯内聚力表面张力模型，研究了初始方形液滴在表面张力作用下的振荡情形，但在模拟中出现粒子的非物理聚集是该模型的最大问题。Meleán 等 [145,146] 通过引入人工应力和能量源项的方法解决了粒子聚集问题，但又面临着消除拉伸不稳定与保持范德瓦耳斯不同相状态之间较难取得折中的问题。Zhang 等 [147] 通过对粒子速度进行光滑处理的方法消除了拉伸不稳定，对热喷涂技术中液滴滴落到光滑平板后的飞溅与固体表面的形变进行了模拟研究。Colagrossi 等 [124] 在模拟两相流的界面时，引入了范德瓦耳斯内聚力项，但该方法仅用于提高界面的计算精度。

Zhou 等 [148] 从另一种分子间作用力的角度考虑，对不同粒子施加相应的反作用力，减小了对所有粒子施加引力的必要性。但该方法必须通过初始方形液滴的自然变化算例与流体体积 (volume of fluids，VOF) 函数方法计算的相同算例进行表面张力系数的匹配。这种方法存在的缺陷为：在表面张力施加的初期匹配较准确，但随着时间的推进，偏差会逐步增大。Zhou 等 [149] 采用该方法对化工中油的回收过程进行了模拟。

Morris[150] 最早从 CSF 模型出发，提出了对于球形液滴的表面张力理论计算过程，并成功模拟了两种相同密度、相同黏性的物质交界面处的表面张力，但对于含有尖角、大变形或初始粒子分布不均等特殊部位的表面张力计算未考虑，同时高密度和高黏性比情形下的计算也未曾考虑。Müller 等 [151] 在此基础上通过对色函数进行设定，得到了更为简化的方法，但其思想和求解过程与 Morris[150] 相同。Fang 等 [152] 和 Bao 等 [153] 分别运用 Morris 的方法对液滴在金属表面的喷溅固化过程和溃坝问题进行了数值分析，但不可压缩性未能满足要求。上述从分子间作用力角度出发的基于范德瓦耳斯模型的表面张力算法与基于 Lennard-Jones 对势形式的表面张力算法，在计算中无需考虑复杂的界面追踪技术，无需确定表面和计算曲率，无需求解二阶导数项，计算简单，效率高，但计算中所需的分子作用力系数无法与实际的宏观物理量——表面张力系数一一对应，而且力的作用范围较广，无法获得液滴的破碎现象，不能得到广泛应用。而运用基于 CSF 模型的表面张力算法求解，则存在着尖角、边界等粒子缺失严重的部位曲率计算误差较大的缺点，同时对于两种流体间存在一定密度差的情形未考虑。作者研究团队在前期通过采用 CSPM 方法对表面法向和曲率的计算进行修正，提出了修正表面张力的 SPH 方法，并成功应用于液滴碰撞聚合、反弹及液滴二次破碎等过程的直接数值模拟，为建立考虑该复杂过程的气–粒两相流新方法打下了基础 [154–156]。

颗粒动力学中对于颗粒间的碰撞作用采用黏度、压力等宏观本构参量进行描述，而 SPH 方法中对于黏性项和压力项的处理关系着算法的精度和效率。SPH 方法中压力梯度项的离散有两种方法。一种由 Monaghan[157] 提出，给出了压力梯度项的对称表达式，并可保持线动量和角动量守恒，同时引入了人工黏性和人工应力来克服拉伸不稳定。虽然该方法对求解无黏的自由表面流问题非常有效，但对于流体属性 (密度、黏度等) 不连续的问题 (如多相流问题)，上述压力梯度项的离散存在着明显的数值不稳定。为解决上述问题，Colagrossi 等 [124] 改进了压力梯度的离散格式，保证了压力梯度在流体界面处的连续性，与 Ott 等 [139] 所提出的用粒子数密度代替粒子质量密度所推导的压力梯度离散公式一致。此外，Molteni 等 [140] 又提出了一系列稳定压力场的方法，通过对溃坝、水中气泡上升、射流撞击壁面及瑞利–泰勒不稳定等问题的模拟计算进行了数值验证。

由于黏性项中存在速度的二阶导数项且传统 SPH 求解为一阶精度，导致 SPH 方法中黏性项的离散较压力梯度等一阶导数的离散更加困难，尤其在边界粒子缺失等部位。目前，SPH 方法中黏性项的离散方法主要有三种：第一种是将速度的二阶导数直接转化为核函数的二阶导数 [158]，该方法在粒子非均匀分布时不能保持一阶精度，且稳定性差，实际应用较少；第二种方法为将两次导数叠加求和 [159,160]，适用范围广，可用于牛顿流体与非牛顿流体的求解，且结果较好，但计算中需两次对邻近粒子遍历求解，增加了计算量，同时该方法在边界处精度较低。第三种是将有限差分与 SPH 一阶导数相结合的方法 [161,162]，计算效率高，稳定性好，但适用范围较窄，对于高雷诺数流动及具有复杂本构方程的非牛顿流体流动求解存在困难。

尽管 SPH 方法已经广泛应用于较多工程领域中，但其对于气–粒两相流问题的研究很少。Monaghan[138] 通过在气体和固体颗粒属性中增加体积分数项以及相间施加曳力的方法，对含尘气体的气固两相流问题进行了模拟研究，但其忽略了气体压力对颗粒相的影响，同时忽略了颗粒相黏度，SPH 粒子仅表征固体颗粒，且与真实颗粒间未建立对应关系，也未能在具体工程中得到应用。Xiong 等 [126] 采用同样的方法对鼓泡流化床过程进行了数值模拟。此类方法存在的另一问题是，对于气体相同样采用 SPH 进行求解，不仅增加了计算量，而且对于气体相的化学反应、湍流流动、相变等均较难处理，无法应用于工程实际中。

1.3.3 SPH 方法总结评述

SPH 方法经过几十年的发展，其在算法研究及应用方面逐渐趋于成熟，已由最初的单一 SPH 方法衍生出 CSPM、DSPH、MSPH、ASPH、FPM 等一系列新的方法，解决了 SPH 方法存在的拉伸不稳定性、边界缺陷、非连续性、核函数精度低等问题，同时其应用领域也由最初的天体物理学拓展至流体动力学等各个领域，展现出广阔的研究前景。

尽管 SPH 方法取得了巨大的发展，但其在涉及人们生产生活方方面面的气–粒两相流动系统中的研究还存在较多的困难，原因为：气–粒两相流动系统中颗粒不仅与气体之间存在着相互作用，颗粒之间的相互作用同样至关重要。传统 SPH 方法大多仅用于离散连续介质，粒子之间的相互作用通过采用传统的气体状态方程或弱可压缩状态方程求得压力获得，而对于与连续介质完全不同的离散颗粒来说，此种处理方法不再有效，需要采用适用于颗粒求解的理论进行补充研究。同时，传统 SPH 方法每一粒子表征连续物质上的单一质点，与物质之间属于几何近似关系，而气–粒两相中的颗粒粒径不同且任意分布，SPH 粒子与真实颗粒之间属于何种关系同样值得深入研究。因此，需要基于颗粒研究领域成熟的理论建立适合于颗粒相求解的新型 SPH 方法。

1.4 SDPH-FVM 耦合方法提出的必然性

如 1.2 节所述，气–粒两相流动求解的三种数值方法中，TFM 存在着无法追踪单颗粒运动轨迹、较难考虑颗粒蒸发燃烧过程中的颗粒粒径变化等问题；DPM 则存在着可追踪流场中每一颗粒，但计算量大，不适合于大规模工程计算，同时无法获取实验较易获得的宏观参量等问题；而 MaPPM 对连续相采用拉格朗日粒子法计算，虽然可以获得更多微观信息，但适用范围更加有限，计算量更大，同时对于颗粒相无法克服 DPM 计算带来的缺陷。

通过对以上数值方法的总结研究可以发现，颗粒作为一种随机运动的离散物质具有完全拉格朗日粒子的特性，要对其进行追踪模拟，拉格朗日粒子方法最为合适。传统基于微观思想的硬球模型、软球模型和随机概率模型对粒子间作用力求解，属于拉格朗日质点动力学，对每一颗粒采用牛顿第二定律进行运动追踪，其不可避免地造成计算量大的问题。而基于宏观连续介质力学的拉格朗日粒子流体动力学方法，直接对离散颗粒相表现出来的宏观特性进行建模，采用拉格朗日粒子法进行离散求解，不仅可以大幅减小计算量，适于大规模计算，同时可以自然追踪颗粒的运动轨迹，较易加入颗粒蒸发燃烧、聚合破碎等物理模型。气体属于连续相，具有宏观物理特性，欧拉网格方法最适合求解，其可以较容易地处理大变形、化学反应、湍流等复杂流动过程，适用性强。因此，对于气–粒两相流采用基于宏观的拉格朗日粒子方法和欧拉网格方法耦合求解是最佳的选择，该耦合方法中各算法均能保持在求解各单相中的优势。

1.4.1 SDPH 方法

目前，学者已经提出了很多拉格朗日粒子及欧拉网格方法。在这些方法中，SPH 方法作为一种完全拉格朗日粒子方法，对离散颗粒进行模拟表征具有很大优势。首先，SPH 方法的自适应性使得场变量的近似可在每一时间步当前时刻任意分布的粒子的基础上进行，SPH 公式的构造不受粒子分布随意性的影响，因此对于真实离散颗粒的随机运动，采用 SPH 方法完全可以进行自然追踪。其次，不同于其他无网格法，SPH 粒子作为插值点的同时，还携带材料的属性，使得 SPH 粒子可以方便地引入其他物理参数和模型，可以在 SPH 粒子与真实颗粒间建立严格的数学关系，拓展至颗粒蒸发燃烧、聚合破碎等过程的数值模拟。再者，SPH 作为完全无网格方法，建模简便，可在问题域内任意排布粒子，并且可以根据需要在某些区域增加或减少粒子，便于进行自适应和提高局部区域的计算精度，对于初始分布不规则的真实颗粒处理较易。传统 SPH 方法仅适用于连续物质的离散求解，与离散颗粒间存在较大差别，因此需要首先建立 SPH 粒子与离散颗粒间的一一对应关系，将 SPH 方法改造成适于颗粒相求解的光滑离散颗粒流体动力学 (smoothed discrete particle hydrodynamics，SDPH) 方法 [163−169]。

1.4.2 SDPH-FVM 耦合方法

FVM 方法作为一种欧拉网格法，在求解流体流动和数值传热计算领域适用面广、解题能力强、通用性好，得到的离散方程能够很好地保持原微分方程的守恒性，且各物理意义明确、方程形式规范，特别适合处理诸如激波大变形、流体湍流运动、化学反应等问题，对于气–粒两相流中涉及气相的燃烧、爆轰、激波等问题可以高效率、高精度地模拟。

因此综合 1.4.1 小节阐述的 SDPH 方法，建立 SDPH-FVM 耦合方法 [163–169]，对颗粒相采用改造后的 SDPH 方法求解，对气体相采用 FVM 方法求解，可以充分发挥 SPH 和 FVM 的优势，摒弃两者的劣势，彻底解决目前 DPM 使用微观方法计算颗粒运动过程的问题：计算量大、精度低、体积分数受限、无法获取宏观特征量等；解决 TFM 无法追踪单颗粒运动轨迹的问题；解决 TFM 在计算蒸发、燃烧过程中燃面追踪复杂、粒径无法变化的问题；解决单纯用 SPH 方法求解此类问题时遇到的困难，如大密度差、气体相湍流、化学反应、相变、计算量大等问题。该方法为气–粒两相流问题的求解及大规模应用提供了一种新型计算力学手段。

1.5 本书内容安排

不论是固体火箭发动机内铝颗粒的燃烧流动，还是液体火箭发动机内燃料的喷注雾化及二次雾化过程，均为典型的气–粒两相流动问题，采用传统数值方法求解均存在一定的缺陷。本书以此为背景，阐述了一种全新的求解气–粒两相流动问题的方法 ——SDPH-FVM 耦合方法，并将其应用于火箭发动机内流场数值模拟及其他领域中的气–粒两相流动过程。后面内容安排如下。

(1) 第 2 章对现有多相流数值模拟常用模型及方法进行归纳和总结，对每一模型进行系统讲解，模型不仅包括气体–颗粒两相流求解的 TFM、DPM、Mixture 和 MaPPM 模型，同时包括求解气体–液体具有连续性界面两相流的 VOF 模型。

(2) 第 3 章主要介绍 SPH 方法的基本思想、积分插值理论、邻近粒子搜索方法以及积分求解策略，重点针对气体–颗粒两相流计算过程中用到的边界施加模型和多相黏性流离散方法进行重点阐述。

(3) 第 4 章阐述基于颗粒动力学模型适于离散颗粒相求解的 SDPH 方法。通过引入拟温度的概念，假定速度分布函数满足 Maxwell 型分布，建立 Boltzmann 方程，推导颗粒动力学输运方程和本构方程。在传统 SPH 承载的物理属性的基础上，增加表征颗粒相属性的体积分数、拟温度、颗粒粒径均值、颗粒粒径方差、SPH 粒子所表征的真实颗粒的数目等参量，推导得到 SPH 粒子与真实颗粒间的一一对应关系，建立适于离散颗粒相求解的 SDPH 方法，并分析该方法与传统 SPH 方法的差别。最后，将 SDPH 方法引入超高速碰撞领域中，模拟碰撞后形成的碎片云的分布，并采用算例进行了验证。

(4) 第 5 章构建 SDPH-FVM 耦合方法框架，实现算法间的耦合，该耦合框架同样适用于其他拉格朗日粒子法与欧拉网格法的耦合。从基于颗粒动力学的双流体模型出发，推导连续相求解的 FVM 和颗粒相求解的 SDPH 方程组，建立 SDPH

与 FVM 间的耦合框架，并与其他现有四种数值方法进行对比分析。设计了 SDPH 模块与 FVM 模块之间数据交换流程，实现了算法间的耦合。

(5) 第 6 章阐述了含颗粒蒸发、燃烧模型的 SDPH-FVM 耦合方法。通过引入气体–颗粒两相间的热传导模型、颗粒蒸发模型、颗粒相与气体相的燃烧模型以及气相的爆轰模型，建立了可求解颗粒蒸发、燃烧、气相燃烧爆轰等复杂化学反应过程的 SDPH-FVM 耦合方法。通过对圆盘形颗粒团算例、射流蒸发算例及炸药爆轰驱动颗粒运动算例数值模拟，并与传统数值方法对比验证新方法的准确性和实用性。

(6) 第 7 章针对气体–颗粒两相流现象中的一种特殊现象——气体–液滴两相流问题进行全面细致的分析，采用新型 SPH 方法进行求解，阐述了基于连续表面力模型的表面张力算法和 CSPM 修正后的算法，针对气体–液滴–固壁三相交界面问题，阐述了含壁面附着力模型的表面张力算法，同时引入气液大密度差两相流 SPH 方法解决两相界面问题，对二元液滴碰撞、液滴的二次破碎以及液滴在气固交界面变形移动算例进行了数值模拟，分析了液滴碰撞及破碎机理，为建立液滴碰撞及破碎的宏观物理模型提供数据支撑。

(7) 第 8 章建立了含颗粒碰撞聚合、破碎和单颗粒破碎等过程的 SDPH-FVM 耦合方法。基于颗粒间碰撞聚合与破碎理论，引入结晶动力学中的群体平衡模型，并基于矩方法求解策略，建立了考虑颗粒碰撞聚合、破碎和单颗粒破碎等过程在内的 SDPH-FVM-PBM 耦合新方法，采用算例进行了验证。

(8) 第 9 章将第 8 章所介绍的新方法应用于航天领域中的典型问题，为相关设计研究提供理论指导。采用前面阐述的一系列新的算法，对航天动力系统中固体火箭发动机喷管内气–粒两相流、过载条件下燃烧室气–粒两相流、大型固体火箭发动机内铝颗粒的燃烧沉积、亚燃冲压发动机横向气流驱动液滴运动蒸发等过程进行了数值模拟，并与相关实验及其他数值模拟结果对比分析，从不同的算例、不同的角度阐述新方法的准确性和实用性，同时为相关问题的研究提供参考。

(9) 第 10 章将第 8 章所介绍的新方法应用于武器系统中的燃料爆炸抛撒成雾及其爆轰、化工领域中流化床颗粒流动过程、灾害预防领域中风沙跃移以及颗粒的气粒输送等物料输运领域中，进一步拓展了新方法的应用领域，为读者更深入地认识和理解算法提供依据。

参 考 文 献

[1] ANDERSON T B, JACKSON R. Fluid mechanical description of fluidized beds. Comparison of theory and experiment [J]. I & Ec Fund, 1967, 6(1):137-144.

[2] WALLIS G B. One-dimensional two-phase flow [M]. New York: McGraw-Hill, 1969.

[3] DAVIDSON J F, HARRISON D. Fluidised particles [M]. Cambridge: Cambridge University Press, 1963.

[4] ARUNDEL P A, HOBSON C A, LALOR M J, et al. Measurements of individual alumina particle velocities and the relative slip of different-sized particles in a vertical gas-solid suspension flow using a laser-anemometer system [J]. Journal of Physics D: Applied Physics, 1974, 7(16): 2288-2300.

[5] SHIMIZU A, ECHIGO R, HASEGAWA S, et al. Experimental study on the pressure drop and the entry length of the gas-solid suspension flow in a circular tube [J]. International Journal of Multiphase Flow, 1978, 4(1): 53-64.

[6] BIRCHENOUGH A, MASON J S. Laser anemometry measurements in a gas-solid suspension flow [J]. Optics & Laser Technology, 1976, 8(6): 253-258.

[7] SAVAGE S B, JEFFREY D J. The stress tensor in a granular flow at high shear rates [J]. Journal of Fluid Mechanics, 1981, 110(1): 255-272.

[8] LUN C K K, SAVAGE S B, JEFFREY D J, et al. Kinetic theories for granular flow: inelastic particles in Couette flow and slightly inelastic particles in a general flowfield [J]. Journal of Fluid Mechanics, 1984, 140: 223-256.

[9] SRINIVASAN M G, DOSS E D. Momentum transfer due to particle-particle interaction in dilute gas-solid flows [J]. Chemical Engineering Science, 1985, 40(9): 1791-1792.

[10] GOLAFSHANI M, LOH H T. Computation of two-phase viscous flow in solid rocket motors using a flux-split Eulerian-Larangian technique [C]. Proceedings of the AIAA Joint Propulsion Conference, California, 1989.

[11] ANDERSON T B, JACKSON R. Fluid mechanical description of fluidized beds. Equations of motion [J]. Industrial & Engineering Chemistry Fundamentals, 1967, 6(4): 527-539.

[12] SOO S L. Fluid Dynamics of Multiphase Systems [M]. Waltham: Blaisdell, 1967.

[13] GARG S K, PRITCHETT J W. Dynamics of gas-fluidized beds [J]. Journal of Applied Physics, 1975, 46(10): 4493-4500.

[14] GIDASPOW D. Hydrodynamics of fluidization and heat transfer: Supercomputer modeling [J]. Applied Mechanics Reviews, 1986, 39(1): 1-23.

[15] TSUO Y P, GIDASPOW D. Computation of flow patterns in circulating fluidized beds [J]. AIChE Journal, 1990, 36(6): 885-896.

[16] ENWALD H, PEIRANO E, ALMSTEDT A E. Eulerian two-phase flow theory applied to fluidization [J]. International Journal of Multiphase Flow, 1996, 22(1345): 21-66.

[17] CHAPMAN S, COWLING T G. The Mathematical Theory of Non-uniform Gases [M]. Cambridge: Cambridge University Press, 1970.

[18] JENKINS J T, SAVAGE S B. A theory for the rapid flow of identical, smooth, nearly elastic, spherical particles [J]. Journal of Fluid Mechanics, 1983, 130: 187-202.

[19] GIDASPOW D. Multiphase Flow and Fluidization: Continuum and Kinetic Theory Description [M]. Boston: Academic Press, 1994.

[20] SINCLAIR J L, JACKSON R. Gas-particle flow in a vertical pipe with particle-particle interactions [J]. AICHE Journal, 1989, 35(9): 1473-1486.

[21] HONG R, REN Z, DING J, et al. Bubble dynamics in a two-dimensional gas-solid fluidized bed [J]. China Particuology, 2007, 5(4): 284-294.

[22] NIEUWLAND J J, VEENENDAAL M L, KUIPERS J A M, et al. Bubble formation at a single orifice in gas-fluidised beds [J]. Chemical Engineering Science, 1996, 51(17): 4087-4102.

[23] KUMAR A, DAS S, FABIJANIC D, et al. Bubble-wall interaction for asymmetric injection of jets in solid-gas fluidized bed [J]. Chemical Engineering Science, 2013, 101: 56-68.

[24] HERNANDEZ-JIMENEZ F, GOMEZ-GARCIA A, SANTANA D, et al. Gas interchange between bubble and emulsion phases in a 2D fluidized bed as revealed by two-fluid model simulations [J]. Chemical Engineering Journal, 2013, 215-216: 479-490.

[25] WU Z, MUJUMDAR A S. CFD modeling of the gas–particle flow behavior in spouted beds [J]. Powder Technology, 2008, 183(2): 260-272.

[26] DU W, BAO X, XU J, et al. Computational fluid dynamics (CFD) modeling of spouted bed: Assessment of drag coefficient correlations [J]. Chemical Engineering Science, 2006, 61(5): 1401-1420.

[27] ZHONG W, ZHANG M, JIN B, et al. Flow behaviors of a large spout-fluid bed at high pressure and temperature by 3D simulation with kinetic theory of granular flow [J]. Powder Technology, 2007, 175(2): 90-103.

[28] LU H L, HE Y R, LIU W T, et al. Computer simulations of gas-solid flow in spouted beds using kinetic-frictional stress model of granular flow [J]. Chemical Engineering Science, 2004, 59(4): 865-878.

[29] SAMUELSBERG A, HJERTAGER B H. An experimental and numerical study of flow patterns in a circulating fluidized bed reactor [J]. International Journal of Multiphase Flow, 1996, 22(3): 575-591.

[30] ALMUTTAHAR A, TAGHIPOUR F. Computational fluid dynamics of high density circulating fluidized bed riser: Study of modeling parameters [J]. Powder Technology, 2008, 185(1): 11-23.

[31] GOMEZ L C, MILIOLI F E. Numerical study on the influence of various physical parameters over the gas-solid two-phase flow in the 2D riser of a circulating fluidized bed [J]. Powder Technology, 2003, 132(2): 216-225.

[32] TSUJI Y, TANAKA T, YONEMURA S. Cluster patterns in circulating fluidized beds predicted by numerical simulation (discrete particle model versus two-fluid model) [J]. Powder Technology, 1998, 95(3): 254-264.

[33] KUIPERS J A M, PRINS W, SWAAIJ WPM V. Numerical calculation of wall-to-bed heat-transfer coefficients in gas-fluidized beds [J]. AICHE Journal, 1992, 38(7): 1079-1091.

[34] NIEUWLAND J J, ANNALAND M V S, KUIPERS J A M, et al. Hydrodynamic modeling of gas/particle flows in riser reactors [J]. AICHE Journal, 1996, 42(6): 1569-1582.

[35] LINDBORG H, LYSBERG M, JAKOBSEN H A. Practical validation of the two-fluid model applied to dense gas-solid flows in fluidized beds [J]. Chemical Engineering Science, 2007, 62(21): 5854-5869.

[36] SUNDARESAN S. Modeling the hydrodynamics of multiphase flow reactors: Current status and challenges [J]. AICHE Journal, 2000, 46(6): 1102-1105.

[37] SCHMIDT A, RENZ U. Eulerian computation of heat transfer in fluidized beds [J]. Chemical Engineering Science, 1999, 54(22): 5515-5522.

[38] CHANG J, WANG G, GAO J, et al. CFD modeling of particle-particle heat transfer in dense gas-solid fluidized beds of binary mixture [J]. Powder Technology, 2012, 217: 50-60.

[39] 周芳, 祁海鹰, 由长福, 等. 有限空间风沙流动数值模拟及边界条件问题 [J]. 清华大学学报 (自然科学版), 2004, 44(8): 1079-1082.

[40] 武生智, 任春勇. 基于欧拉双流体模型的风沙运动模拟 [J]. 兰州大学学报 (自然科学版), 2012, 48(1):

104-107.

[41] 周晓斯, 王元, 李志强. 近床面风沙流的颗粒拟流体大涡模拟分析 [J]. 西安交通大学学报, 2014, 48(1): 60-66.

[42] 周力行, 陈文芳. 湍流气粒两相流动和燃烧的理论与数值模拟 [M]. 北京: 科学出版社, 1994.

[43] MASHAYEK F, PANDYA R V R. Analytical description of particle/droplet-laden turbulent flows [J]. Progress in Energy and Combustion Science, 2003, 29(4): 329-378.

[44] CUNDALL P A, STRACK O D L. A discrete numerical model for granular assemblies [J]. Géotechnique, 1979, 29(1): 47-65.

[45] TSUJI Y, TANAKA T, ISHIDA T. Lagrangian numerical simulation of plug flow of cohesionless particles in a horizontal pipe [J]. Powder Technology, 1992, 71(3): 239-250.

[46] CAMPBELL C S, BRENNEN C E. Computer simulation of granular shear flows [J]. Journal of Fluid Mechanics, 1985, 151: 167-188.

[47] HOOMANS B P B, KUIPERS J A M, BRIELS W J, et al. Discrete particle simulation of bubble and slug formation in a two-dimensional gas-fluidised bed: A hard-sphere approach [J]. Chemical Engineering Science, 1996, 51(1): 99-118.

[48] 欧阳洁, 李静海. 模拟气固流化系统的数值方法 [J]. 应用基础与工程科学学报, 1999, 7(4): 335-345.

[49] OUYANG J, LI J. Particle-motion-resolved discrete model for simulating gas-solid fluidization [J]. Chemical Engineering Science, 1999, 54(13-14): 2077-2083.

[50] BOKKERS G A, ANNALAND M V S, KUIPERS J A M. Mixing and segregation in a bidisperse gas-solid fluidised bed: a numerical and experimental study [J]. Powder Technology, 2004, 140(3): 176-186.

[51] 闫洁, 罗坤, 樊建人. 三维射流中颗粒碰撞的直接数值模拟 [J]. 工程热物理学报, 2008, 29(7): 1151-1154.

[52] LI J, KUIPERS J A M. Effect of pressure on gas-solid flow behavior in dense gas-fluidized beds: a discrete particle simulation study [J]. Powder Technology, 2002, 127(2): 173-184.

[53] LI J, KUIPERS J A M. Gas-particle interactions in dense gas-fluidized beds [J]. Chemical Engineering Science, 2003, 58(3-6): 711-718.

[54] HE Y, ANNALAND M V S, DEEN N G, et al. Gas-solid two-phase turbulent flow in a circulating fluidized bed riser: an experimental and numerical study [C]. World Congress on Particle Technology 5, WCPT 2006, 2006.

[55] LINK J, ZEILSTRA C, DEEN N, et al. Validation of a discrete particle model in a 2D spout-fluid bed using non-intrusive optical measuring techniques [J]. The Canadian Journal of Chemical Engineering, 2004, 82(1): 30-36.

[56] LINK J M, CUYPERS L A, DEEN N G, et al. Flow regimes in a spout-fluid bed: A combined experimental and simulation study [J]. Chemical Engineering Science, 2005, 60(13): 3425-3442.

[57] MADABHUSHI R, SABNIS J, JONG F, et al. Calculation of the two-phase aft-dome flowfield in solid rocket motors [J]. Journal of Propulsion and Power, 1991, 7(2): 178-184.

[58] NAJJAR F M, BALACHANDAR S, ALAVILLI P V S. Computations of two-phase flow in aluminized solid propellant rockets [C]. 36th AIAA/ASME/SAE/ASEE Joint Propulsion Conference and Exhibit, 2000.

[59] 曾卓雄, 姜培正. 可压稀相两相流场的数值模拟 [J]. 推进技术, 2002,(2): 154-157.

[60] 于勇, 刘淑艳, 张世军, 等. 固体火箭发动机喷管气固两相流动的数值模拟 [J]. 航空动力学报, 2009, 24(4): 931-937.

[61] 何国强, 王国辉, 蔡体敏, 等. 高过载条件下固体发动机内流场及绝热层冲蚀研究 [J]. 固体火箭技术, 2001, 24(4): 4-8.

[62] 李越森, 叶定友. 高过载下固体发动机内 Al_2O_3 粒子运动状况的数值模拟 [J]. 固体火箭技术, 2008, 31(1): 24-27.

[63] 刘洋. 高过载固体发动机内流场模拟试验技术 [D]. 西安: 西北工业大学, 2004.

[64] 武利敏. 固体火箭发动机两相流计算模型分析与比较 [D]. 哈尔滨: 哈尔滨工程大学, 2007.

[65] YU A B, XU B H. Particle-scale modelling of gas-solid flow in fluidisation [J]. Journal of Chemical Technology & Biotechnology, 2003, 78(2-3): 111-121.

[66] XU B H, YU A B. Numerical simulation of the gas-solid flow in a fluidized bed by combining discrete particle method with computational fluid dynamics [J]. Chemical Engineering Science, 1997, 52(16): 2785-2809.

[67] XU B H, YU A B, CHEW S J, et al. Numerical simulation of the gas-solid flow in a bed with lateral gas blasting [J]. Powder Technology, 2000, 109(1): 13-26.

[68] KAWAGUCHI T, TANAKA T, TSUJI Y. Numerical simulation of two-dimensional fluidized beds using the discrete element method (comparison between the two- and three-dimensional models) [J]. Powder Technology, 1998, 96(2): 129-138.

[69] FENG Y Q, YU A B. Assessment of Model Formulations in the Discrete Particle Simulation of Gas-Solid Flow [J]. Industrial & Engineering Chemistry Research, 2004, 43(26): 8378-8390.

[70] FENG Y Q, XU B H, ZHANG S J, et al. Discrete particle simulation of gas fluidization of particle mixtures [J]. AICHE Journal, 2004, 50(8): 1713-1728.

[71] MIKAMI T, KAMIYA H, HORIO M. Numerical simulation of cohesive powder behavior in a fluidized bed [J]. Chemical Engineering Science, 1998, 53(10): 1927-1940.

[72] ZHAO X L, LI S Q, LIU G Q, et al. DEM simulation of the particle dynamics in two-dimensional spouted beds [J]. Powder Technology, 2008, 184(2): 205-213.

[73] TAKEUCHI S, WANG S, RHODES M. Discrete element simulation of a flat-bottomed spouted bed in the 3-D cylindrical coordinate system [J]. Chemical Engineering Science, 2004, 59(17): 3495-3504.

[74] TAKEUCHI S, WANG X S, RHODES M J. Discrete element study of particle circulation in a 3-D spouted bed [J]. Chemical Engineering Science, 2005, 60(5): 1267-1276.

[75] KANG L, GUO L. Eulerian-Lagrangian simulation of aeolian sand transport [J]. Powder Technology, 2006, 162(2): 111-120.

[76] KANG L, LIU D. Numerical investigation of particle velocity distributions in aeolian sand transport [J]. Geomorphology, 2010, 115(1-2): 156-171.

[77] KANG L. Discrete particle model of aeolian sand transport: Comparison of 2D and 2.5D simulations [J]. Geomorphology, 2012, 139-140: 536-544.

[78] 杨杰程, 张宇, 刘大有, 等. 三维风沙运动的 CFD-DEM 数值模拟 [J]. 中国科学：物理学 力学 天文学, 2010, 40(7): 904-915.

[79] 李志强, 王元, 王丽, 等. 风沙流中近床面沙粒三维运动的 LES-DEM 分析 [J]. 空气动力学学报, 2011, 29(6): 784-788.

[80] DEEN N G, ANNALAND M V S, HOEF M A V D, et al. Review of discrete particle modeling of fluidized beds [J]. Chemical Engineering Science, 2007, 62(1-2): 28-44.

[81] BIRD G A. Molecular Gas Dynamics and the Direct Simulation of Gas Flows [M]. Oxford: Clarendon Press, 1994.

[82] YONEMURA S, TANAKA T, TSUJI Y. Cluster formation in gas-solid flow predicted by the DSMC method [J]. ASME-Publications-Fed, 1993, 166: 303-309.

[83] TANAKA T, YONEMURA S, KIRIBAYASHI K, et al. Cluster formation and particle-induced instability in gas-solid flows predicted by the DSMC method [J]. JSME International Journal Series B, 1996, 39(2): 239-245.

[84] SEIBERT K D, BURNS M A. Simulation of fluidized beds and other fluid-particle systems using statistical mechanics [J]. AICHE Journal, 1996, 42(3): 660-670.

[85] WANG S Y, LIU H P, LIU H L, et al. Flow behavior of clusters in a riser simulated by direct simulation Monte Carlo method [J]. Chemical Engineering Journal, 2005, 106(3): 197-211.

[86] 张槛, 由长福, 徐旭常. 循环床内气固两相流中稠密颗粒间碰撞的数值模拟 [J]. 工程热物理学报, 1998, 19(2): 256-260.

[87] 彭正标, 袁竹林. 基于蒙特卡罗法的脱硫塔内气固流动数值模拟 [J]. 中国电机工程学报, 2008, 28(14): 6-14.

[88] 吴限德, 张斌, 陈卫东, 等. 固体火箭发动机喷管内气粒两相流动的 CFD-DSMC 模拟 [J]. 固体火箭技术, 2011, 34(6): 707-710.

[89] 陈伟芳, 常雨. 三维管道超声速气固两相流动的 CFD/DSMC 仿真 [J]. 推进技术, 2005, 26(3): 239-241.

[90] LU H L, SHEN Z, DING J, et al. Numerical simulation of bubble and particles motions in a bubbling fluidized bed using direct simulation Monte-Carlo method [J]. Powder Technology, 2006, 169(3): 159-171.

[91] YUU S, NISHIKAWA H, UMEKAGE T. Numerical simulation of air and particle motions in group-B particle turbulent fluidized bed [J]. Powder Technology, 2001, 118(1-2): 32-44.

[92] CHEN S, DOOLEN G D. Lattice Boltzmann method for fluid flows [J]. Annual Review of Fluid Mechanics, 1998, 30(1): 329-364.

[93] RAPAPORT D C. Microscale hydrodynamics: Discrete-particle simulation of evolving flow patterns [J]. Physical Review A, 1987, 36(7): 3288-3299.

[94] HOOGERBRUGGE P J, KOELMAN J M V A. Simulating microscopic hydrodynamic phenomena with dissipative particle dynamics [J]. EPL (Europhysics Letters), 1992, 19(3): 155.

[95] ESPANOL P. Fluid particle model [J]. Physical Review E, 1998, 57(3): 2930-2948.

[96] KHAYYER A, GOTOH H. Enhancement of stability and accuracy of the moving particle semi-implicit method [J]. Journal of Computational Physics, 2011, 230(8): 3093-3118.

[97] LUCY L B. A numerical approach to the testing of the fission hypothesis [J]. Astronomical Journal, 1977, 82: 1013-1024.

[98] GINGOLD R A, MONAGHAN J J. Smoothed particle hydrodynamics: theory and application to non-spherical stars [J]. Monthly Notices of the Royal Astronomical Society, 1977, 181(3): 375-389.

[99] ZANETTI G, MCNAMARA G R. Use of the Boltzmann equation to simulate lattice-gas automata [J]. Physical Review Letters, 1988, 61(20): 2332-2335.

[100] ZHAO T S, GUO Z. Discrete velocity and lattice Boltzmann models for binary mixtures of nonideal fluids [J]. Physical Review E, 2003, 68(3): 35302.

[101] WANG J, WANG M, LI Z. A lattice Boltzmann algorithm for fluid-solid conjugate heat transfer [J]. International Journal of Thermal Sciences, 2007, 46(3): 228-234.

[102] YU Z, HEMMINGER O, FAN L. Experiment and lattice Boltzmann simulation of two-phase gas-liquid flows in microchannels [J]. Chemical Engineering Science, 2007, 62(24): 7172-7183.

[103] FILIPPOVA O, HANEL D. Lattice-Boltzmann simulation of gas-particle flow in filters [J]. Computers & Fluids, 1997, 26(7): 697-712.

[104] HAN K, FENG Y T, OWEN D R J. Coupled lattice Boltzmann and discrete element modelling of fluid-particle interaction problems [J]. Computers & Structures, 2007, 85(11-14): 1080-1088.

[105] FENG Y T, HAN K, OWEN D R J. Coupled lattice Boltzmann method and discrete element modelling of particle transport in turbulent fluid flows: Computational issues [J]. International Journal for Numerical Methods in Engineering, 2007, 72(9): 1111-1134.

[106] WANG L, ZHOU G, WANG X, et al. Direct numerical simulation of particle-fluid systems by combining time-driven hard-sphere model and lattice Boltzmann method [J]. Particuology, 2010, 8(4): 379-382.

[107] LANTERMANN U, HANEL D. Particle Monte Carlo and lattice-Boltzmann methods for simulations of gas-particle flows [J]. Computers & Fluids, 2007, 36(2): 407-422.

[108] GE W, LI J. Macro-scale phenomena reproduced in microscopic systems-pseudo-particle modeling of fluidization [J]. Chemical Engineering Science, 2003, 58(8): 1565-1585.

[109] GE W, LI J. Simulation of particle-fluid systems with macro-scale pseudo-particle modeling [J]. Powder Technology, 2003, 137(1-2): 99-108.

[110] GE W, LI J. Macro-scale pseudo-particle modeling for particle-fluid systems [J]. Chinese Science Bulletin, 2001, 46(18): 1503-1507.

[111] ZHANG S, KUWABARA S, SUZUKI T, et al. Simulation of solid-fluid mixture flow using moving particle methods [J]. Journal of Computational Physics, 2009, 228(7): 2552-2565.

[112] MCNAMARA S, FLEKKOY E G, MALOY K J. Grains and gas flow: Molecular dynamics with hydrodynamic interactions [J]. Physical Review E, 2000, 61(4): 4054-4059.

[113] LIBERSKY L D, PETSCHEK A G, CARNEY T C, et al. High strain Lagrangian hydrodynamics [J]. Journal of Computational Physics, 1993, 109(1): 67-75.

[114] LIBERSKY L D, RANDLES P W, CARNEY T C. SPH calculations of fragmentation [C]. Proceedings of the 3rd U S Congress on Computational Mechanics, Dallas, 1995.

[115] RANDLES P W, LIBERSKY LD. Smoothed particle hydrodynamics: some recent improvements and applications [J]. Computer Methods in Applied Mechanics and Engineering, 1996, 139(1-4): 375-408.

[116] SWEGLE J W, ATTAWAY S W. On the feasibility of using Smoothed particle hydrodynamics for underwater explosion calculations [J]. Computational Mechanics, 1995, 17(3): 151-168.

[117] LIU M B, LIU G R, LAM K Y. Investigations into water mitigation using a meshless particle method [J]. Shock Waves, 2002, 12(3): 181-195.

[118] LIU M B, LIU G R, ZONG Z, et al. Computer simulation of high explosive explosion using smoothed particle hydrodynamics methodology [J]. Computers & Fluids, 2003, 32(3): 305-322.

[119] LIU M B, LIU G R, LAM K Y, et al. Smoothed particle hydrodynamics for numerical simulation of underwater explosion [J]. Computational Mechanics, 2003, 30(2): 106-118.

[120] 强洪夫, 王坤鹏, 高巍然. 基于修正 SPH 方法的聚能装药射流数值模拟 [C]. 第 17 届全国结构工程学术会议, 武汉, 2008.

[121] QIANG H F, WANG K P, GAO W R. Numerical simulation of shaped charge jet using multi-phase SPH method [J]. Transactions of Tianjin University, 2008, 14(S1): 495-499.

[122] 强洪夫, 王坤鹏, 高巍然. 基于完全变光滑长度 SPH 方法的高能炸药爆轰过程数值试验 [J]. 含能材料, 2009, 17(1): 27-31.

[123] MONAGHAN J J, KOCHARYAN A. SPH simulation of multi-phase flow [J]. Computer Physics Communications, 1995, 87(1-2): 225-235.

[124] COLAGROSSI A, LANDRINI M. Numerical simulation of interfacial flows by smoothed particle hydrodynamics [J]. Journal of Computational Physics, 2003, 191(2): 448-475.

[125] HU X Y, ADAMS N A. An incompressible multi-phase SPH method [J]. Journal of Computational Physics, 2007, 227(1): 264-278.

[126] XIONG Q, DENG L, WANG W, et al. SPH method for two-fluid modeling of particle-fluid fluidization [J]. Chemical Engineering Science, 2011, 66(9): 1859-1865.

[127] CHEN J K, BERAUN J E, CARNEY T C. A corrective smoothed particle method for boundary value problems in heat conduction [J]. International Journal for Numerical Methods in Engineering, 1999, 46(2): 231-252.

[128] CHEN J K, BERAUN J E. A generalized smoothed particle hydrodynamics method for nonlinear dynamic problems [J]. Computer Methods in Applied Mechanics and Engineering, 2000, 190(1-2): 225-239.

[129] LIU M B, LIU G R. Restoring particle consistency in smoothed particle hydrodynamics [J]. Applied Numerical Mathematics, 2006, 56(1): 19-36.

[130] ATTAWAY S W, HEINSTEIN M W, SWEGLE J W. Coupling of smooth particle hydrodynamics with the finite element method [J]. Nuclear Engineering and Design, 1994, 150(2-3): 199-205.

[131] JOHNSON G R. Linking of Lagrangian particle methods to standard finite element methods for high velocity impact computations [J]. Nuclear Engineering and Design, 1994, 150(2-3): 265-274.

[132] ZHANG Z C, QIANG H F, Gao W R. Coupling of smoothed particle hydrodynamics and finite element method for impact dynamics simulation [J]. Engineering Structures, 2011, 33(1): 255-264.

[133] 张志春, 强洪夫, 高巍然. SPH-FEM 接触算法在冲击动力学数值计算中的应用 [J]. 固体力学学报, 2011, 32(3): 319-324.

[134] KOMOROCZI A, ABE S, URAI J L. Meshless numerical modeling of brittle-viscous deformation: first results on boudinage and hydrofracturing using a coupling of discrete element method (DEM) and smoothed particle hydrodynamics (SPH) [J]. Computational Geosciences, 2013, 17(2): 373-390.

[135] SUN X, SAKAI M, YAMADA Y. Three-dimensional simulation of a solid-liquid flow by the DEM-SPH method [J]. Journal of Computational Physics, 2013, 248: 147-176.

[136] REVENGA M, ESPANOL P. Smoothed dissipative particle dynamics [J]. Physical Review E, 2003, 67(2): 26705.

[137] LI S, LIU W K. Meshfree and particle methods and their applications [J]. Applied Mechanics Reviews, 2002, 55(1): 1-34.

[138] MONAGHAN J J. Implicit SPH drag and dusty gas dynamics [J]. Journal of Computational Physics, 1997, 138(2): 801-820.

[139] OTT F, SCHNETTER E. A modified SPH approach for fluids with large density differences [J]. arXiv:physics/0303112, 2003, 3: 11

[140] MOLTENI D, COLAGROSSI A. A simple procedure to improve the pressure evaluation in hydrodynamic context using the SPH [J]. Computer Physics Communications, 2009, 180(6): 861-872.

[141] GRENIER N, ANTUONO M, COLAGROSSI A, et al. An Hamiltonian interface SPH formulation for multi-fluid and free surface flows [J]. Journal of Computational Physics, 2009, 228(22): 8380-8393.

[142] HU X Y, ADAMS N A. A multi-phase SPH method for macroscopic and mesoscopic flows [J]. Journal of Computational Physics, 2006, 213(2): 844-861.

[143] HU X Y, ADAMS N A. A constant-density approach for incompressible multi-phase SPH [J]. Journal of Computational Physics, 2009, 228(6): 2082-2091.

[144] NUGENT S, POSCH H A. Liquid drops and surface tension with smoothed particle applied mechanics [J]. Physical Review, E, Statistical Physics, Plasmas, Fluids, and Related Interdisciplinary Topics, 2000, 62(4): 4968-4975.

[145] MELEAN Y, SIGALOTTI L D G, HASMY A. On the SPH tensile instability in forming viscous liquid drops [J]. Computer Physics Communications, 2004, 157(3): 191-200.

[146] MELEAN Y, SIGALOTTI L D G. Coalescence of colliding van der Waals liquid drops [J]. International Journal of Heat and Mass Transfer, 2005, 48(19-20): 4041-4061.

[147] ZHANG M, ZHANG H, ZHENG L. Numerical investigation of substrate melting and deformation during thermal spray coating by SPH method [J]. Plasma Chemistry and Plasma Processing, 2009, 29(1): 55-68.

[148] ZHOU G, GE W, LI J. A revised surface tension model for macro-scale particle methods [J]. Powder Technology, 2008, 183(1): 21-26.

[149] ZHOU G, CHEN Z, GE W, et al. SPH simulation of oil displacement in cavity-fracture structures [J]. Chemical Engineering Science, 2010, 65(11): 3363-3371.

[150] MORRIS J P. Simulating surface tension with smoothed particle hydrodynamics [J]. International Journal for Numerical Methods in Fluids, 2000, 33(3): 333-353.

[151] MULLER M, CHARYPAR D, GROSS M. Particle-based fluid simulation for interactive applications [C]. Proceedings of the 2003 ACM SIGGRAPH/Eurographics symposium on Computer animation, San Diego, 2003.

[152] FANG H S, BAO K, WEI J A, et al. Simulations of droplet spreading and solidification using an improved SPH model[J]. Numerical Heat Transfer, Part A: Applications, 2009, 55(2): 124-143.

[153] BAO K, ZHANG H, ZHENG L, et al. Pressure corrected SPH for fluid animation [J]. Computer Animation and Virtual Worlds, 2009, 20(2-3): 311-320.

[154] 陈福振. 含表面张力算法的 SPH 方法及其应用 [D]. 西安: 第二炮兵工程学院, 2010.

[155] 强洪夫, 陈福振, 高巍然. 基于 SPH 方法的低韦伯数下三维液滴碰撞聚合与反弹数值模拟研究 [J]. 工程力学, 2012, 29(2): 21-28.

[156] 强洪夫, 陈福振, 高巍然. 修正表面张力算法的 SPH 方法及其实现 [J]. 计算物理, 2011, 28(3): 375-384.

[157] MONAGHAN J J. Smoothed particle hydrodynamics [J]. Reports on Progress in Physics, 2005, 68(8): 1703.

[158] BASA M, QUINLAN N J, LASTIWKA M. Robustness and accuracy of SPH formulations for viscous flow [J]. International Journal for Numerical Methods in Fluids, 2009, 60(10): 1127-1148.

[159] FLEBBE O, MUENZEL S, HEROLD H, et al. Smoothed particle hydrodynamics: Physical

viscosity and the simulation of accretion disks [J]. The Astrophysical Journal, 1994, 431(2): 754-760.

[160] ELLERO M, TANNER R I. SPH simulations of transient viscoelastic flows at low Reynolds number [J]. Journal of Non-Newtonian Fluid Mechanics, 2005, 132(1-3): 61-72.

[161] MORRIS J P, FOX P J, ZHU Y. Modeling low Reynolds number incompressible flows using SPH [J]. Journal of Computational Physics, 1997, 136(1): 214-226.

[162] CLEARY P W, MONAGHAN J J. Conduction modelling using smoothed particle hydrodynamics [J]. Journal of Computational Physics, 1999, 148(1): 227-264.

[163] CHEN F Z, QIANG H F, GAO W R. Coupling of smoothed particle hydrodynamics and finite volume method for two-dimensional spouted beds[J]. Computer & Chemical Engineering, 2015, 77(9): 135-146.

[164] CHEN F Z, QIANG H F, GAO W R. Numerical simulation of bubble formation at a single orifice in gas-fluidized beds with smoothed particle hydrodynamics and finite volume coupled method [J]. CMES-Computer Modeling in Engineering & Sciences, 2015, 105(1): 41-68.

[165] CHEN F Z, QIANG H F, GAO W R. A coupled SDPH-FVM method for gas-particle multiphase flows: Methodology [J]. International Journal for Numerical Methods in Engineering, 2016, 109(1): 73-101.

[166] 陈福振, 强洪夫, 高巍然. 燃料爆炸抛撒成雾及其爆轰过程的 SDPH 方法数值模拟研究 [J]. 物理学报, 2015, 64(11): 110202.

[167] 陈福振, 强洪夫, 高巍然. 风沙运动问题的 SPH-FVM 耦合方法数值模拟 [J]. 物理学报, 2014, 63(13): 130202.

[168] 陈福振, 强洪夫, 高巍然. 气–粒两相流传热问题的光滑离散颗粒流体动力学方法数值模拟 [J]. 物理学报, 2014, 63(23): 230206.

[169] 陈福振, 强洪夫, 高巍然, 等. 固体火箭发动机内气粒两相流动的 SPH-FVM 耦合方法数值模拟 [J]. 推进技术, 2015, 36(2): 175-185.

第 2 章　多相流数值模拟常用模型及方法

近几十年来，国内外对于多相流的研究有了迅猛的发展，建立了较为完善的理论体系，并且已从研究简单的实验流场发展到研究真实的实际流场，同时针对工程实际，提出了各种多相流研究的物理模型和数学模型。但由于多相流动具有复杂性和多样性，人们对其运动机理和运动特性理解还不够全面和准确，导致目前虽然多相流理论研究模型众多，但各理论模型较大地依赖于实验数据和经验公式，普适性差，阻碍了多相流理论研究的深入发展。

目前对多相流的研究大致分为两类，一类为基于光学和电学测量方法的实验研究方法，主要有以下几种：采用电容法和同位素法测量颗粒或者气泡的浓度；采用相位多普勒粒子分析仪、粒子速度成像仪或全息法测量气体相、液体相及颗粒相的速度、湍流度、颗粒或气泡的尺寸和浓度等。由于多相流动结构的复杂性、颗粒粒径分布的不均匀性以及设备的局限性等原因，运用单纯的实验手段很难认识其全部流动特性。而随着近代高速电子计算机的出现和发展，采用另一类研究方法——数值模拟方法研究多相流展现出广阔的前景，采用此类方法可以获得多相流动的全部信息，同时与实验研究相辅相成，紧密相连，共同推动多相流动领域的发展。

从国内外多相流数值模拟研究情况看，不同的多相流类型具有多种不同的多相流模型及方法，如求解气体–颗粒两相流的双流体模型、混合模型、颗粒轨道模型以及流体拟颗粒模型，求解气体–液体两相流的流体体积函数方法等。本章对这些模型进行阐述和分析，结合前期采用这些模型进行的工程实践进行算例的展示，进一步深入认识和理解这些模型。

2.1　双流体模型

2.1.1　模型概述

双流体模型 [1,2] 是基于欧拉框架进行构建的，是一种相对较为复杂的多相流模型，它将各相看成相互渗透、融合但又具有不同运动特征的连续介质。该模型通过建立一套包含有两组动量方程和连续性方程的方程组来求解每一相，压力项和各界面交换系数是两相共有，通过各相所占据的体积分数所占权重平均得到。不同相之间的动量交换依赖于混合物的类别。该模型已广泛应用于气泡柱、气泡上浮、颗粒悬浮以及流化床等领域。相对于单流体模型，双流体模型考虑了颗粒相的湍流输运以及气粒两相间相互滑移引起的阻力，其计算结果在大多数情况下更贴近于实际。该模型可以对各相进行单独的计算，每一相都有独自的守恒方程，具有很大的适应性。但随着相数的增加，方程数相应增加，计算逐渐趋于复杂，特别是当颗粒结构尺寸存在较大差别时，各相都要进行独自计算，最后进行迭代直至收敛，计算量巨大。此外颗粒相的扩散系数、导热系数和黏度系数的确定也仍然存在问题，并且双流体模型在计算中还可能产生伪扩散。

2.1.2 守恒方程

气体相的连续性方程、动量方程及能量方程分别为

$$\frac{\partial}{\partial t}(\alpha_{\mathrm{g}}\rho_{\mathrm{g}})+\nabla\cdot(\alpha_{\mathrm{g}}\rho_{\mathrm{g}}\boldsymbol{v}_{\mathrm{g}})=0 \tag{2.1}$$

$$\frac{\partial}{\partial t}(\alpha_{\mathrm{g}}\rho_{\mathrm{g}}\boldsymbol{v}_{\mathrm{g}})+\nabla\cdot(\alpha_{\mathrm{g}}\rho_{\mathrm{g}}\boldsymbol{v}_{\mathrm{g}}\boldsymbol{v}_{\mathrm{g}})=-\alpha_{\mathrm{g}}\nabla P+\nabla\cdot\boldsymbol{\tau}_{\mathrm{g}}+\boldsymbol{R}_{\mathrm{gp}}+\alpha_{\mathrm{g}}\rho_{\mathrm{g}}\boldsymbol{g} \tag{2.2}$$

$$\begin{aligned}\frac{\partial}{\partial t}(\alpha_{\mathrm{g}}\rho_{\mathrm{g}}h_{\mathrm{g}})+\nabla\cdot(\alpha_{\mathrm{g}}\rho_{\mathrm{g}}h_{\mathrm{g}}\boldsymbol{v}_{\mathrm{g}})=&-\nabla\cdot\alpha_{\mathrm{g}}\cdot\boldsymbol{q}_{\mathrm{g}}+\varepsilon(T_{\mathrm{p}}-T_{\mathrm{g}})\\&+\tau_{\mathrm{g}}\cdot\nabla\cdot\boldsymbol{v}_{\mathrm{g}}+\alpha_{\mathrm{g}}\left[\frac{\partial}{\partial t}p+\boldsymbol{v}_{\mathrm{g}}\nabla p\right]\end{aligned} \tag{2.3}$$

式中，α_{g},ρ_{g} 和 $\boldsymbol{v}_{\mathrm{g}}$ 分别为气体体积分数、密度和速度；$\boldsymbol{R}_{\mathrm{gp}}$ 为相间相互作用力。能量焓值 h_{g} 及热传导量 $\boldsymbol{q}_{\mathrm{g}}$ 为

$$h_{\mathrm{g}}=\int_{T_{\mathrm{ref}}}^{T}c_{\mathrm{p,g}}\mathrm{d}T_{\mathrm{g}},\quad \boldsymbol{q}_{\mathrm{g}}=-k_{\mathrm{g}}\nabla T_{\mathrm{g}} \tag{2.4}$$

气体的湍流对于颗粒的作用不可以忽略，这里湍流模型采用标准 k-ε 模型，处理界面湍流动量交换时采用额外施加源项的形式。方程 (2.2) 中的雷诺应力 $\boldsymbol{\tau}_{\mathrm{g}}$ 可表示为

$$\boldsymbol{\tau}_{\mathrm{g}}=-\frac{2}{3}(\rho_{\mathrm{g}}\alpha_{\mathrm{g}}k_{\mathrm{g}}+\rho_{\mathrm{g}}\alpha_{\mathrm{g}}\mu_{\mathrm{t,g}}\nabla\cdot\boldsymbol{v}_{\mathrm{g}})\boldsymbol{I}+\rho_{\mathrm{g}}\alpha_{\mathrm{g}}\mu_{\mathrm{t,g}}(\nabla\boldsymbol{v}_{\mathrm{g}}+\nabla\boldsymbol{v}_{\mathrm{g}}^{\mathrm{T}}) \tag{2.5}$$

式中，$\mu_{\mathrm{t,g}}$ 为湍流黏性，表示为

$$\mu_{\mathrm{t,g}}=\rho_{\mathrm{g}}C_{\mu}\frac{k_{\mathrm{g}}^{2}}{\varepsilon_{\mathrm{g}}} \tag{2.6}$$

连续相的湍流预测由下述修正后的 k-ε 模型获得：

$$\begin{aligned}\frac{\partial}{\partial t}(\alpha_{\mathrm{g}}\rho_{\mathrm{g}}k_{\mathrm{g}})+\nabla\cdot(\alpha_{\mathrm{g}}\rho_{\mathrm{g}}\boldsymbol{v}_{\mathrm{g}}k_{\mathrm{g}})=&\nabla\cdot(\alpha_{\mathrm{g}}\frac{\mu_{\mathrm{t,g}}}{\sigma_{\mathrm{k}}}k_{\mathrm{g}})+\alpha_{\mathrm{g}}G_{\mathrm{k,g}}\\&-\alpha_{\mathrm{g}}\rho_{\mathrm{g}}\varepsilon_{\mathrm{g}}+\alpha_{\mathrm{g}}\rho_{\mathrm{g}}\Pi_{\mathrm{k,g}}\end{aligned} \tag{2.7}$$

$$\frac{\partial}{\partial t}(\alpha_{\rm g}\rho_{\rm g}\varepsilon_{\rm g})+\nabla\cdot(\alpha_{\rm g}\rho_{\rm g}\boldsymbol{v}_{\rm g}\varepsilon_{\rm g})=\nabla\cdot(\alpha_{\rm g}\frac{\mu_{\rm t,g}}{\sigma_k}\nabla\varepsilon_{\rm g})+\alpha_{\rm g}\frac{\varepsilon_{\rm g}}{k_{\rm g}}(C_1G_{\rm k,g}-C_2\rho_{\rm g}\varepsilon_{\rm g})+\alpha_{\rm g}\rho_{\rm g}\Pi_{\varepsilon,\rm g} \tag{2.8}$$

式中，$\Pi_{\rm k,g}$ 和 $\Pi_{\varepsilon,\rm g}$ 表示离散相对于连续相的作用。Lu 和 Gidaspow[3] 指出颗粒相湍流可以采用颗粒动力学模型进行模拟。因此，在本书中气体相的湍流由 k-ε 模型描述，而颗粒相由表征速度脉动的拟温度来描述，颗粒相与气体相之间相互作用由 2.2.3 小节介绍的方法描述。本书中使用的离散相方程非雷诺平均，对于离散相方程的雷诺平均封闭模型仍在研究中 [4]。这里采用较密集的粒子进行离散相积分求解，避免在求解雷诺平均特性时出现介观尺度脉动作用。由于未使用离散相的湍流模型，因此这里忽略相互作用项 $\Pi_{\rm k,g}$ 和 $\Pi_{\varepsilon,\rm g}$。

颗粒相的连续性方程、动量方程及能量方程写作通用式为

$$\frac{\partial}{\partial t}(\alpha_{\rm p}\rho_{\rm p})+\nabla\cdot(\alpha_{\rm p}\rho_{\rm p}\boldsymbol{v}_{\rm p})=0 \tag{2.9}$$

$$\frac{\partial}{\partial t}(\alpha_{\rm p}\rho_{\rm p}\boldsymbol{v}_{\rm p})+\nabla\cdot(\alpha_{\rm p}\rho_{\rm p}\boldsymbol{v}_{\rm p}\boldsymbol{v}_{\rm p})=-\alpha_{\rm p}\nabla P-\nabla P_{\rm p}+\nabla\cdot\boldsymbol{\tau}_{\rm p}+\alpha_{\rm p}\rho_{\rm p}\boldsymbol{g}+\boldsymbol{R}_{\rm pg}+\boldsymbol{F}_{\rm liq,p}+\boldsymbol{F}_{\rm vm,p} \tag{2.10}$$

$$\frac{\partial}{\partial t}(\alpha_{\rm p}\rho_{\rm p}h_{\rm p})+\nabla\cdot(\alpha_{\rm p}\rho_{\rm p}h_{\rm p}\boldsymbol{v}_{\rm p})=-\nabla\cdot\alpha_{\rm p}\cdot\boldsymbol{q}_{\rm p}+\varepsilon(T_{\rm g}-T_{\rm p})+\tau_{\rm p}\cdot\nabla\cdot\boldsymbol{v}_{\rm p}+\alpha_{\rm p}\left(\frac{\partial}{\partial t}p+\boldsymbol{v}_{\rm p}\nabla p\right) \tag{2.11}$$

式中，$\alpha_{\rm p}$,$\rho_{\rm p}$ 和 $\boldsymbol{v}_{\rm p}$ 分别为颗粒相体积分数、密度和速度；∇P 为连续相压力梯度；$\nabla P_{\rm p}$ 为离散相压力梯度；$\alpha_{\rm p}\rho_{\rm p}\boldsymbol{g}$ 为外部体积力；$\boldsymbol{R}_{\rm pg}$ 为相间相互作用力；$\boldsymbol{F}_{\rm liq,p}$ 为升力；$\boldsymbol{F}_{\rm vm,p}$ 为虚拟质量力。在本书数值模拟中，忽略升力和虚拟质量力的影响，重点考虑曳力及重力的作用。$\boldsymbol{\tau}_{\rm p}$ 为颗粒相黏性应力张量，表示为

$$\boldsymbol{\tau}_{\rm p}=\alpha_{\rm p}\mu_{\rm p}(\nabla\boldsymbol{v}_{\rm p}+\nabla\boldsymbol{v}_{\rm p}^{\rm T})+\alpha_{\rm p}\left(\lambda_{\rm p}-\frac{2}{3}\mu_{\rm p}\right)\nabla\cdot\boldsymbol{v}_{\rm p}\boldsymbol{I} \tag{2.12}$$

式中，$\mu_{\rm p}$ 和 $\lambda_{\rm p}$ 分别为颗粒相的剪切黏度和体黏度；$\boldsymbol{I}$ 为单位张量。

对颗粒相控制方程 (2.10) 和方程 (2.11) 进行封闭需要引入对于颗粒相压力 $P_{\rm p}$ 和黏性应力 $\boldsymbol{\tau}_{\rm p}$ 的描述。采用颗粒动力学理论，颗粒相应力与颗粒速度脉动的最大值相关，而颗粒的速度脉动由颗粒拟温度描述，颗粒拟温度守恒方程写作通用式为

$$\frac{3}{2}\left[\frac{\partial}{\partial t}(\rho_{\rm p}\alpha_{\rm p}\theta_{\rm p})+\nabla\cdot(\rho_{\rm p}\alpha_{\rm p}\boldsymbol{v}_{\rm p}\theta_{\rm p})\right]=(-p_{\rm p}\boldsymbol{I}+\boldsymbol{\tau}_{\rm p}):\nabla\boldsymbol{v}_{\rm p}+\nabla\cdot(k_{\rm p}\nabla\theta_{\rm p})-N_{\rm c}\theta_{\rm p}+\phi_{\rm gp} \tag{2.13}$$

式中，$(-p_{\mathrm{p}}\boldsymbol{I}+\boldsymbol{\tau}_{\mathrm{p}}):\nabla\boldsymbol{v}_{\mathrm{p}}$ 为颗粒相应力产生的能量；$k_{\mathrm{p}}\nabla\theta_{\mathrm{p}}$ 为能量耗散项；k_{p} 为能量耗散系数；$N_{\mathrm{c}}\theta_{\mathrm{p}}$ 为颗粒间碰撞产生的能量耗散项，具体公式均在 4.1 节中列出；ϕ_{gp} 为连续相与颗粒相间的能量交换，一般取

$$\phi_{\mathrm{gp}}=-3\beta_{\mathrm{gp}}\theta_{\mathrm{p}} \tag{2.14}$$

其中，β_{gp} 为气体相与颗粒相间的曳力系数，在 2.1.3 小节中介绍。

颗粒相压力 $P_{\mathrm{p}}=\alpha_{\mathrm{p}}\rho_{\mathrm{p}}\left[1+2\left(1+e\right)\alpha_{\mathrm{p}}g_0\right]\theta_{\mathrm{p}}$，其中，$e$ 为颗粒间碰撞归还系数，g_0 为径向分布函数，通常取

$$g_0=\left[1-\left(\frac{\alpha_{\mathrm{p}}}{\alpha_{\mathrm{p,max}}}\right)^{\frac{1}{3}}\right]^{-1} \tag{2.15}$$

$\alpha_{\mathrm{p,max}}$ 为可压缩条件下颗粒相可达到的最大体积分数值。由于本书中气体相与颗粒相的体积分数值均由 SDPH 计算得到，而 SDPH 作为拉格朗日粒子方法，运动中易发生结团聚集现象，这时某些区域内颗粒相的体积分数会超出最大装载的体积分数值，因此式 (2.15) 易失效。此时采用另一径向分布函数表示：

$$g_0=\frac{s+d_{\mathrm{p}}}{s} \tag{2.16}$$

式中，s 为颗粒间距。从公式 $P_{\mathrm{p}}=\alpha_{\mathrm{p}}\rho_{\mathrm{p}}\left[1+2\left(1+e\right)\alpha_{\mathrm{p}}g_0\right]\theta_{\mathrm{p}}$ 可以看出，当颗粒相的体积分数较小时，第二项相比第一项可忽略，剩下的第一项即为理想气体状态方程，表明颗粒动力学在颗粒体积分数较小的情况下与气体动力学相同。

2.1.3 曳力模型

作用于单颗粒上的曳力可由动量交换系数 β_{gp} 和两相间滑移速度 $\boldsymbol{v}_{\mathrm{g}}-\boldsymbol{v}_{\mathrm{p}}$ 表示：

$$\boldsymbol{R}_{\mathrm{gp}}=\beta_{\mathrm{gp}}\left(\boldsymbol{v}_{\mathrm{g}}-\boldsymbol{v}_{\mathrm{p}}\right) \tag{2.17}$$

大量研究表明，颗粒相的体积分数对于决定颗粒群运动的曳力来说具有重要的影响。这里采用 Gidaspow 提出的公式 [5]，即对于密相的计算采用 Ergun 方程，对于稀相的计算采用 Wen-Yu 方程：

$$\beta=\begin{cases}\beta_{\mathrm{Ergun}}=150\dfrac{\alpha_{\mathrm{p}}^2\mu_{\mathrm{g}}}{\alpha_{\mathrm{g}}d_{\mathrm{s}}^2}+1.75\dfrac{\alpha_{\mathrm{p}}\rho_{\mathrm{g}}}{d_{\mathrm{s}}}\left|\boldsymbol{v}_{\mathrm{g}}-\boldsymbol{v}_{\mathrm{p}}\right|, & \alpha_{\mathrm{g}}<0.8\\[2ex] \beta_{\mathrm{Wen\text{-}Yu}}=\dfrac{3}{4}C_{\mathrm{D}}\dfrac{\alpha_{\mathrm{p}}\alpha_{\mathrm{g}}\rho_{\mathrm{g}}}{d_{\mathrm{s}}}\left|\boldsymbol{v}_{\mathrm{g}}-\boldsymbol{v}_{\mathrm{p}}\right|\alpha_{\mathrm{g}}^{-2.65}, & \alpha_{\mathrm{g}}\geqslant 0.8\end{cases} \tag{2.18}$$

曳力系数 C_{D} 为

$$C_{\mathrm{D}}=\begin{cases}\dfrac{24}{\alpha_{\mathrm{g}}\mathrm{Re}_{\mathrm{p}}}[1+0.15(\alpha_{\mathrm{g}}\mathrm{Re}_{\mathrm{p}})^{0.687}], & \mathrm{Re}_{\mathrm{p}}<1000\\ 0.44, & \mathrm{Re}_{\mathrm{p}}\geqslant 1000\end{cases}\tag{2.19}$$

相对雷诺数 Re_{p} 定义为

$$\mathrm{Re}_{\mathrm{p}}=\frac{\rho_{\mathrm{g}}d_{\mathrm{p}}\left|\boldsymbol{v}_{\mathrm{g}}-\boldsymbol{v}_{\mathrm{p}}\right|}{\mu_{\mathrm{g}}}\tag{2.20}$$

为消除两个方程间的不连续性，引入松弛因子对过渡区域中的动量交换系数进行光滑：

$$\varphi_{\mathrm{gp}}=\frac{\arctan[150\times 1.75(0.2-\alpha_{\mathrm{p}})]}{\pi}+0.5\tag{2.21}$$

因此，动量交换系数 β 可以表示为

$$\beta=(1-\varphi_{\mathrm{gp}})\beta_{\mathrm{Ergun}}+\varphi_{\mathrm{gp}}\beta_{\mathrm{Wen\text{-}Yu}}\tag{2.22}$$

由此，作用于单位质量颗粒上的曳力 $\boldsymbol{R}'_{\mathrm{gp}}$ 为

$$\boldsymbol{R}'_{\mathrm{gp}}=\frac{\beta_{\mathrm{gp}}\left(\boldsymbol{v}_{\mathrm{g}}-\boldsymbol{v}_{\mathrm{p}}\right)}{\alpha_{\mathrm{p}}\rho_{\mathrm{p}}}\tag{2.23}$$

2.1.4 热传导模型

气体相和颗粒相能量平衡主要基于两相间的对流热交换。能量方程内 ε 表征单位体积热交换系数，其主要为特定界面交换面与气–粒热交换系数 $\varepsilon_{\mathrm{gp}}$ 的乘积。基于几何学理论，可得到以下关系式：

$$\varepsilon=\frac{6(1-\alpha_{\mathrm{g}})\alpha_{\mathrm{g}}}{d_{\mathrm{p}}}\varepsilon_{\mathrm{gp}}\tag{2.24}$$

相关文献中有很多由单球体和其周围流体的热交换模型改进的方法。总的来说，有两种求解相间对流热交换的方法。第一种假定努塞尔数随着雷诺数的变化接近一个有限的数值，另一种则假定该值接近于零。这里采用基于第一种假设的 Gunn[6] 表达形式，该关联式对于较大范围颗粒体积分数都是合理的，公式为

$$\begin{aligned}\mathrm{Nu}=\frac{\varepsilon_{\mathrm{gp}}d_{\mathrm{p}}}{k_{\mathrm{g}}}=&(7-10\alpha_{\mathrm{g}}+5\alpha_{\mathrm{g}}^{2})\left[1+0.7(\alpha_{\mathrm{g}}\mathrm{Re}_{\mathrm{p}})^{0.2}(\mathrm{Pr})^{1/3}\right]\\&+(1.33-2.40\alpha_{\mathrm{g}}+1.20\alpha_{\mathrm{g}}^{2})(\alpha_{\mathrm{g}}\mathrm{Re}_{\mathrm{p}})^{0.7}(\mathrm{Pr})^{1/3}\end{aligned}\tag{2.25}$$

普朗特数为

$$\mathrm{Pr}=\frac{c_{\mathrm{p,g}}\mu_{\mathrm{g}}}{k_{\mathrm{g}}}\tag{2.26}$$

2.1.5 算例验证

1. 常规反应器内粉体的吹离过程

在反应器内通过电爆法制备纯金属、氧化物、氮化物和合金的超细粉末是近年来国际上兴起的用于工业生产的重要方法。这里采用双流体模型对常规反应器内粉体的吹离过程进行数值模拟，常规反应器沿径向截面方向结构如图 2.1 所示。中间为圆形，半径为 200mm，左右两边为进出口，长 49.6mm，宽 70mm。图 2.2 为网格划分图，均采用四边形网格，网格数目为 6052，网格均匀，质量较高。

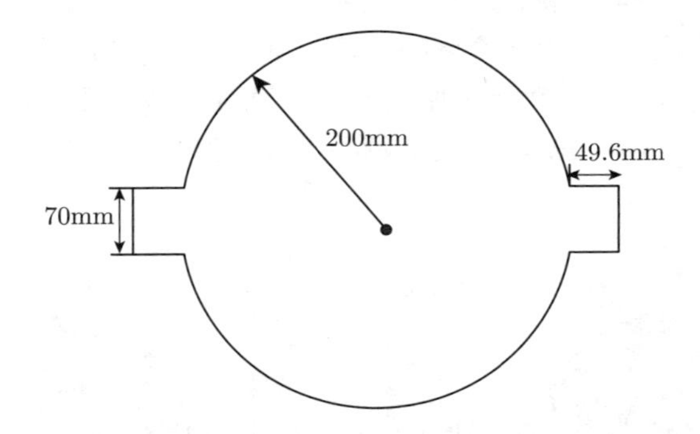

图 2.1 常规反应器结构示意图

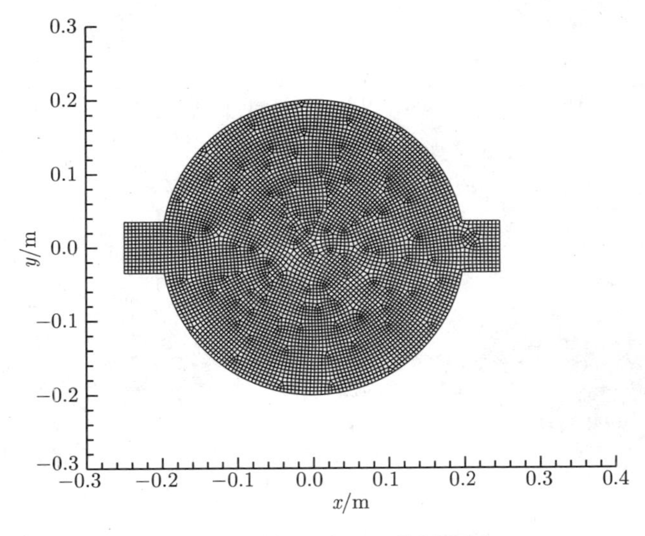

图 2.2 常规反应器网格划分图

计算采用 TFM 双流体物理模型，气体相设为第一相，粉体颗粒相设为第二相，黏性采用 RNG 的 k-ε 模型，气体相为空气，参数为空气参数，颗粒相为铝粉，参数与固态铝的参数相同，颗粒的平均直径为 0.12μm，拟流体黏性为 1×10^{-5}，体积黏度为 0，颗粒相压力计算采用 Lun 模型，径向分布函数采用 Syamlal-Obrien 模型，颗粒相最大装载体积分数为 0.63，入口压力为 3MPa，湍流强度为 5%，水力直径为 500mm，入口处气体相体积分数为 1，出口压力为 1 个大气压，湍流强度为 5%，水力直径为 500mm，求解器采用压力–速度耦合的 SIMPLE 算法，流动、体积分数以及湍流计算均采用一阶迎风格式。初始假定整个反应器内充满粉体颗粒，体积分数为 0.1，考虑重力的影响。

图 2.3 为常规反应器内粉体颗粒的吹离过程，可以看出粉体颗粒在内外压力差及气流的吹动作用下，首先中心区域的粉体大部分被吹离出容器，但仍有部分颗粒在上下两侧反向气流涡的带动下向后方运动，造成在入口不远处的死角部位堆积了部分颗粒，在中心气流的吹动下逐渐带动出反应器，但明显延长了粉体颗粒在容

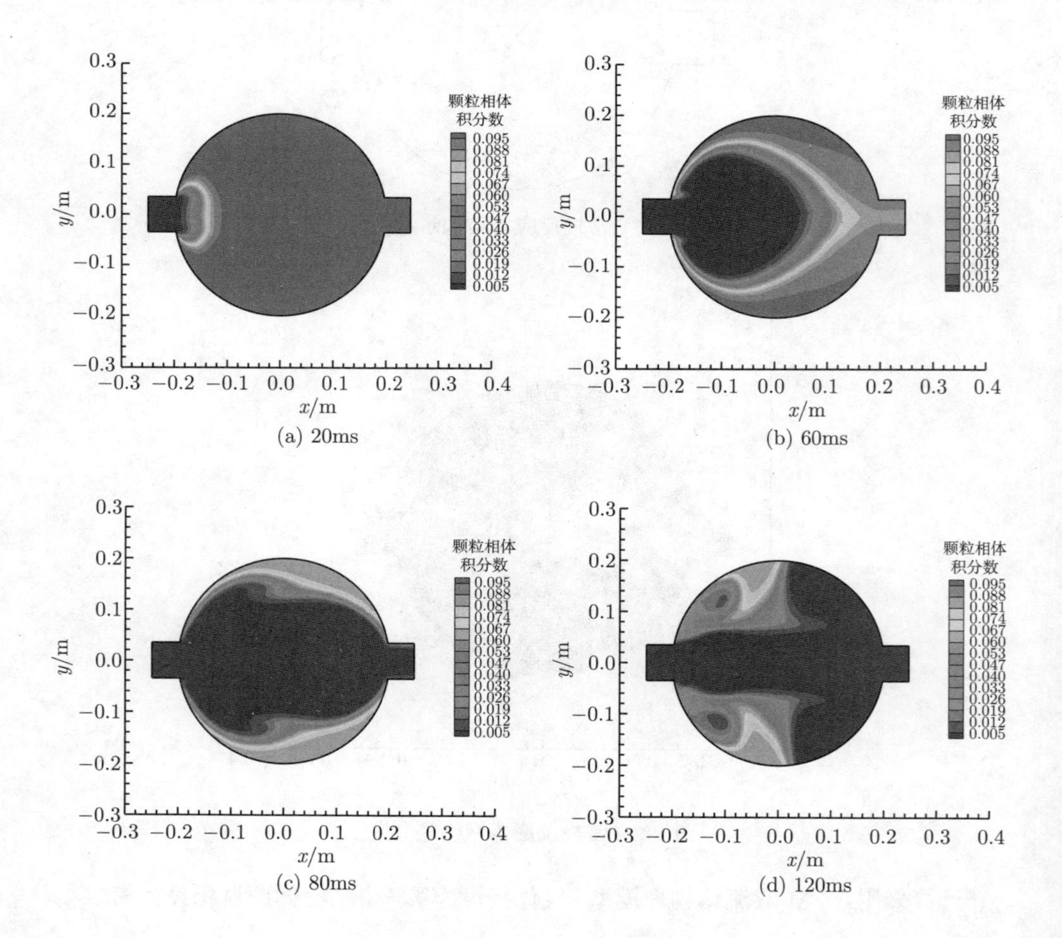

(a) 20ms (b) 60ms (c) 80ms (d) 120ms

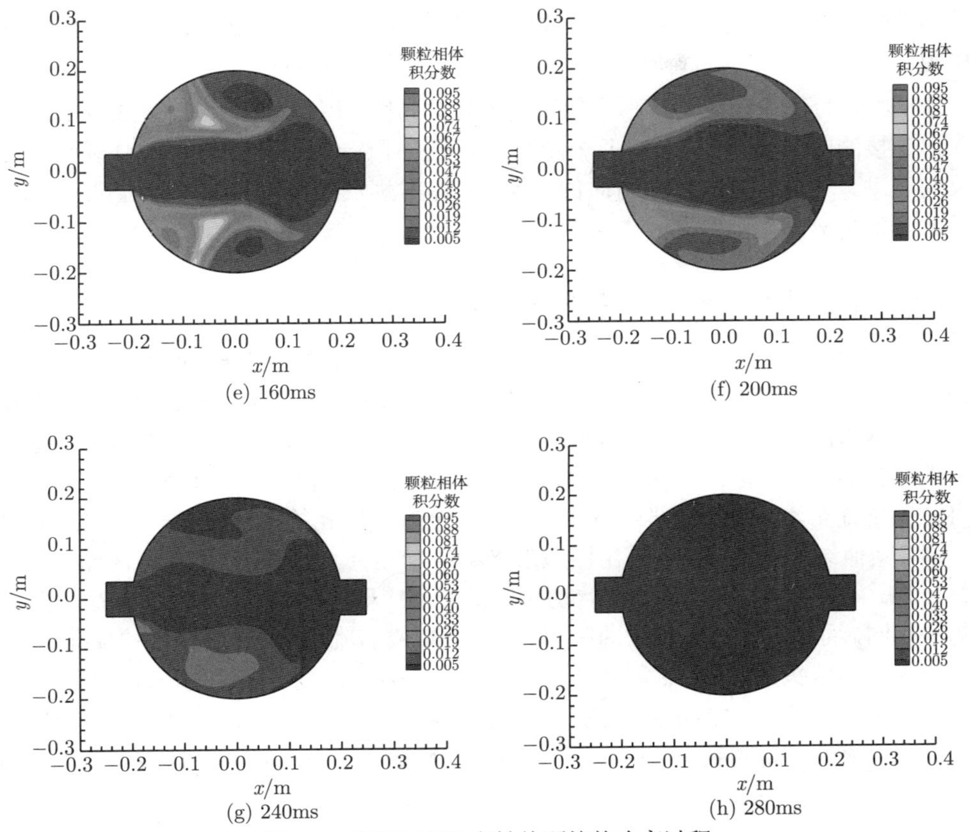

图 2.3 常规反应器内粉体颗粒的吹离过程

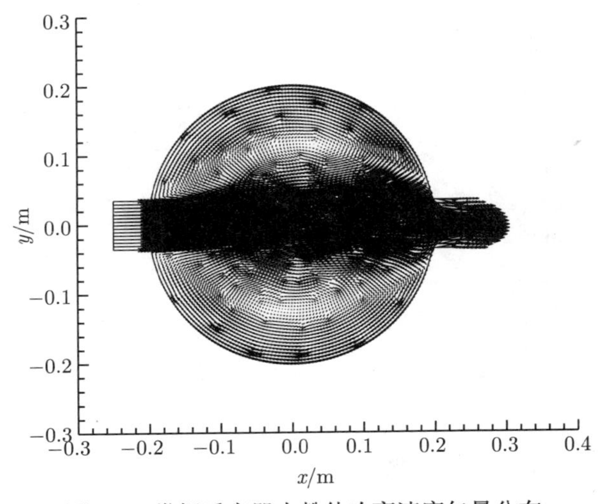

图 2.4 常规反应器内粉体吹离速度矢量分布

器内的停留时间，直到 280ms 左右颗粒才基本完全吹离出容器，浓度降低至 0.5% 以内。

图 2.4 为气流在稳定后形成的速度矢量分布图，可以看出，气流主要集中在出入口连接的中轴线附近，上下两个侧面主要形成了一个反向回流涡，造成粉体颗粒反向运动，增加了颗粒的停留时间。因此，在常规反应器结构的基础上进行改进，目的是均匀分配气流分布。

2. 圆形堵头反应器内粉体的吹离过程

由上面算例可知，粉尘颗粒容易在远离中心区域的反应器壁面沉积，影响细粉颗粒的制备效率。为提高此效率，在较短的时间内消耗少量的能量，降低颗粒在反应器内的沉积，最大限度地收集颗粒产物，首先尝试改进设备的结构，以达到高效制备的目的。首先在反应器的入口处，通过改变入口截面的形状，调整反应器内的流场分布。紧挨反应器入口设计了一种带有气流孔的圆形堵头，结构如图 2.5 所示，其他结构保持不变，采用四边形网格进行划分，如图 2.6 所示，计算结果如图 2.7 所示。在 80ms 之前气流吹动颗粒离开反应器，与不加圆形堵头产生的效果基本相同，而不加圆形堵头在 80ms 时刻已经形成涡流，造成粉尘颗粒的反向运动，而加入圆形堵头后在 80ms 时刻刚刚开始形成涡流，延缓了涡流的形成，但在反应器两侧未能形成有效的正向气流，造成了颗粒在反应器内的长期停留，不能依靠形成的涡流及时带动到中心区域而吹离反应器，因此直到超过 300ms 反应器的颗粒

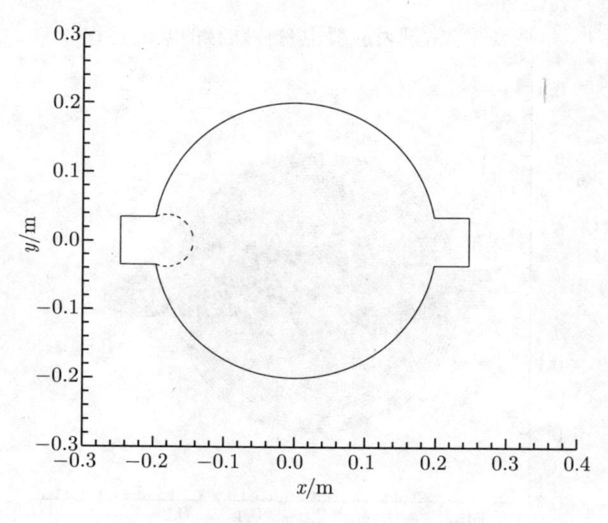

图 2.5　圆形堵头反应器结构示意图

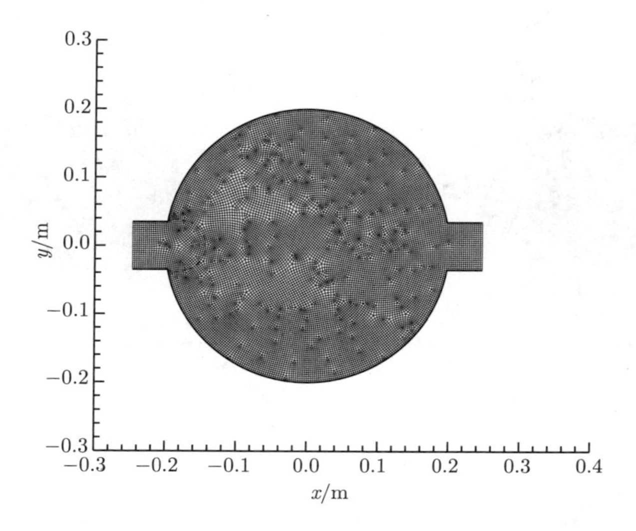

图 2.6 圆形堵头反应器网格划分图

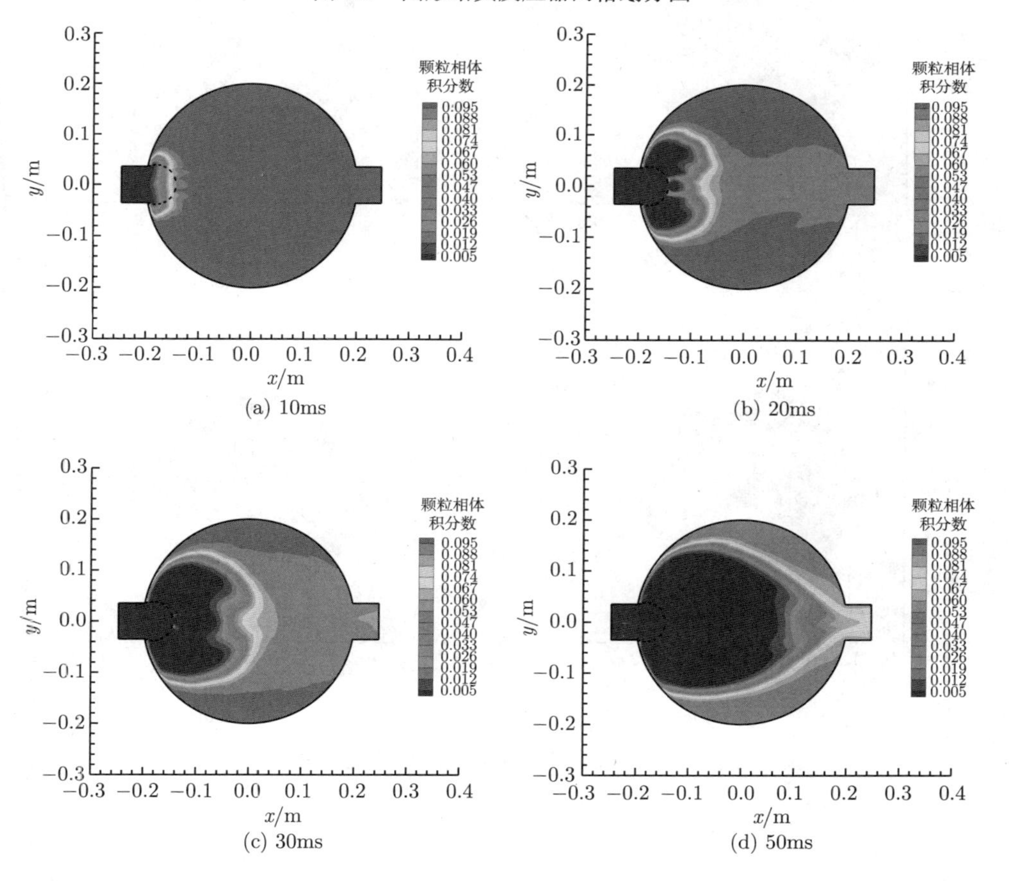

(a) 10ms (b) 20ms

(c) 30ms (d) 50ms

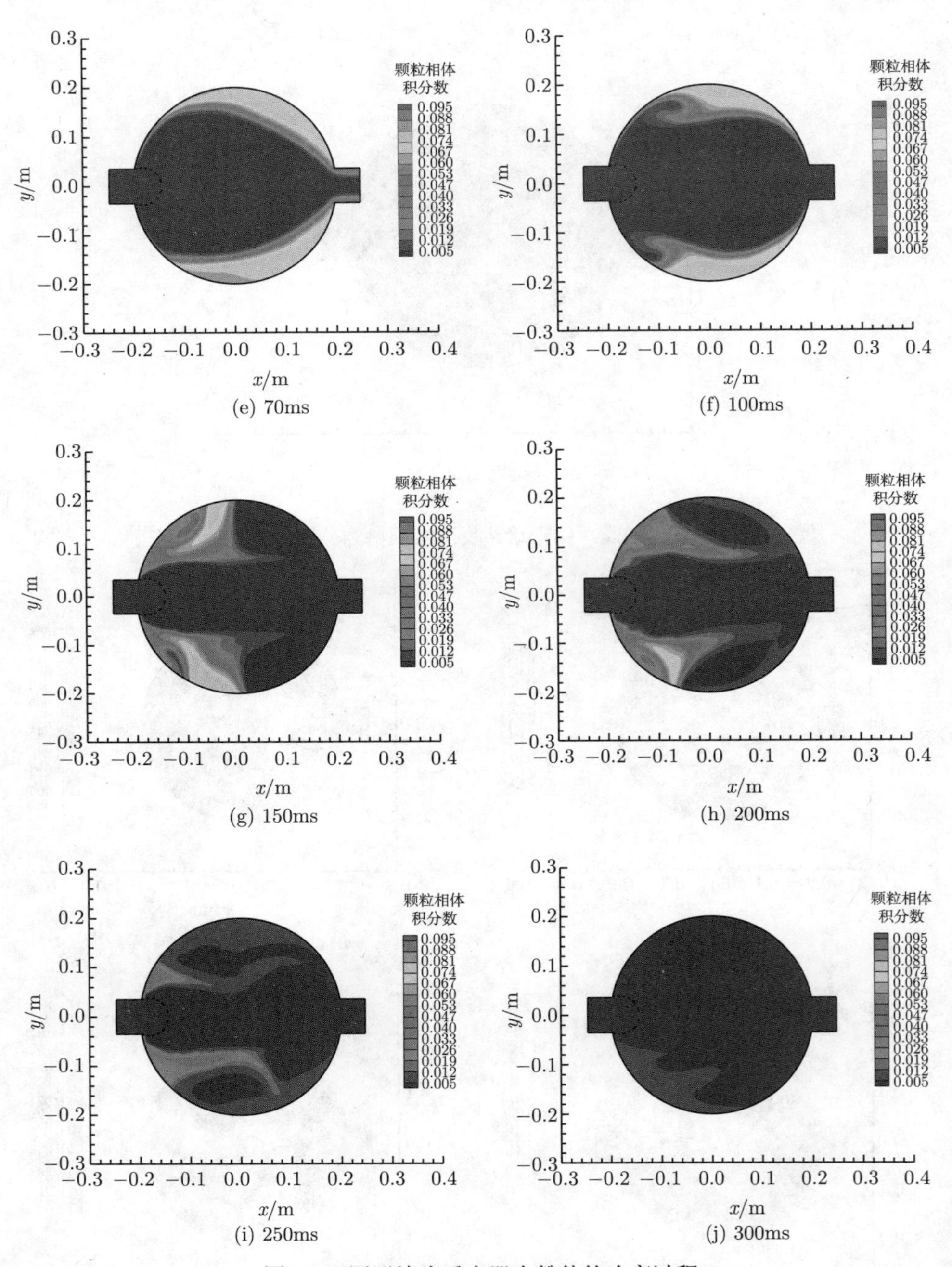

图 2.7　圆形堵头反应器内粉体的吹离过程

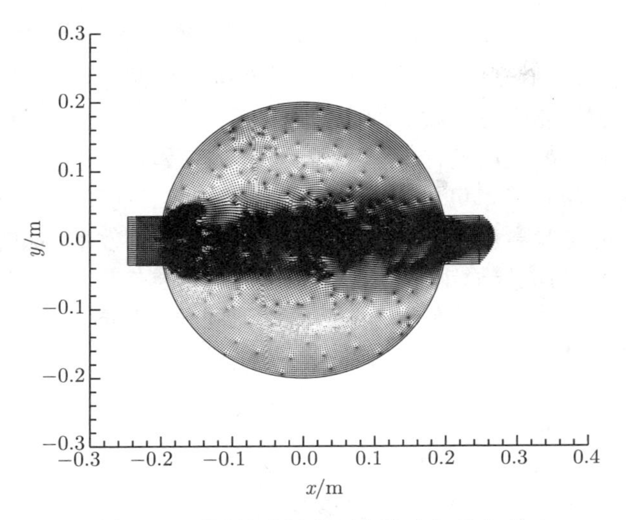

图 2.8 圆形堵头反应器内速度矢量分布

浓度才降至 0.5% 以内。图 2.8 为添加圆形堵头后反应器内流场速度分布情况。与图 2.4 相比可以看出，速度在中心区域分布基本相同，但增加堵头后流场分布不太稳定，在上下两侧不能形成稳定的涡流。

3. 平板堵头反应器内粉体的吹离过程

通过以上描述可见在入口处增加圆形堵头未能提高粉尘吹离反应器的效率，反而增加了吹离的时间，因此又重新设计了一种在入口处添加带有气流孔洞的平

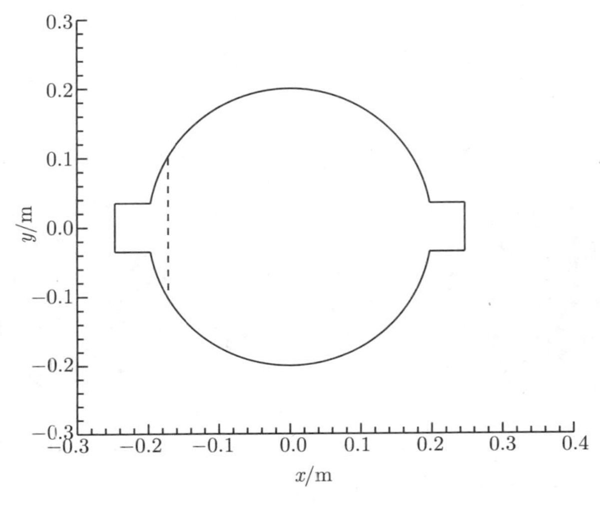

图 2.9 平板堵头反应器几何结构示意图

板堵头，使气流能沿垂直方向进行均衡分配，直接产生在水平方向上的速度场，将颗粒快速地吹离反应器。图 2.9 为带有平板堵头的反应器几何结构示意图，图 2.10 为平板堵头反应器网格划分情况，均为四边形网格。图 2.11 为计算得到的平板堵头反应器内粉尘颗粒的吹离过程。可以看出，气流在反应器内纵向上基本处于均匀分布状态，两侧的粉尘基本可以和中心区域的粉尘同时向出口运动，在 120ms 左右粉尘颗粒基本完全吹离反应器，大大提高了粉尘的吹离效率，证明此种改进方法有效可行。图 2.12 为流场稳定后反应器内速度矢量分布，可以看出，气流不仅在中心区域分布较为集中，同时在两侧壁面处气流同样为正向，分布较为集中，这样便大大提高了吹离作用力。

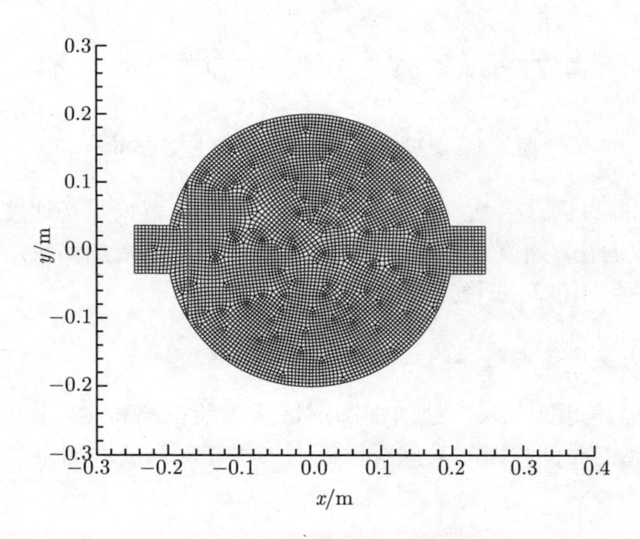

图 2.10 平板堵头反应器网格划分图

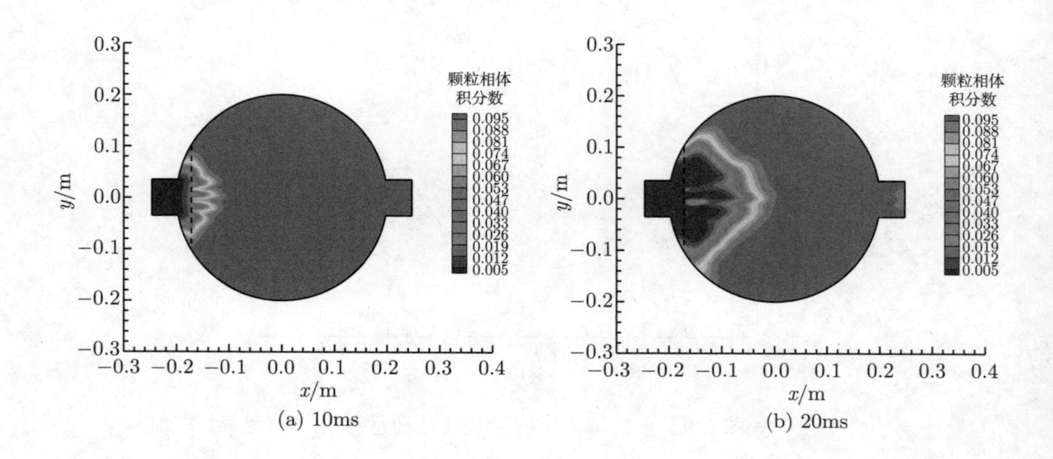

(a) 10ms (b) 20ms

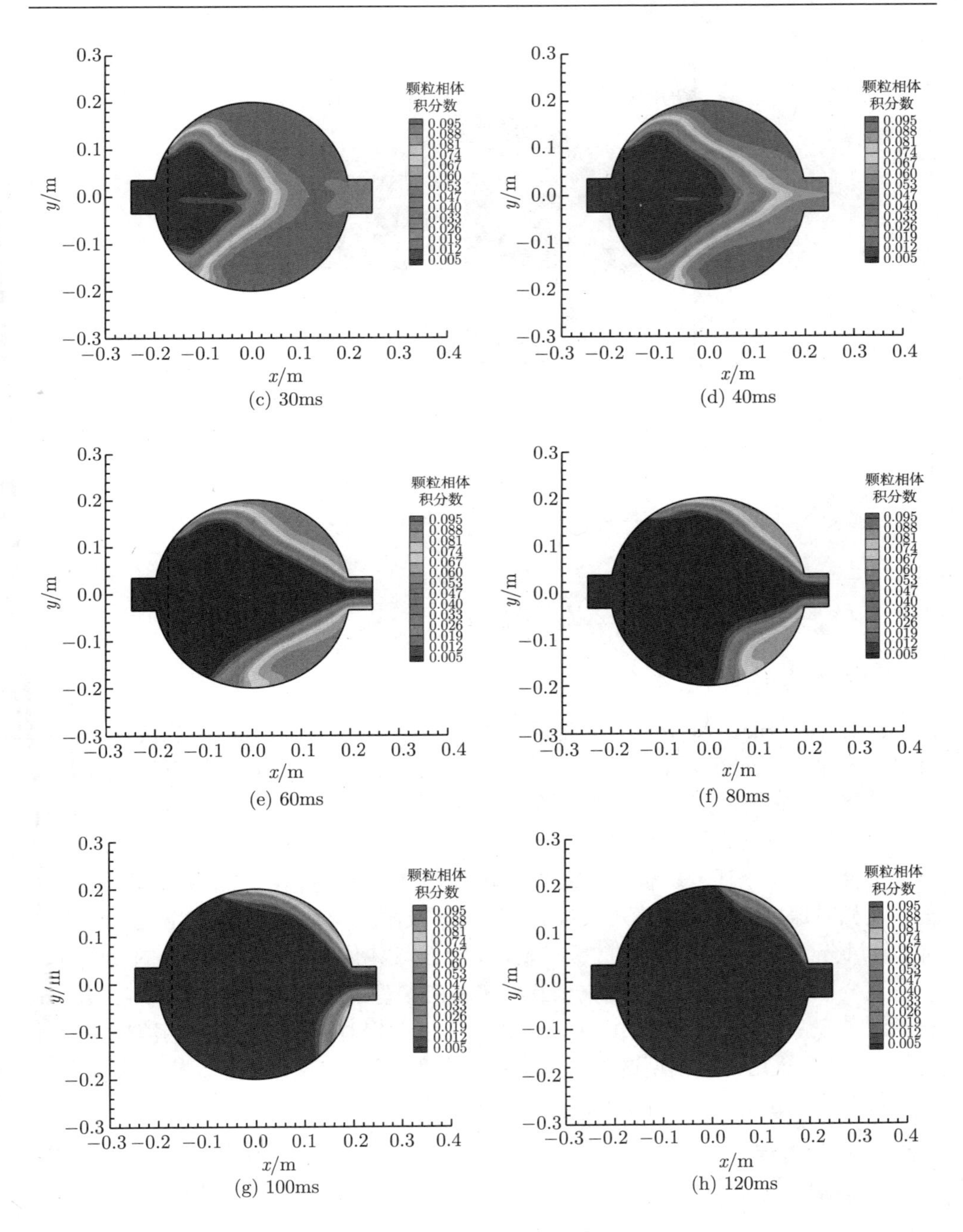

图 2.11 平板堵头反应器内粉体吹离过程

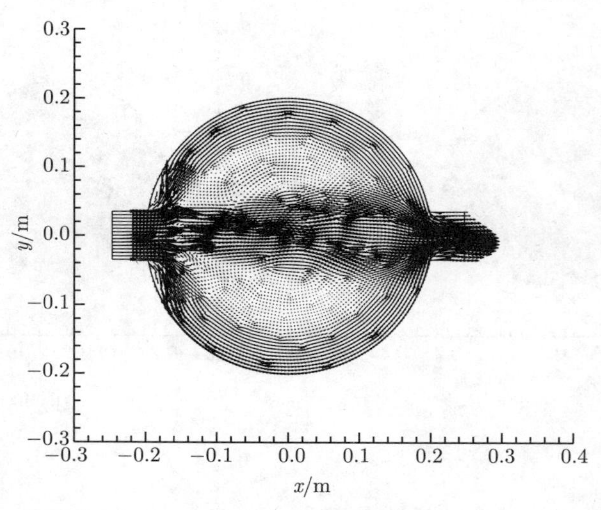

图 2.12 平板堵头反应器内速度矢量分布

2.2 混 合 模 型

2.2.1 模型概述

混合 (Mixture) 模型 [7,8] 是能够以不同的方式应用的简化的多相流模型。它可以用于模拟不同相以不同速度移动的多相流流动，但它在较短的空间尺度上假设局部平衡。它可以用于模拟耦合性很强并且各相以相同速度运动的均质多相流。另外，混合模型还可用于计算非牛顿黏性流体。

混合模型可以通过求解混合物的动量、连续和能量方程，第二相的体积分数方程以及相对速度的代数表达式来对 n 相 (流体或微粒) 建模。典型应用包括颗粒沉降、旋风分离器、具有低负荷的颗粒物流，以及气体体积分数保持较低的气泡流。

混合模型在很多情况下是完全欧拉多相流模型的良好替代品。当颗粒相的分布范围较广，或相间作用未知，或其可靠性无法确定时，完全欧拉多相流模型较难适用，而假如采用混合模型这类较为简单的模型，相比完整的多相流模型来说适用的变量更少，运行效果却跟完整的多相模型一样。

2.2.2 守恒方程

1. 连续性方程

混合物的连续性方程是

$$\frac{\partial}{\partial t}(\rho_{\mathrm{m}})+\nabla\cdot(\rho_{\mathrm{m}}\boldsymbol{v}_{\mathrm{m}})=0 \tag{2.27}$$

式中，$\boldsymbol{v}_{\mathrm{m}}$ 是质量平均速度，表示为

$$\boldsymbol{v}_{\mathrm{m}}=\frac{\sum\limits_{k=1}^{n}\alpha_k\rho_k\boldsymbol{v}_k}{\rho_{\mathrm{m}}} \tag{2.28}$$

其中，ρ_{m} 是混合物密度，表示为

$$\rho_{\mathrm{m}}=\sum_{k=1}^{n}\alpha_k\rho_k \tag{2.29}$$

其中，α_{k} 是 k 相的体积分数。

2. 动量方程

混合物的动量方程可以通过各个相的动量方程综合得到，表示为

$$\begin{aligned}\frac{\partial}{\partial t}(\rho_{\mathrm{m}}\boldsymbol{v}_{\mathrm{m}})+\nabla\cdot(\rho_{\mathrm{m}}\boldsymbol{v}_{\mathrm{m}}\boldsymbol{v}_{\mathrm{m}})=&-\nabla p+\nabla\cdot[\mu_{\mathrm{m}}(\nabla\boldsymbol{v}_{\mathrm{m}}+\nabla\boldsymbol{v}_{\mathrm{m}}^{\mathrm{T}})]+\rho_{\mathrm{m}}\boldsymbol{g}\\&+\boldsymbol{F}+\nabla\cdot\left(\sum_{k=1}^{n}\alpha_k\rho_k\boldsymbol{v}_{\mathrm{dr},k}\boldsymbol{v}_{\mathrm{dr},k}\right)\end{aligned} \tag{2.30}$$

式中，n 是相的编号；$\boldsymbol{F}$ 是体积力；μ_{m} 是混合物的黏度，表示为

$$\mu_{\mathrm{m}}=\sum_{k=1}^{n}\alpha_k\mu_k \tag{2.31}$$

$\boldsymbol{v}_{\mathrm{dr},k}$ 是第二相 k 的漂移速度，表示为

$$\boldsymbol{v}_{\mathrm{dr},k}=\boldsymbol{v}_k-\boldsymbol{v}_{\mathrm{m}} \tag{2.32}$$

3. 能量方程

混合物的能量方程采用以下形式：

$$\frac{\partial}{\partial t}\sum_{k=1}^{n}(\alpha_k\rho_kE_k)+\nabla\cdot\sum_{k=1}^{n}[\alpha_k\boldsymbol{v}_k(\rho_kE_k+p)]=\nabla\cdot(k_{\mathrm{eff}}\nabla T)+S_{\mathrm{E}} \tag{2.33}$$

式中，k_{eff} 是有效电导率，表示为 $\sum\alpha_k(k_k+k_{\mathrm{t}})$，其中 k_{t} 是湍流的导热系数，根据湍流模型定义；式 (2.33) 右侧的第一项表示由于导电而导致的能量传递；S_{E} 包括任何其他体积热源。

在方程 (2.33) 中，有

$$E_k=h_k-\frac{p}{\rho_k}+\frac{v_k^2}{2} \tag{2.34}$$

是对于可压缩的相，而 $E_k=h_k$ 是对于不可压缩的相，其中 h_k 是 k 相的明显焓。

2.2.3 相对速度和滑移速度

相对速度 (也称为滑移速度) 被定义为相对于主相 (q) 的次相 (p) 的速度，即

$$\boldsymbol{v}_{\mathrm{pq}}=\boldsymbol{v}_{\mathrm{p}}-\boldsymbol{v}_{\mathrm{q}} \tag{2.35}$$

任何相 (k) 的质量分数被定义为

$$c_k=\frac{\alpha_k\rho_k}{\rho_{\mathrm{m}}} \tag{2.36}$$

漂移速度与相对速度 ($\boldsymbol{v}_{\mathrm{pq}}$) 通过下面的表达式相联系：

$$\boldsymbol{v}_{\mathrm{dr,p}}=\boldsymbol{v}_{\mathrm{pq}}-\sum_{k=1}^{n}c_k\boldsymbol{v}_{\mathrm{q}k} \tag{2.37}$$

混合模型中常用代数滑移公式，代数滑移混合模型的基本假设是为了规定相对速度的代数关系，应在较短的空间长度尺度上达到相位之间的局部平衡。相对速度可由下式给出：

$$\boldsymbol{v}_{\mathrm{pq}}=\frac{\tau_{\mathrm{p}}}{f_{\mathrm{drag}}}\frac{(\rho_{\mathrm{p}}-\rho_{\mathrm{m}})}{\rho_{\mathrm{p}}}\boldsymbol{a} \tag{2.38}$$

式中，τ_{p} 是粒子的松弛时间，表示为

$$\tau_{\mathrm{p}}=\frac{\rho_{\mathrm{p}}d_{\mathrm{p}}^2}{18\mu_{\mathrm{q}}} \tag{2.39}$$

d_{p} 是颗粒 (或液滴或气泡) 的直径的第二相；$\boldsymbol{a}$ 是第二相中粒子的加速度；默认曳力函数 f_{drag} 取

$$f_{\mathrm{drag}}=\begin{cases}1+0.15\mathrm{Re}^{0.687}, & \mathrm{Re}\leqslant 1000\\ 0.0183\mathrm{Re}, & \mathrm{Re}>1000\end{cases} \tag{2.40}$$

加速度 $\boldsymbol{a}$ 的形式为

$$\boldsymbol{a}=\boldsymbol{g}-(\boldsymbol{v}_{\mathrm{m}}\cdot\nabla)\boldsymbol{v}_{\mathrm{m}}-\frac{\partial\boldsymbol{v}_{\mathrm{m}}}{\partial t} \tag{2.41}$$

最简单的代数滑动公式是所谓的漂移流量模型，其中颗粒的加速度由重力和或者离心力给出，并且考虑其他颗粒的存在，修改颗粒松弛时间。

在湍流中，相对速度应包含扩散项，因为分散相的动量方程中会出现色散。通常将色散添加到相对速度中：

$$\boldsymbol{v}_{\mathrm{pq}}=\frac{(\rho_{\mathrm{p}}-\rho_{\mathrm{m}})d_{\mathrm{p}}^2}{18\mu_{\mathrm{q}}f_{\mathrm{drag}}}\boldsymbol{a}-\frac{\eta_{\mathrm{t}}}{\sigma_{\mathrm{t}}}\left(\frac{\nabla\alpha_{\mathrm{p}}}{\alpha_{\mathrm{p}}}-\frac{\nabla\alpha_{\mathrm{q}}}{\alpha_{\mathrm{q}}}\right) \tag{2.42}$$

式中，$\sigma_{\rm t}$ 是普朗特/ 施密特数，设置为 0.75；$\eta_{\rm t}$ 是湍流扩散系数，这个扩散系数的计算与连续分散脉动速度相关，例如：

$$\eta_{\rm t}=C_{\mu}\frac{k^2}{\varepsilon}\left(\frac{\gamma_{\gamma}}{1+\gamma_{\gamma}}\right)(1+C_{\beta}\zeta_{\gamma}^2)^{-1/2} \tag{2.43}$$

$$\zeta_{\gamma}=\frac{|\boldsymbol{v}_{\rm pq}|}{\sqrt{\dfrac{2}{3}k}} \tag{2.44}$$

其中，$C_{\beta}=1.8-1.35\cos^2\theta$，并且 $\cos\theta=\dfrac{\boldsymbol{v}_{\rm pq}\boldsymbol{v}_{\rm p}}{|\boldsymbol{v}_{\rm pq}|\,|\boldsymbol{v}_{\rm p}|}$；$\gamma_{\gamma}$ 是由交叉轨迹效应和粒子弛豫时间影响的能量湍流涡流的时间尺度之间的时间比。

2.3 颗粒轨道模型

2.3.1 模型概述

颗粒轨道模型 [9,10] 是基于欧拉–拉格朗日框架所构建的。该模型认为流体相是连续的，颗粒相是离散的，因此，相对于欧拉–欧拉模型中颗粒相的连续性假设，欧拉–拉格朗日模型对颗粒流体系统的模拟有更加合理的理论基础。

根据气–粒两相系统中颗粒运动的特点，该模型将两相流动中颗粒的运动过程分解为受冲力支配的瞬时碰撞运动及受流体曳力控制的悬浮运动，从而建立了颗粒运动分解模型。该模型中，流体的运动规律用连续介质的 N-S 方程进行描述，而颗粒的行为则通过在拉格朗日坐标系中分析每一个单颗粒的运动轨迹而进行描述。其中，在颗粒与颗粒相互作用的过程中，其运动规律服从碰撞动力学中的动量守恒定律；在流体与颗粒相互作用的悬浮过程中，颗粒在曳力、重力等力的作用下，其运动规律服从牛顿动力学中的力平衡方程。这样，每个颗粒的速度及位移的更新由邻近颗粒对它的碰撞作用及流体对它的悬浮作用来确定。与此同时，颗粒对流体的瞬时作用则反映在离散相与流体相两相耦合的 N-S 方程不断进行修正的数值求解过程中。

2.3.2 颗粒轨道方程

1. 连续相流动控制方程

气–粒两相流区别于单相流最基本的特征是连续相空隙率 ($\alpha_{\rm f}$) 的引入。连续相空隙率表示的是控制体中气体所占的体积份额，即

$$\alpha_{\rm f}=1-\frac{\displaystyle\sum_{k=1}V_{k,{\rm p}}}{V} \tag{2.45}$$

式中，$V_{k,\mathrm{p}}$ 是控制体中第 k 相颗粒的总体积；V 是控制体的体积。

由于参数 α_f 的引入，需要对单相流的基本守恒方程作相应的修改，从而描述气–粒两相流中连续气体相的方程。气–粒两相流中气相连续性方程为

$$\frac{\partial}{\partial t}(\alpha_\mathrm{f}\rho_\mathrm{g})+\frac{\partial}{\partial x_i}(\alpha_\mathrm{f}\rho_\mathrm{g}\boldsymbol{v}_j)=0 \tag{2.46}$$

动量守恒方程为

$$\frac{\partial}{\partial t}(\alpha_\mathrm{f}\rho_\mathrm{g}\boldsymbol{v}_i)+\frac{\partial}{\partial x_j}(\alpha_\mathrm{f}\rho_\mathrm{g}\boldsymbol{v}_i\boldsymbol{v}_j)=-\alpha_\mathrm{f}\frac{\partial p}{\partial x_i}+\frac{\partial}{\partial x_j}(\alpha_\mathrm{f}\tau_{ij})+\boldsymbol{F}_\mathrm{sf}+\alpha_\mathrm{f}\rho_\mathrm{g}\boldsymbol{g} \tag{2.47}$$

式中，$\boldsymbol{F}_\mathrm{sf}$ 是离散颗粒相对流体的作用力。

2. 离散相控制方程

离散相控制方程可表示为

$$m_\mathrm{p}\frac{d\boldsymbol{v}_\mathrm{p}}{\mathrm{d}t}=\boldsymbol{F}_\mathrm{fp} \tag{2.48}$$

$$I_\mathrm{p}\frac{d\boldsymbol{\omega}_\mathrm{p}}{\mathrm{d}t}=\boldsymbol{M}_\mathrm{fp} \tag{2.49}$$

式中，m_p，I_p 分别为颗粒的质量和惯性项；$\boldsymbol{F}_\mathrm{fp}$ 是连续气体相作用于颗粒的流体力，$\boldsymbol{F}_\mathrm{fp}=-\boldsymbol{F}_\mathrm{pf}$；$\boldsymbol{M}_\mathrm{fp}$ 是作用于颗粒上总的旋转矩。

2.3.3 连续相与颗粒相的相间耦合

在联合运用欧拉方法和拉格朗日方法处理气体相和离散颗粒相时，涉及单相耦合与双相耦合的问题。在计算过程中，如果仅考虑气相场对颗粒相场的影响，而不考虑颗粒相场对气相场的影响，则称为单相耦合；如果既考虑气相场对颗粒相场的影响，又同时考虑颗粒相场对气相场的影响，则称为双相耦合。显然，双相耦合比单相耦合具有更高的准确性，但数学模型相对复杂。下面将举例说明联合运用欧拉–拉格朗日方法进行气–粒两相流动双相耦合的求解，其计算流程图可参见图 2.13。

(1) 进行气相流场和颗粒场的初始化。

(2) 采用 SIMPLE 等方法在给定的时间步长内进行数值计算以求解两相耦合的 N-S 方程，获取气相速度场。

(3) 求解颗粒运动，分别计算气相–颗粒相作用力以及颗粒–颗粒之间的作用力，从而确定颗粒相所受的合力及加速度。采用欧拉积分法计算全部颗粒经过一个时间步长后的位置和速度，以确定颗粒的运动轨迹。

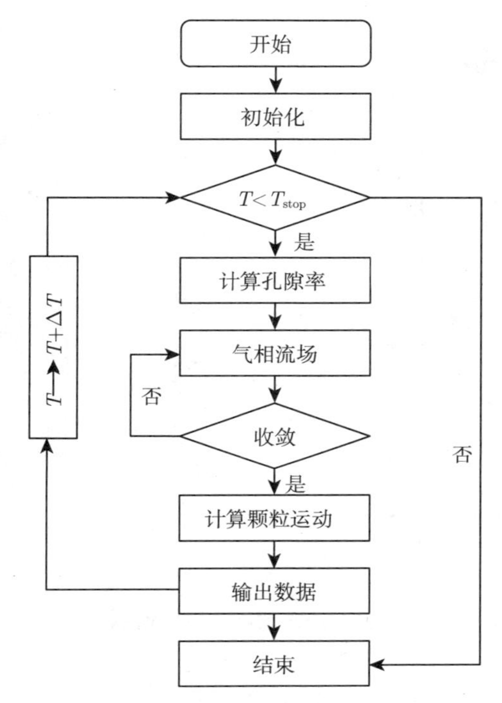

图 2.13　气–粒两相流动双相耦合求解流程图

(4) 统计和更新气相流场网格内的空隙率，并计算网格内颗粒平均速度，然后计算颗粒对流场的反作用源项。

(5) 修正双相耦合的 N-S 方程，得出新的气相流场。

(6) 重复步骤 (2)~(5)。

2.3.4　算例验证

冷却器是换热设备的一类，用以冷却粉尘颗粒。通常用水或空气为冷却剂以除去热量。冷却器作为冶金、化工、能源、交通、轻工、食品等工业部门普遍采用的热交换装置之一，通常起着承前启后的作用，粉尘气体在其中进行降温、调质和除尘等，其运行状况直接影响后面颗粒的收集、制备或除尘。为保证系统稳定、高效的运行，对冷却器内部的粉尘气体流场进行数值模拟，可为优化冷却器结构设计提供依据。

这里选用粉尘颗粒制备过程中的塔式冷却器作为研究对象，采用颗粒轨道模型对颗粒在冷却器内的运动和沉降过程进行数值模拟。图 2.14 为冷却器的结构模型及网格划分情况，网格总数为 8227。颗粒的直径统一为 0.12μm，入射速度为 0.5m/s。

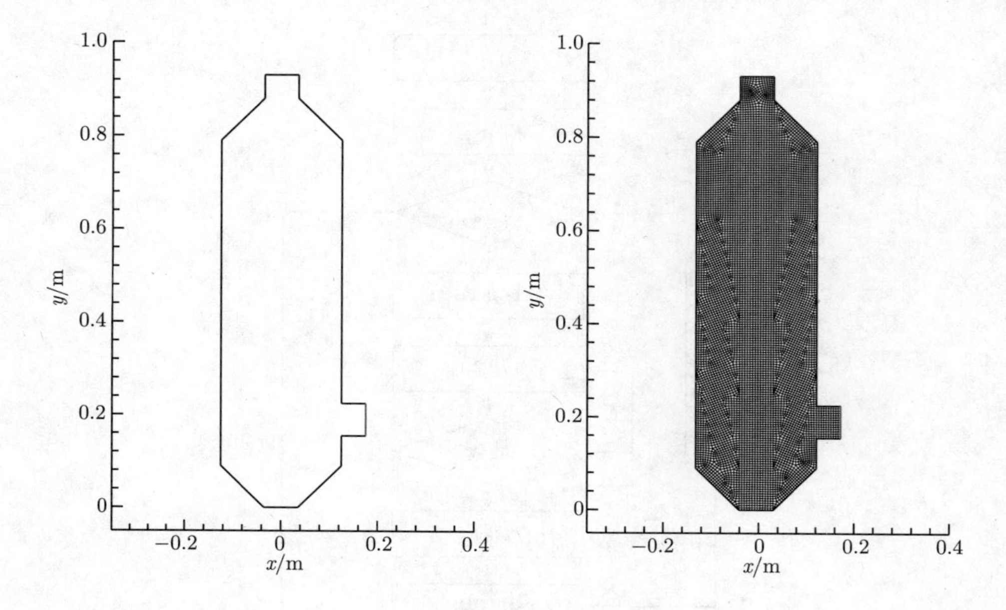

图 2.14　冷却器结构及网格划分

图 2.15 为计算得到的不同时刻颗粒在冷却器内的分布情况，图 2.16 为相对应的颗粒浓度的分布情况。可以看出，颗粒在自身入射速度及气流速度的吹动下逐渐

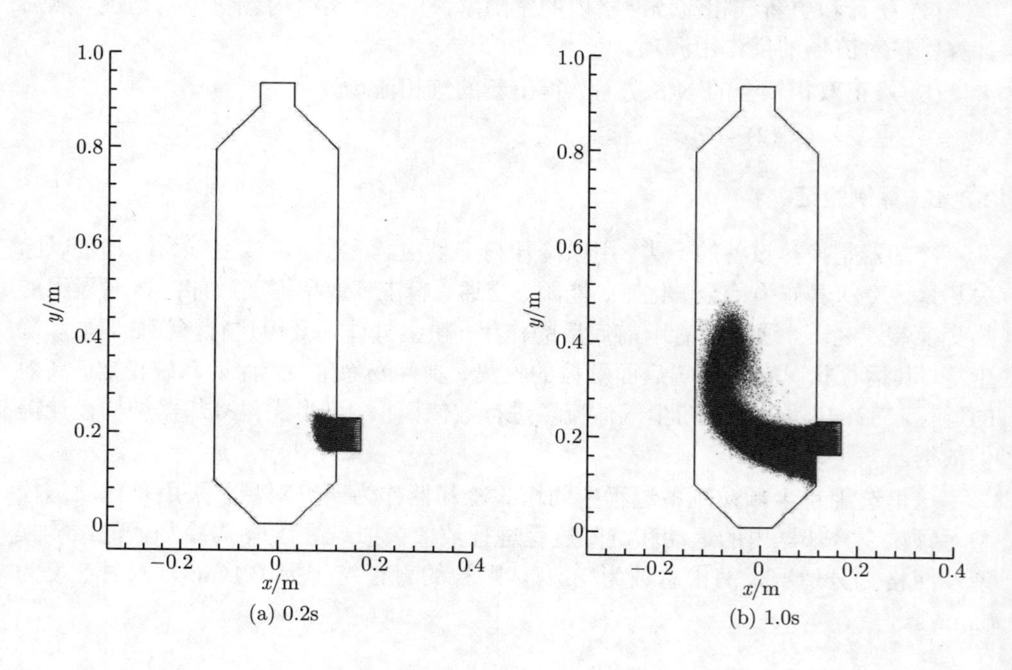

(a) 0.2s　　　　(b) 1.0s

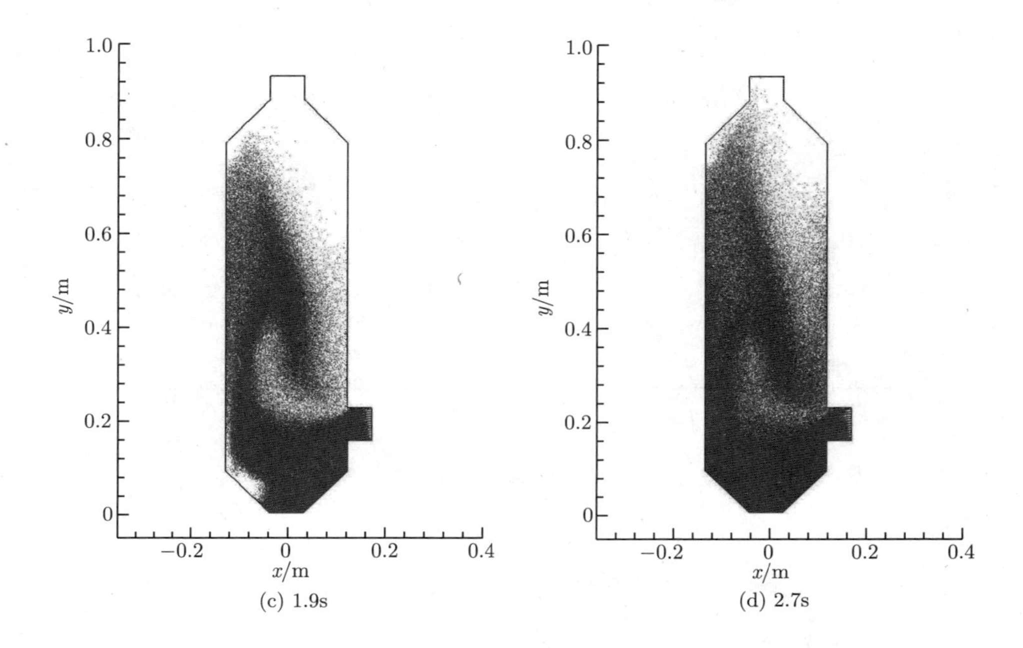

(c) 1.9s (d) 2.7s

图 2.15 不同时刻冷却器内颗粒的分布

进入容器内，由于左边壁面的限制，射流颗粒与壁面作用后发生速度的变向，使得颗粒整体向上移动，同时由于受重力的作用，入口处有一部分颗粒进入容器后直接向下方运动，逐渐在底部沉积。在射流碰撞壁面后又出现部分颗粒变向向容器底部沉积。另外，射流变向向上运动的颗粒受重力作用向中间部位折返，出现涌浪形状的运动轨迹，仅有小部分颗粒在气动力的作用下从上端出口流出。

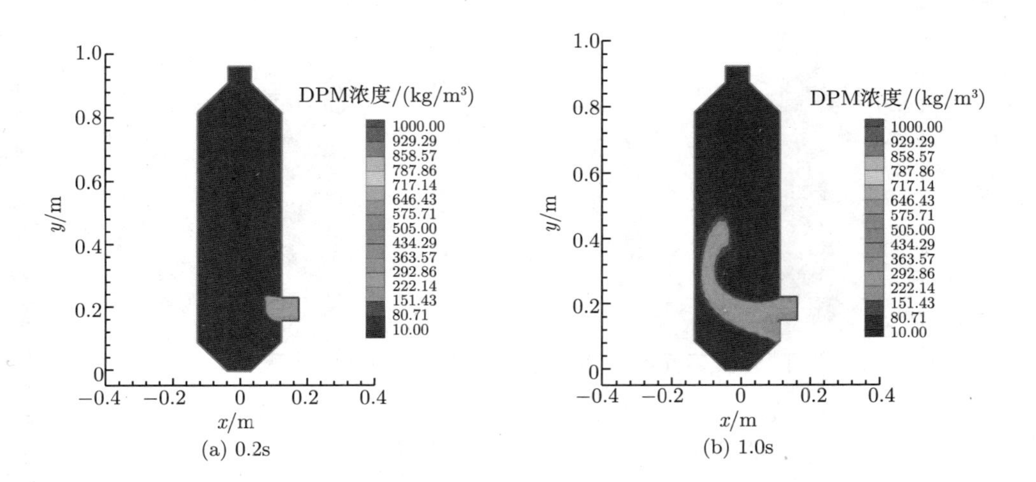

(a) 0.2s (b) 1.0s

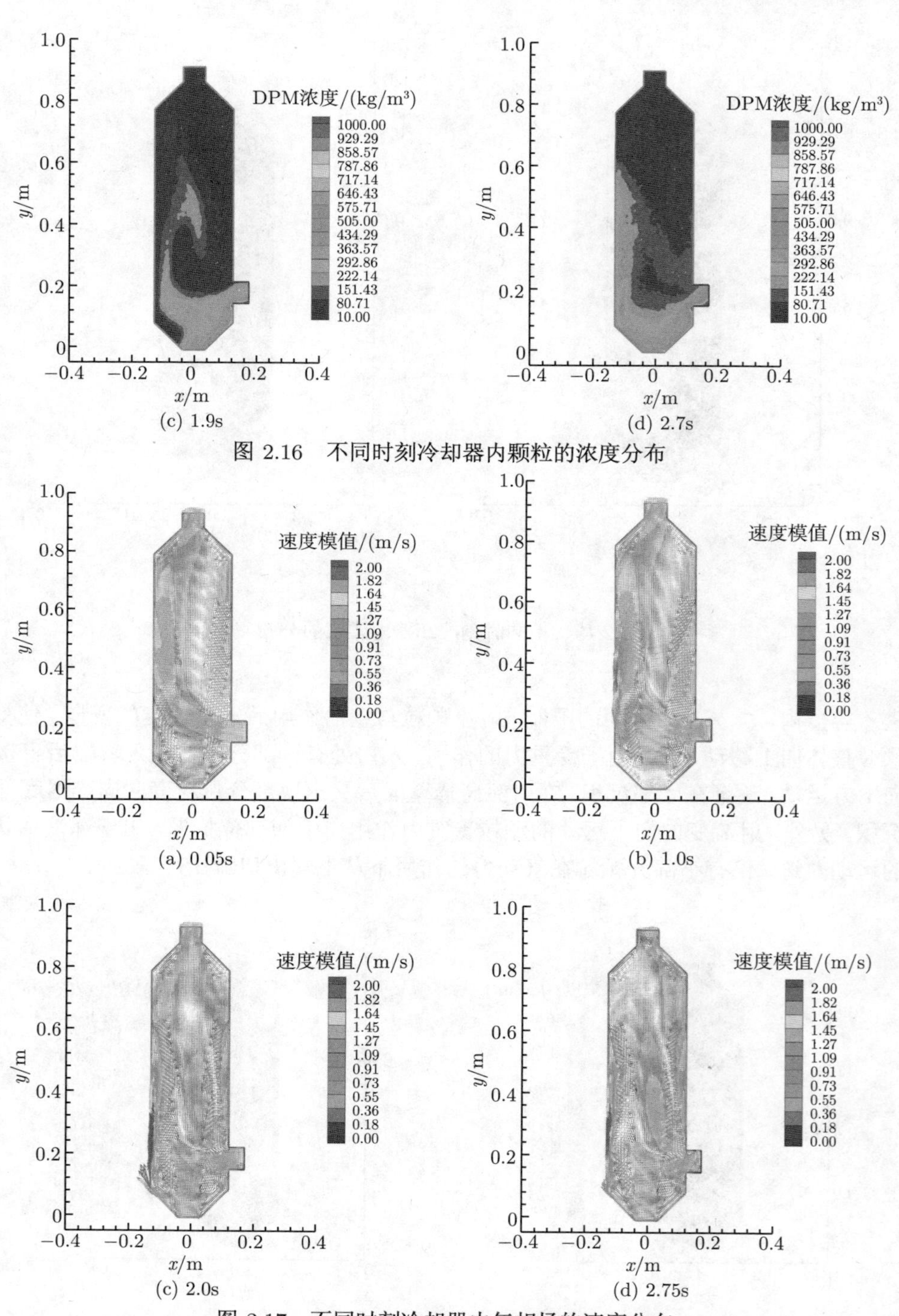

(c) 1.9s　　(d) 2.7s

图 2.16　不同时刻冷却器内颗粒的浓度分布

(a) 0.05s　　(b) 1.0s

(c) 2.0s　　(d) 2.75s

图 2.17　不同时刻冷却器内气相场的速度分布

图 2.17 为不同时刻冷却器内气相场的速度分布。初始时刻，气流运动轨迹与前面介绍的颗粒运动轨迹相类似，首先气流撞到左侧壁面，致使气流转向，直接与上方出口连通，形成较为稳定的流道，随着时间的推移，受颗粒运动轨迹的影响，气相场逐渐回缩，从上方流出容器的速度逐渐降低，最大的速度出现在与壁面相互作用处。同时，气流在容器内的分布逐渐分开，不再形成稳定的流通路径，而在容器中央由于颗粒运动的反向以及容器底部颗粒的沉积，造成在容器中央和底部均出现气流速度，这完全是由于气–粒之间的相互作用造成的。该计算结果与实际实验过程非常吻合，已成功应用于粉尘颗粒制备装置的设计研发中，解决了实际工程问题，也为颗粒轨道模型的验证提供了丰富的算例。

2.4 拟颗粒模型

2.4.1 模型概述

颗粒流体系统广泛存在于自然界和工业过程中，而多个移动颗粒周围的精细流动结构对研究其宏观行为具有重要意义。可是这在计算流体力学中是一个棘手的课题，虽然已提出了多种方法，但都不够成熟，因此近年来与数值求解 N-S 方程的传统方法相对应的粒子方法以其对复杂流场和边界条件的适应性和稳定性而日益受到重视。它们试图从众多粒子间以常微分方程描述的相互作用中重构流动行为，如 LBM 方法、MPS 方法以及后面将提到的 SPH 方法等。

拟颗粒模型 [11−13] 是一种底层的粒子方法，它将流体离散为大量自由运动并同步碰撞的硬球，从而结合另外两种粒子方法的优势，即分子动力学模拟的可靠性和表现力，加之直接模拟蒙特卡罗的效率和简单性，因此已能在微机上实现微观颗粒流体系统的模拟。后来，为了克服拟颗粒模拟对实际系统过于基础从而低效的难题，又以类似 SPH 中所采用的流体微元间作用代替粒子间的碰撞，称之为宏观拟颗粒模拟。

2.4.2 守恒方程

当速度与步长比较小时，为估计二维拟颗粒的物性，可将它近似为光滑刚性圆盘。对此 Santos 等 [14] 提出其状态方程为

$$
\begin{cases}
p = \dfrac{nkT}{Z_1} \\
T = \dfrac{mv^2}{2k} \\
Z_1 = 1 - 2\eta + (2\eta_0 - 1)\dfrac{\eta^2}{\eta_0^2}
\end{cases}
\tag{2.50}
$$

式中，p 是二维拟颗粒气体的压强；n 是二维拟颗粒的数密度；k 是 Boltzmann 常量；T 是二维拟颗粒气体的温度；η 是二维拟颗粒的体积份额；η_0 是二维拟颗粒紧密堆积时的体积份额。而 Gass[15] 采用 Enskog 理论的分析表明：

$$\begin{cases} \mu = \mu_0 Y \\ \mu_0 = 0.511\sqrt{\dfrac{mkT}{4\pi r^2}} \\ Y = \dfrac{1}{\chi} + 2\eta + 3.4916\eta^2\chi \end{cases} \tag{2.51}$$

式中，μ 是二维拟颗粒的动力黏度；χ 是 Enskog 放大因子。此式仅适用于中等密度下，即 $\pi nr^2 \ll 1$。对更高的密度，当 $\eta < 0.07$ 时，则有

$$\lambda = \frac{1}{4\sqrt{2}nr} \tag{2.52}$$

当 $\eta > 0.13$ 后误差急剧增大。

2.4.3　拟颗粒与颗粒间相互作用

目前采用的拟颗粒没有内部结构。每个拟颗粒具有 4 个属性：质量 (m)、半径 (r)、位置 (P) 和速度 (v)。前两个在模拟中可以是恒定的。模拟中拟颗粒按相同的时间步长同步地演化。在各步间拟颗粒先各自独立运动 (可能受到外力和约束)，然后在各步结束时，如果两个拟颗粒 (如 1 和 2) 满足 $|P_1 - P_2| < r_1 + r_2$，则它们会像两个光滑刚性球 (或二维时的刚性碟) 那样发生碰撞，即 P_1 和 P_2 不变，而

$$\begin{cases} v_1' = v_1 + \dfrac{2m_2}{m_1+m_2}(v_1 - v_2)\dfrac{(P_2-P_1)(P_1-P_2)}{(P_2-P_1)^2} \\ v_2' = v_2 - \dfrac{2m_1}{m_1+m_2}(v_1 - v_2)\dfrac{(P_2-P_1)(P_1-P_2)}{(P_2-P_1)^2} \end{cases} \tag{2.53}$$

式中，上角 $'$ 表示碰撞后的数值。碰撞按预先确定的能保证空间上的随机性和各向同性的顺序进行。

2.5　流体体积函数模型

2.5.1　模型概述

与前面阐述的五种模型主要用于描述气体–颗粒两相流完全不同，流体体积 (volume of fluid, VOF) 函数模型 [16,17] 主要用于解决具有连续性界面的气体–液体

两相流动问题。VOF 模型通过求解一组动量方程来模拟两种及两种以上互不相融的流体，并在整个计算域跟踪各流体的体积分数。其典型应用包括：射流破裂、液体中大气泡的流动、溃坝、任意液–气的稳态或瞬时分界面问题等。

2.5.2 守恒方程

1. 动量方程

VOF 通过在整个计算域中求解一组动量方程得到速度场，且速度场被所有相共享。式 (2.54) 动量方程中的物性参数 ρ 和 μ 取决于所有相的体积分数。

$$\frac{\partial_\rho U}{\partial t}+\nabla\cdot(\rho UU)=-\nabla p+\nabla\cdot\left[\mu(\nabla U+\nabla U^{\mathrm{T}})\right]+\rho g+F \tag{2.54}$$

这种不同相共享同一流场信息的缺点是：如果相间存在较大的速度差异，界面附近的速度计算不准。

同时需要注意，当黏度比大于 1×10^3 时，可能会导致收敛困难。CICSAM 适用于具有较高黏度比的流动，因此可用来解决这种收敛性差的问题。

2. 能量方程

两相流中的能量同样被各相共享，如下所示：

$$\frac{\partial_\rho E}{\partial t}+\nabla\cdot[U(\rho E+p)]=\nabla\cdot(k_{\mathrm{eff}}\nabla T)+S_{\mathrm{h}} \tag{2.55}$$

式中，E 表示能量；T 表示温度，其均为基于质量平均的变量：

$$E=\frac{\displaystyle\sum_{q=1}^{N}\alpha_q\rho_q E_q}{\displaystyle\sum_{q=1}^{N}\alpha_q\rho_q} \tag{2.56}$$

式中每一相的 E_q 是该相的比热容，为温度的函数；密度 ρ 和有效导热系数 k_{eff} 被所有相共享；源项 S_{h} 包括辐射和其他的体积热源项。

与速度场一样，当各相温差较大，将限制界面附近温度的计算准确性。各相物性如果相差几个数量级时也会引起同样的问题。例如，如果计算中包含液态金属和空气，这两种材质的热导率可能会相差 44 个数量级。如此大的物性参数差别会导致离散方程组具有各向异性系数，反过来会导致收敛性和精度问题。

2.5.3 界面追踪

广义的界面追踪方法包括所有对激波 (shock)、物质界面 (interface) 或自由面 (free surface) 的追踪。激波、界面或自由面都是间断的，本应该当作间断处理，而不应该像激波捕捉 (shock capturing) 那样抹杀间断与连续的区别，降低分辨率。因此，波前追踪才符合人们的一般思维，带有间断现象的问题，关键就在于间断处的数值逼近，而界面追踪正是抓住了问题的关键，将激波、界面或自由面当作活动的内部边界处理。首先求出活动边界的位置等几何特性，然后进行物理量的求解，这样可以在活动边界处对控制方程采用特殊处理，以提高解的分辨率和精度，得到更加逼真的物理图像，波前追踪方法把主要精力放在活动界面、自由面、激波等关键地方，其他区域用一般的格式求解，而不是对整个求解区域统一对待。像 TVD、Roe 等方法，在光滑区域可达到三阶、四阶，在关键的间断区域却只能是一阶，这是不合理的。波前追踪方法之所以越来越受到人们的青睐，就是因为它抓住了问题的主要矛盾。目前，波前追踪方法已经有了极大发展，出现了各种各样的追踪方法，关于波前追踪方法及其算例的文章多不胜数。

由于间断、活动边界、物质界面在日常生活、生产实践以及科学计算中十分常见，如凝固 (solidification) 与融化 (melting)，蒸发 (evaporation) 与凝结 (condensation)，多孔介质流和渗流 (flow through porous media or seepage)，声波、水波的传播 (wave propagation)，侵蚀 (intrusion)、沉积 (sedimentation) 与渗透 (infiltration)，溢洪道 (spillway) 与过水闸门 (sluice gate)，润滑 (lubrication)，铸造 (casting) 与熔焊 (welting)，采油，燃烧 (combustion) 和爆炸 (detonation)，化学反应及扩散过程 (chemical reaction and diffusion) 等。对这些现象的模拟也就十分必要，但是对这些问题的研究几乎还停留在一维、二维阶段，三维的文献还很少，因而特别突出这种 front 或者 interface 的精细的数值模拟方法。例如，VOF 和 FEM/FVM 相结合的方法、level set 方法、波叠加方法和两层网格方法是处理这类问题的极有成效和发展前途的方法，且易于推广到三维，将会得到日益广泛的应用。具体可参考文献 [18]。

2.5.4 算例验证

重力热管 (两相闭式热虹吸管) 是一种新型的高效传热元件，其不需要外力而实现远距离传热，近年来应用越来越广泛。传统重力热管已成功地用于浅层地热的开发和利用，如融雪、冻土层稳定、农业大棚升温、养殖热带鱼的池塘加温等方面。

目前，实验研究和一般工业用重力热管的长度仅为 1~10m，而对利用中深层地热资源的超长重力热管而言，其长度可达数千米，直径达数十厘米。由于超长重力热管结构的制约，存在着热管内液池过深、真空度难以维持、汽液流动阻力过大等问题，使得重力热管对深层地热的利用难以有所突破。下面采用 VOF 模型结合液体的蒸发与冷凝，对井深为 3000m 的碳钢–水超长重力热管进行数值模拟，对其传热能力进行热工分析。

图 2.18 为重力热管结构及网格分布。由于模拟的重力热管较长，总共 3000m，直径 0.2m，为在版面内可观测到网格的划分情况，选取了一段进行展示。初始重力热管内液态水平面位于地面向下 2915m 处，即液态水高度为 85m，0 时刻吸收管外的热量开始蒸发，水蒸气向上运动。图 2.19 为计算得到的不同时刻重力热管内液态水体积分数分布。可以看到，随着时间延长，重力热管内的液体吸热，液体蒸发形成水蒸气，液态水体积减少。由于表面张力的存在出现分段现象，同时由于水蒸气上浮，分段的液态水同时向上涌动，也逐渐缩短高度，逐渐成为分散的液滴分布于管内。图 2.20 为不同时刻重力热管内水蒸气质量分数分布，与液态水分布变化相反，水蒸气含量逐渐增加，同时逐渐上升，到 7.5s 时刻已经上升约 230m。图 2.21 为不同时刻重力热管内温度场分布。可以看出，由于重力热管内水蒸气上浮，水蒸气逐渐携带热量向上运动，将热量带到较高的位置，这便是热管输送能量的原理。

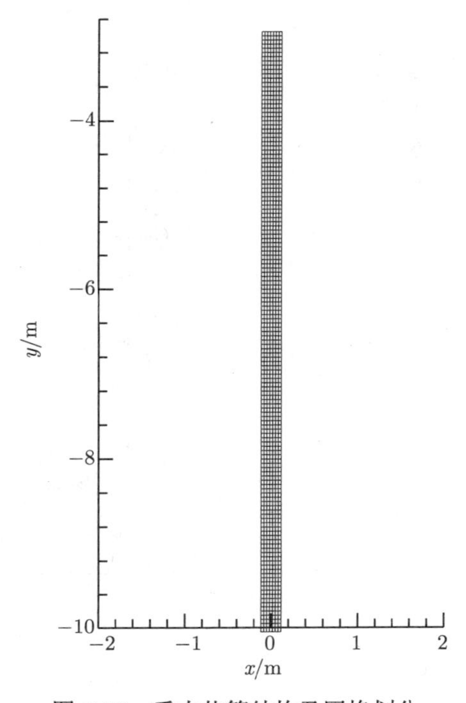

图 2.18　重力热管结构及网格划分

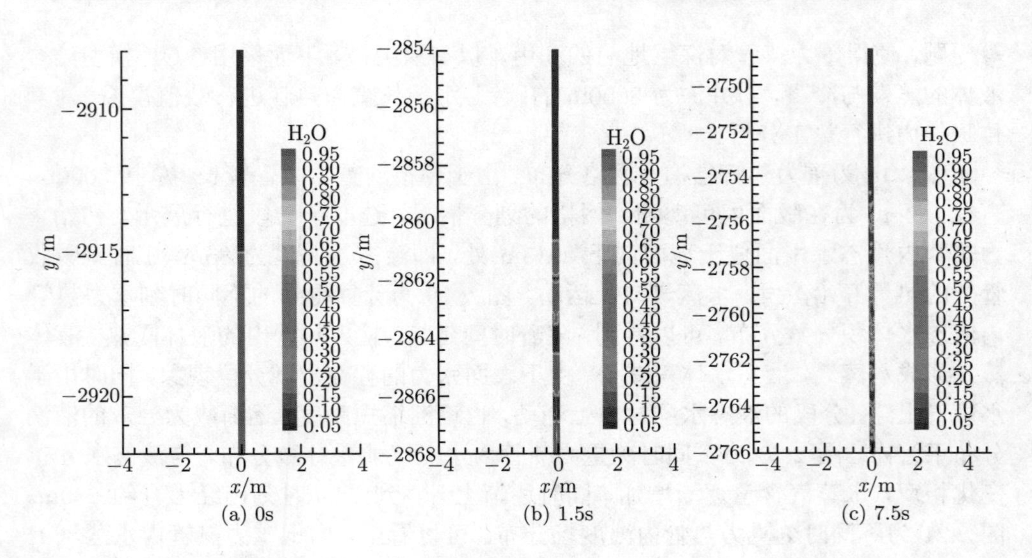

图 2.19　不同时刻重力热管内液态水体积分数分布

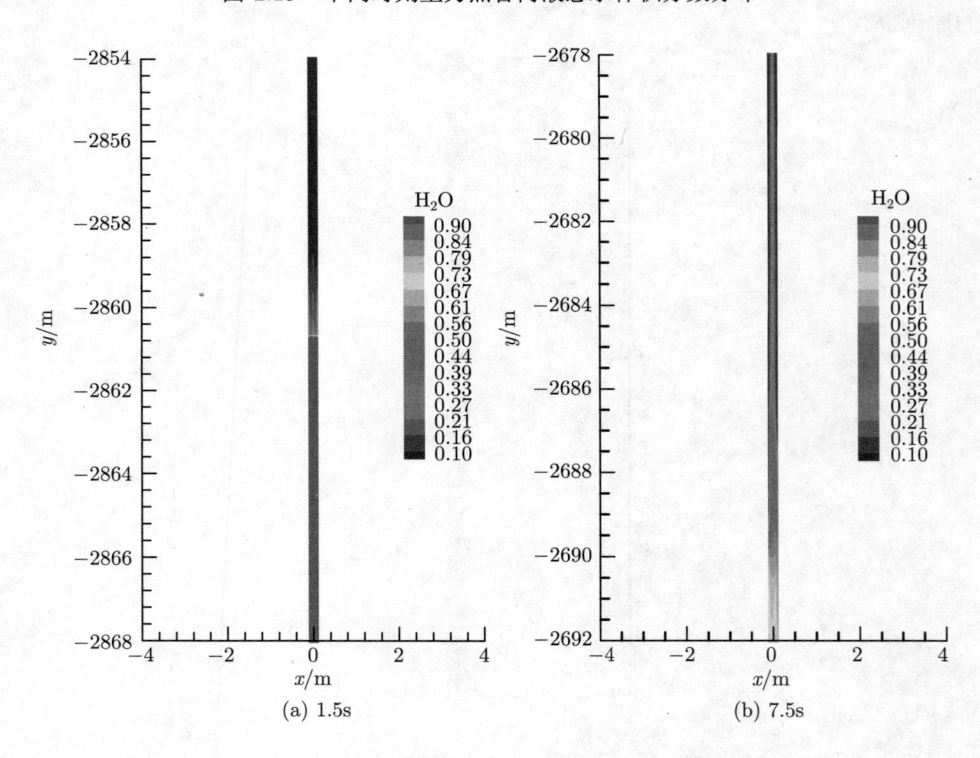

图 2.20　不同时刻重力热管内水蒸气质量分数分布

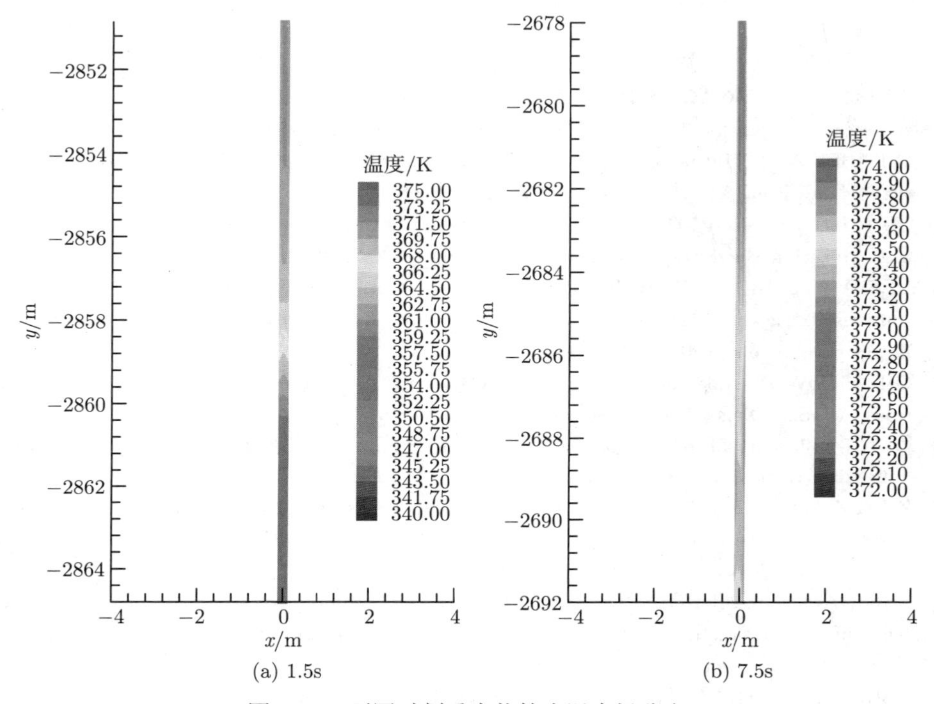

图 2.21 不同时刻重力热管内温度场分布

2.6 小 结

本章论述了五种多相流数值模拟常用模型，包括双流体模型、混合模型、颗粒轨道模型、流体拟颗粒模型以及流体体积函数模型，对采用这些模型进行的一些典型工程应用案例进行了介绍。从结果来看，这些模型能有效解决一些实际问题，但不可否认每种模型均有自己的不足。例如，双流体模型和混合模型无法有效追踪单颗粒的运动轨迹，较难加入颗粒的蒸发、燃烧等物理过程；颗粒轨道模型计算规模依赖于颗粒的数量，对于大规模复杂工程问题，计算效率是重点和难点；流体拟颗粒模型可以更为细致地追踪和捕获作用力的细节，但计算量更为庞大；流体体积函数模型主要用于求解具有连续性界面的两相问题，界面的精确捕捉和定义是该模型需要特殊处理的关键问题。

总而言之，上述每种模型都具有特定的优缺点，需要根据实际问题综合分析选择最优的模型。对现有模型取长补短，研发新的有效的模型方法是未来工作的重点。

参 考 文 献

[1] JENKINS J T, SAVAGE S B. A theory for the rapid flow of identical, smooth, nearly elastic, spherical particles [J]. Journal of Fluid Mechanics, 1983, 130: 187-202.

[2] GIDASPOW D. Multiphase Flow and Fluidization: Continuum and Kinetic Theory Description [M]. Boston: Academic Press, 1994.

[3] LU H L, GIDASPOW D. Hydrodynamic simulations of gas-solid flow in a riser [J]. Industrial & Engineering Chemistry Research, 2003, 42(11): 2390-2398.

[4] DAS A K, WILDE J D, HEYNDERICKX G J, et al. CFD simulation of dilute phase gas-solid riser reactors: Part I—a new solution method and flow model validation [J]. Chemical Engineering Science, 2004, 59(1): 167-186.

[5] GIDASPOW D. Multiphase Flow and Fluidization : Continuum and Kinetic Theory Descriptions [M]. San Diego: Elsevier Science, 1994.

[6] GUNN D J. Transfer of heat or mass to particles in fixed and fluidised beds [J]. International Journal of Heat and Mass Transfer, 1978, 21(4): 467-476.

[7] ZHAI Z, YANG Z, GAO B, et al. Simulation of solid-gas two-phase flow in an impeller blower based on mixture model[J]. Transactions of the Chinese Society of Agricultural Engineering, 2013, 29(22):50-58.

[8] SUGIHARTO S, KURNIADI R, ABIDIN Z, et al. Prediction of separation length of turbulent multiphase flow using radiotracer and computational fluid dynamics simulation[J]. Atom Indonesia, 2013, 39(1):32-39.

[9] TSUJI Y, TANAKA T, ISHIDA T. Lagrangian numerical simulation of plug flow of cohesionless particles in a horizontal pipe[J]. Powder Technology, 1992, 71(3): 239-250.

[10] CAMPBELL C S, BRENNEN C E. Computer simulation of granular shear flows [J]. Journal of Fluid Mechanics, 1985, 151: 167-188.

[11] GE W, LI J. Macro-scale phenomena reproduced in microscopic systems-pseudo-particle modeling of fluidization [J]. Chemical Engineering Science, 2003, 58(8): 1565-1585.

[12] GE W, LI J. Simulation of particle-fluid systems with macro-scale pseudo-particle modeling [J]. Powder Technology, 2003, 137(1-2): 99-108.

[13] GE W, LI J. Macro-scale pseudo-particle modeling for particle-fluid systems [J]. Chinese Science Bulletin, 2001, 46(18): 1503-1507.

[14] SANTOS A, YUSTE S B. An accurate and simple equation of state for hard disks[J]. Journal of Chemical Physics, 1995, 103(11): 4622-4625.

[15] GASS D M. Enskog theory for a rigid disk fluid [J]. Journal of Chemical Physics, 1971, 54(5): 1898-1902.

[16] HIRT C W, NICHOLS B D. Volume of fluid (VOF) method for the dynamics of free boundaries[J]. Journal of Computational Physics, 1981, 39(1): 201-225.

[17] SUSSMAN M, PUCKETT E G. A coupled level set and volume-of-fluid method for computing 3D and axisymmetric incompressible two-phase flows[J]. Journal of Computational Physics, 2000, 162(2): 301-337.

[18] 刘儒勋, 舒其望. 计算流体力学的若干新方法 [M]. 北京: 科学出版社, 2003.

第 3 章 SPH 方法基本理论

经过 30 多年的研究，SPH 方法已发展成为无网格方法中最具科学和工程应用价值的方法之一。在流体动力学领域，SPH 方法以其独特的优势得到了广泛应用。SPH 方法具有拉格朗日性、粒子性、自适应性、完全无网格性等优点，适合于界面追踪和物质单点追踪。然而，由于该方法是一种多尺度模拟方法，需要对物质的宏观连续介质模型进行离散求解，而本书所讨论研究的为离散颗粒相问题，连续性物质与离散颗粒间存在较大差别，因此，如何充分认识 SPH 的本质属性，建立 SPH 粒子与真实颗粒间关系的桥梁，是需要解决的首要问题。因此，本章从全书的理论基础角度出发，重点阐述传统 SPH 方法理论，重点针对多相流动、黏性项问题以及固壁边界等在进行 SPH 改进求解过程中需要用到的几个关键问题进行详细分析研究。

3.1 传统 SPH 理论

传统 SPH 方法中，将计算区域离散为一系列相互作用的粒子，每个粒子承载物质特征量，包括密度、质量、速度、加速度以及能量等。传统 SPH 理论假定，如果场变量在计算区域中连续且光滑，则粒子上的场变量可以由周围粒子的场变量通过核函数估计得到。

传统对于 SPH 方程的构造分为两个关键步 [1]，第一步为核函数积分插值，第二步为粒子近似。函数积分插值实现了场变量和场变量梯度值的插值，而粒子近似则实现了对函数积分插值表达式的粒子离散。

3.1.1 函数积分插值

基于函数的积分理论，对于任意的连续光滑函数 $f(\boldsymbol{r})$，定义域 Ω 上任一点的函数值可表示为

$$f(\boldsymbol{r})=\int_{\Omega} f(\boldsymbol{r}')\delta(\boldsymbol{r}-\boldsymbol{r}')\mathrm{d}\boldsymbol{r}' \tag{3.1}$$

式中，$\boldsymbol{r}$ 为空间位置矢量；$\delta(\boldsymbol{r}-\boldsymbol{r}')$ 为狄拉克 δ 函数，满足

$$\delta(\boldsymbol{r}-\boldsymbol{r}')=\begin{cases}1, & \boldsymbol{r}=\boldsymbol{r}'\\ 0, & \boldsymbol{r}\neq\boldsymbol{r}'\end{cases} \tag{3.2}$$

狄拉克 δ 函数在实际计算中无法实现，因此 SPH 方法采用光滑函数 $W(\boldsymbol{r}-\boldsymbol{r}',h)$ 来取代 δ 函数，则函数 $f(\boldsymbol{r})$ 可近似写为

$$f(\boldsymbol{r}) \approx \langle f(\boldsymbol{r})\rangle = \int_{\Omega} f(\boldsymbol{r}')\, W(\boldsymbol{r}-\boldsymbol{r}',h)\,\mathrm{d}\boldsymbol{r}' \tag{3.3}$$

光滑函数 $W(\boldsymbol{r}-\boldsymbol{r}',h)$ 又称为核函数，其数值取决于两点之间的距离 $|\boldsymbol{r}-\boldsymbol{r}'|$ 和光滑长度 h，它和光滑因子 k 共同决定了光滑函数影响域的大小，如图 3.1 所示。

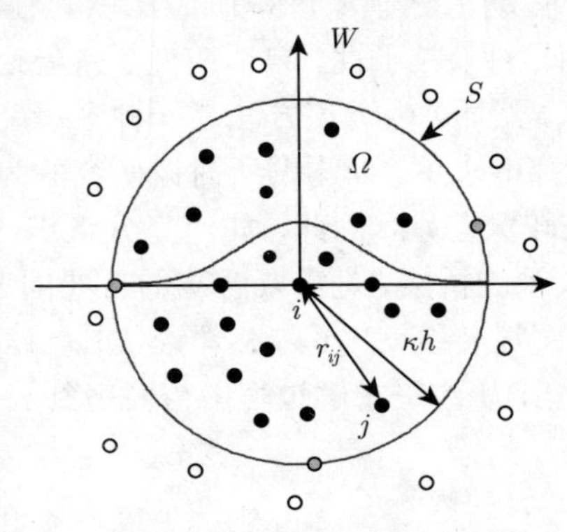

图 3.1 SPH 光滑函数估计示意图

对于函数 $f(\boldsymbol{r})$ 的空间导数 $\nabla\cdot f(\boldsymbol{r})$，根据式 (3.3) 并经推导可得

$$\langle\nabla\cdot f(\boldsymbol{r})\rangle = -\int_{\Omega} f(\boldsymbol{r}')\cdot\nabla W(\boldsymbol{r}-\boldsymbol{r}',h)\mathrm{d}\boldsymbol{r}' \tag{3.4}$$

由式 (3.4) 可知，SPH 核函数估计将函数的空间导数转化为核函数的空间导数，便于计算求解。同时也可看出，假如核函数紧支域的边界被求解域边界分割，则上式中的面域积分将不等于零，上式不成立，因此 SPH 方法中边界条件的处理是一个非常重要的问题。

3.1.2 粒子近似方法

上面利用函数积分插值方法表示出了场函数和场函数的空间导数，本小节采用粒子近似方法对核函数进行插值离散。

对于某一求解域，采用一系列有限个数的粒子表示，将核函数积分插值表达式转化为紧支域内所有粒子求和的离散式。采用粒子的体积 ΔV_j 来近似积分中粒子 j 处的无穷小微元 $\mathrm{d}\boldsymbol{r}'$，粒子的质量 m_j 表示为

$$m_j = \Delta V_j \rho_j \tag{3.5}$$

式中，ρ_j 为粒子 j 的密度 $(j=1,2,\cdots,N)$，N 为紧支域内粒子的总数。

对式 (3.3) 进行粒子离散并对粒子 i 处场函数进行粒子估计有

$$\langle f(\boldsymbol{r}_i)\rangle = \sum_{j=1}^{N} \frac{m_j}{\rho_j} f(\boldsymbol{r}_j) W_{ij} \tag{3.6}$$

式中，

$$W_{ij} = W(\boldsymbol{r}_i - \boldsymbol{r}_j, h) \tag{3.7}$$

式 (3.7) 表明，粒子 i 处的场函数值可通过核函数对紧支域内所有粒子的函数值进行加权平均得到。

采用同样的方法，粒子 i 处场函数空间导数的粒子估计为

$$\langle \nabla \cdot f(\boldsymbol{r}_i)\rangle = -\sum_{j=1}^{N} \frac{m_j}{\rho_j} f(\boldsymbol{r}_j) \cdot \nabla_j W_{ij} \tag{3.8}$$

式中，

$$-\nabla_j W_{ij} = \nabla_i W_{ij} = \frac{\boldsymbol{r}_i - \boldsymbol{r}_j}{r_{ij}} \frac{\partial W_{ij}}{\partial r_{ij}} = \frac{\boldsymbol{r}_{ij}}{r_{ij}} \frac{\partial W_{ij}}{\partial r_{ij}} \tag{3.9}$$

$$r_{ij} = |\boldsymbol{r}_{ij}| = |\boldsymbol{r}_i - \boldsymbol{r}_j| \tag{3.10}$$

为得到更精确的结果，经分步积分可推导得到以下粒子估计式，应用更为广泛：

$$\langle \nabla \cdot f(\boldsymbol{r}_i)\rangle = \frac{1}{\rho_i} \sum_{j=1}^{N} m_j \left[f(\boldsymbol{r}_j) - f(\boldsymbol{r}_i) \right] \cdot \nabla_i W_{ij} \tag{3.11}$$

$$\langle \nabla \cdot f(\boldsymbol{r}_i)\rangle = \rho_i \sum_{j=1}^{N} m_j \left[\frac{f(\boldsymbol{r}_j)}{\rho_j^2} + \frac{f(\boldsymbol{r}_i)}{\rho_i^2} \right] \cdot \nabla_i W_{ij} \tag{3.12}$$

可以看出，以上公式中右端项函数值是以成对粒子的形式出现，这样得到的结果更加平滑，避免了由于粒子性质差异太大造成计算不稳定的问题。

3.2 邻近粒子搜索

SPH 方法中 Navier-Stokes 方程的求解是通过光滑核函数紧支域内粒子求和实现的，包含在支持域内的粒子称为相关粒子的最近相邻粒子 (nearest neighbour particle, NNP)[1]。与基于网格的方法不同，粒子的临近关系是随时间变化的，而网格方法中网格的临近关系在建模的时候确定，计算过程中保持不变。因此，在每个时间步需要根据当前 SPH 粒子的位置进行最近相邻粒子搜索，本书的 SPH 方法和 SDPH 方法均采用粒子链表搜索法。

链表搜索法在整个问题域设置一系列临时网格，临时网格要能覆盖到问题域内的所有粒子。网格空间的大小与粒子支持域的大小保持一致，如果光滑核函数支持域的大小为 $2h$，则设置的临时空间网格大小也为 $2h$。问题域内的所有粒子均被分配到不同的空间网格中，对于给定的粒子 i，其最近相邻粒子只可能出现在相同的网格或者紧密相邻的网格内，如图 3.2 所示阴影区域。对于一维、二维和三维问题，链表搜索法的搜索范围分别是 3、9 和 27 个网格，相比于全配对搜索法，大大降低了搜索复杂度。链表搜索法的具体步骤描述如下：

(1) 每个时间步开始前，更新临时网格设置，包括网格大小和位置，并且为每个网格分配唯一的编号。

(2) 根据当前 SPH 粒子的位置，将所有 SPH 粒子分配到临时网格空间中，建立网格中的粒子链表。

(3) 根据粒子 i 所处网格的编号，搜索与该网格相邻的网格，并存储相邻网格编号。

(4) 搜索所有相邻网格中的 SPH 粒子，搜索粒子 i 紧支域内的 SPH 粒子 j。

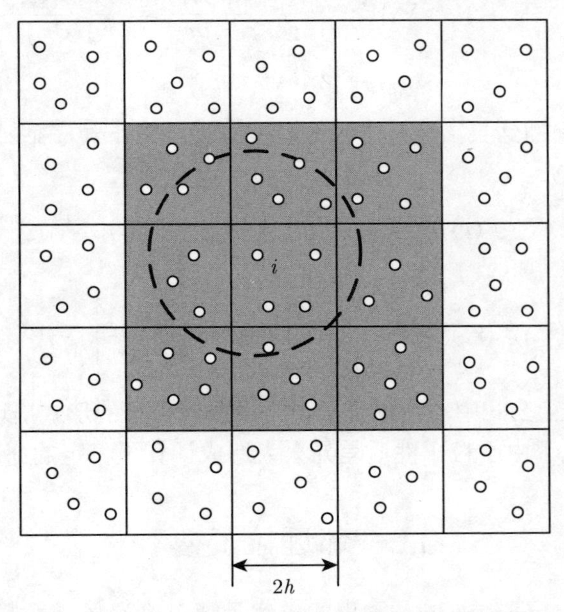

图 3.2　二维空间中链表搜索法

3.3　SPH 方程积分求解

对 SPH 离散方程一般采用显式时间积分求解，常见的方法有预测–校正法、蛙跳法和龙格–库塔法等。本书采用蛙跳 (leap-frog) 方法 [1]，它对时间是二阶精度，具有存储量低、计算效率高的特点。

在第一个时间步长内，密度和速度由初始状态先向前推进半个时间步长，获得半步长上的速度与密度值，而粒子的位置通过半步长速度值向前推进一个时间步长，即

$$\rho_i^{\frac{1}{2}} = \rho_i^0 + \frac{\Delta t^1}{2}\frac{\mathrm{d}\rho_i^0}{\mathrm{d}t} \tag{3.13}$$

$$\boldsymbol{v}_i^{\frac{1}{2}} = \boldsymbol{v}_i^0 + \frac{\Delta t^1}{2}\frac{\mathrm{d}\boldsymbol{v}_i^0}{\mathrm{d}t} \tag{3.14}$$

$$\boldsymbol{x}_i^1 = \boldsymbol{x}_i^0 + \Delta t^1 \boldsymbol{v}_i^{\frac{1}{2}} \tag{3.15}$$

在随后每一个时间步内，粒子的密度和速度都要由上一个时间步内相应的半步长值向前推进一个时间步长，粒子位置通过半步长速度值向前推进一个时间步长，即

$$\rho_i^{n+\frac{1}{2}} = \rho_i^{n-\frac{1}{2}} + \frac{\Delta t^n + \Delta t^{n+1}}{2}\frac{\mathrm{d}\rho_i^n}{\mathrm{d}t} \tag{3.16}$$

$$\boldsymbol{v}_i^{n+\frac{1}{2}} = \boldsymbol{v}_i^{n-\frac{1}{2}} + \frac{\Delta t^n + \Delta t^{n+1}}{2}\frac{\mathrm{d}\boldsymbol{v}_i^n}{\mathrm{d}t} \tag{3.17}$$

$$\boldsymbol{x}_i^{n+1} = \boldsymbol{x}_i^n + \Delta t^{n+1} \boldsymbol{v}_i^{n+\frac{1}{2}} \tag{3.18}$$

在每一步计算结束时 (包括第一个)，粒子的密度和速度要再向前推进半个时间步长，以获得整数时间步上的值：

$$\rho_i^n = \rho_i^{n-\frac{1}{2}} + \frac{\Delta t^n}{2}\frac{\mathrm{d}\rho_i^{n-1}}{\mathrm{d}t} \tag{3.19}$$

$$\boldsymbol{v}_i^n = \boldsymbol{v}_i^{n-\frac{1}{2}} + \frac{\Delta t^n}{2}\frac{\mathrm{d}\boldsymbol{v}_i^{n-1}}{\mathrm{d}t} \tag{3.20}$$

实际计算中，还需要在每一个时间步上根据相应的准则对时间步长加以限制，以此来保证数值积分的稳定性。Monaghan[2] 给出了分别考虑黏性耗散和外力作用的时间步长表达式，Brackbill 等 [3] 和 Morris[4] 分别提出了基于表面张力和物理黏性的时间步长表达式，分别为

$$\Delta t_{\mathrm{cv}} \leqslant \min\left\{\frac{h_i}{c_i + 0.6\left[\alpha_\Pi c_i + \beta_\Pi \max(\phi_{ij})\right]}\right\} \tag{3.21}$$

$$\Delta t_{\mathrm{f}} \leqslant \min\left(\frac{h_i}{f_i}\right)^{\frac{1}{2}} \tag{3.22}$$

$$\Delta t \leqslant \min\left[0.25\left(\frac{\rho h^3}{2\pi\sigma}\right)^{\frac{1}{2}}\right] \tag{3.23}$$

$$\Delta t \leqslant \min\left(0.125\frac{\rho h^2}{\mu}\right) \tag{3.24}$$

式中，f 是作用在单位质量上力的大小；σ 为流体的表面张力系数；μ 为流体的动力黏度系数，最终取式 (3.21)~ 式 (3.24) 中最小值作为最终的时间步长。

3.4 多相黏性流体的 SPH 离散方法

3.4.1 黏性项公式

在黏性项中，涉及速度的二阶导数形式，传统的处理方法有两种，其中一种是通过求 SPH 求和式中核函数的二阶导数直接计算速度的二阶导数。形式如下：

$$(\nabla^2 \boldsymbol{v})_i = \sum_{j=1}^{n}\frac{m_j}{\rho_j}\boldsymbol{v}_j\nabla^2 W_{ij} \tag{3.25}$$

这种方法在计算中存在很多问题，如拉伸不稳定、计算不准确等 [5]。虽然可以通过使用高斯核函数等更高阶的核函数或者重新分布粒子的方法对此类问题加以解决，但同时增加了计算量，无法根本解决问题。

第二种解决黏性项的方法即通过求解两次一阶导数组合的方法获得二阶导数。形式如下：

$$(\nabla^2 \boldsymbol{v})_i = (\nabla(\nabla\cdot\boldsymbol{v}))_i = \sum_{j=1}^{n}\frac{m_j}{\rho_j}\left(\sum_{k=1}^{n'}\frac{m_k}{\rho_k}\boldsymbol{v}_k\nabla_j W_{jk}\right)\nabla_i W_{ij} \tag{3.26}$$

通过此方法可以得到较好的结果，但计算中需要两次对所有临近粒子遍历求解，增加了计算量，同样该方法在处理边界时会存在问题，因为两次求导过程需要对紧支域内粒子的两次遍历累加，比一般紧支域采集的信息高一倍，二阶导数在一阶导数的基础上进行计算，需要另一紧支域的支撑，这样其依赖的区域更大，从而影响边界的实现，如果边界使用虚粒子，则排布的粒子数需要比一般的方法高出一倍。

Cleary 和 Monaghan[6] 在模拟热传导问题时从积分估计式入手推导二阶导数项，对于不可压缩流体，能量方程中热传导方程为

$$\rho\frac{\mathrm{d}U}{\mathrm{d}t} = \nabla\cdot(k\nabla T) \tag{3.27}$$

采用的积分形式为

$$I = \int [k(\boldsymbol{r}) + k(\boldsymbol{r}')]\,[T(\boldsymbol{r}) - T(\boldsymbol{r}')]F(|\boldsymbol{r}-\boldsymbol{r}'|)\mathrm{d}\boldsymbol{r}' \tag{3.28}$$

其中，

$$F(|\boldsymbol{r}-\boldsymbol{r}'|)=\frac{\nabla W(\boldsymbol{r}-\boldsymbol{r}')}{|\boldsymbol{r}-\boldsymbol{r}'|} \tag{3.29}$$

k 为常量或温度的函数。将热传导方程写为 SPH 粒子形式:

$$\frac{\partial U_i}{\partial t}=\sum_j^n \frac{m_j}{\rho_i\rho_j}(k_i+k_j)(T_i-T_j)F_{ij} \tag{3.30}$$

通过对函数 $k(\boldsymbol{r}')$ 和 $T(\boldsymbol{r}')$ 在 $\boldsymbol{r}$ 处的泰勒级数展开可以得到

$$I=\nabla\cdot(k\nabla T)+o(h^2) \tag{3.31}$$

采用此积分形式的精度为光滑长度二次方的高阶无穷小。

运用推导热传导二次导数的方法推导黏性二次导数公式。对于不可压缩流体，黏性项公式为

$$\nabla\cdot\tau=v\nabla^2\boldsymbol{v} \tag{3.32}$$

式中，v 为动力黏度系数。将此式运用积分式推导并写成 SPH 粒子形式为

$$\nabla\cdot\tau_i=\sum_j^N m_j\frac{\mu_i+\mu_j}{\rho_i\rho_j}\boldsymbol{v}_{ij}\left(\frac{1}{r_{ij}}\frac{\partial W_{ij}}{\partial r_{ij}}\right) \tag{3.33}$$

式中，$\mu=\rho v$ 为动力黏度系数。此公式即为一阶导数形式的黏性项公式。Morris[4] 将该方法表述为有限差分法与 SPH 一阶导数相结合的方法。该方法不仅减小了计算量，而且避免出现拉伸不稳定问题，求解的精度较高。

3.4.2 多相流 SPH 方程及状态方程

从前节的推导过程中可以看出，传统的 SPH 方法是通过光滑问题域的粒子质量密度来更新物理量，这就导致传统的 SPH 方法只适合求解单一介质的问题，在多相流问题的求解中，尤其是变化较剧烈的情况常会出现计算的不稳定 [7]，这就需要改进传统的 SPH 方法。

Ott 和 Schnetter[8] 提出的修正多相流 SPH 方程组可以有效模拟多相流问题，王坤鹏 [9] 对于该方程组也进行了详细的推导，形式如下:

$$\frac{\mathrm{d}\rho_i}{\mathrm{d}t}=m_i\sum_{j=1}^N \boldsymbol{v}_{ij}\cdot\nabla_i W_{ij} \tag{3.34}$$

$$\frac{\mathrm{d}\boldsymbol{v}_i}{\mathrm{d}t}=-\sum_{j=1}^N m_j\left(\frac{p_j}{\rho_i\rho_j}+\frac{p_i}{\rho_i\rho_j}\right)\nabla_i W_{ij} \tag{3.35}$$

在不可压缩流动问题中，流体实际的状态方程限制了时间步长的大小，为有效计算动量方程中的压力项，引入弱可压缩 [10] 状态方程描述，即

$$P = P_0 \left[\left(\frac{\rho}{\rho_0} \right)^\gamma - 1 \right] \tag{3.36}$$

式中，参数 P_0 为参考压强；γ 是常数，一般情况下 $\gamma = 7$，γ 和 P_0 共同用于控制计算中流体密度在其常态密度附近的震荡幅度 (一般要求控制在 1%左右)。实际计算中需对 P_0 选取适当值，使水流弱可压缩近似的声速 c 为流场中最大流速 10 倍以上值，以保证模拟流场的不可压缩性。在此可通过 $P_0 = 100\rho_0 v_{\max}^2/\gamma$ 获得，其中 ρ_0 为液体的初始密度，$v_{\max}$ 为流体的最大速度。

3.4.3　人工应力方法

为进一步有效地消除拉伸不稳定现象，Monaghan[11] 和 Gray 等 [12] 提出的人工应力方法直接解决了该问题，它的思想是在两个相近的粒子间施加一个小的排斥力避免其过于靠近甚至聚集，方法是将动量方程替换为

$$\frac{\mathrm{d}\boldsymbol{v}_i}{\mathrm{d}t} = -\sum_{j=1}^{N} m_j \left(\frac{P_i + P_j}{\rho_i \rho_j} + f_{ij}^n R_{ij} \right) \nabla_i W_{ij} + \sum_{j}^{N} m_j \frac{\mu_i + \mu_j}{\rho_i \rho_j} \boldsymbol{v}_{ij} \left(\frac{1}{r_{ij}} \frac{\partial W_{ij}}{\partial r_{ij}} \right) + \boldsymbol{f}_{\mathrm{s}} \tag{3.37}$$

式中，$f_{ij} = W(r_{ij})/W(\Delta p)$，$r_{ij}$ 为粒子 i 和 j 的距离，Δp 是初始粒子间距。在 SPH 计算中，比率 $h/\Delta p$ 是常数，因此 $W(\Delta p)$ 也是常量。在实际中，h 取决于密度，局部粒子间隔是对 h 和 $h/\Delta p$ 的平均估计求得的。

$$R_{ij} = R_i + R_j \tag{3.38}$$

式中，R_i, R_j 由散射方程求出。在这里仅对静水压力进行修正便可达到要求，即当压力 $P_i < 0$ 时，有

$$R_i = -\varepsilon_1 \frac{P_i}{\rho_i^2} \tag{3.39}$$

否则，

$$R_i = \varepsilon_2 \frac{P_i}{\rho_i^2} \tag{3.40}$$

同理可得 R_j。通常，ε_1 取 0.2。在计算气液两相流时，由于表面张力施加后，物理模型主要处于压缩状态，压力为正同样会造成粒子聚集，因此，ε_2 同样取 0.2。

3.4.4　多相黏性流 SPH 方程

通过本章前几节的介绍，考虑黏性和表面张力作用，同时将流动视为弱可压缩

流动，不考虑热传导作用，其完整的多相黏性流 SPH 离散方程组表达式如下：

$$
\begin{cases}
\dfrac{\mathrm{d}\rho_i}{\mathrm{d}t} = m_i \sum\limits_{j=1}^{N} \boldsymbol{v}_{ij} \cdot \nabla_i W_{ij} \\
\dfrac{\mathrm{d}\boldsymbol{v}_i}{\mathrm{d}t} = -\sum\limits_{j=1}^{N} m_j \left(\dfrac{P_i + P_j}{\rho_i \rho_j} + f_{ij}^n R_{ij} \right) \nabla_i W_{ij} + \sum\limits_{j}^{N} m_j \dfrac{\mu_i + \mu_j}{\rho_i \rho_j} \boldsymbol{v}_{ij} \left(\dfrac{1}{r_{ij}} \dfrac{\partial W_{ij}}{\partial r_{ij}} \right) + \boldsymbol{f}_{\mathrm{s}} \\
\dfrac{\mathrm{d}\boldsymbol{x}_i}{\mathrm{d}t} = \boldsymbol{v}_i
\end{cases}
\tag{3.41}
$$

式中，$\boldsymbol{f}_{\mathrm{s}}$ 为表面张力。

3.5 SPH 固壁边界施加模型

3.5.1 基于罚函数方法的固壁边界施加模型

罚函数方法是一种边界力方法，即通过边界粒子对流体粒子直接施加罚函数形式的排斥力，该方法中流体粒子与边界粒子的相互作用如图 3.3 所示。其中，f_{ij}^B 表示流体粒子 i 所受到的边界粒子 j 的作用力，B 为边界粒子的集合，$\boldsymbol{n}_j$ 为边界粒子 j 处的法向量。本小节利用 Galerkin 加权余量法对罚函数的形式进行推导，并讨论基于罚函数方法的非滑移边界施加方法。

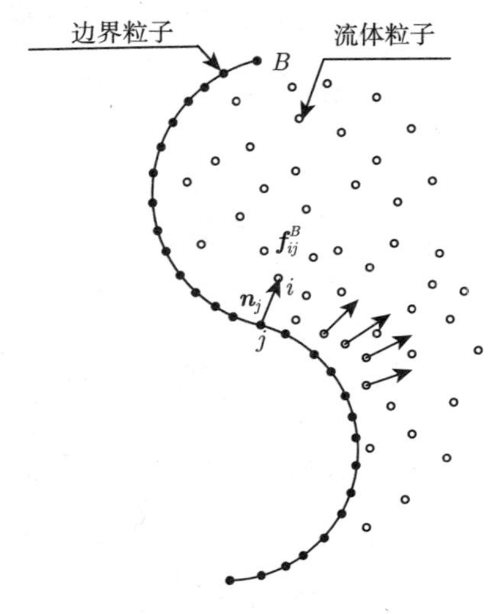

图 3.3 基于罚函数方法的流体与边界粒子作用示意图

1. 基于 Galerkin 加权余量法的排斥力模型

流体动力学中，自由滑移边界条件可用下式表示：

$$\hat{\boldsymbol{v}} \cdot \boldsymbol{n} = \bar{\boldsymbol{v}} \cdot \boldsymbol{n} \tag{3.42}$$

式中，$\bar{\boldsymbol{v}}$、$\hat{\boldsymbol{v}}$ 分别表示固体壁面速度的真实值和数值计算值；$\boldsymbol{n}$ 为壁面法向，其方向指向流体区域。对自由滑移边界条件，只考虑法线方向上的不可穿透条件，而不考虑固体壁面处的切向作用力。

基于 Galerkin 加权余量法原理, 可将动量方程式写为如下形式：

$$\int_{\Omega} \rho \frac{\mathrm{d}\hat{v}^{\alpha}}{\mathrm{d}t} \delta\hat{v}^{\alpha} \mathrm{d}\Omega = -\int_{\Omega} \hat{\sigma}^{\alpha\beta} \frac{\partial \delta\hat{v}^{\alpha}}{\partial x^{\beta}} \mathrm{d}\Omega + \int_{\Gamma} \hat{\sigma}^{\alpha\beta} n^{\alpha} \delta\hat{v}^{\alpha} \mathrm{d}\Gamma + \int_{\Omega} \rho g^{\alpha} \delta\hat{v}^{\alpha} \mathrm{d}\Omega \tag{3.43}$$

式中，右侧第一项为内力项, 第二项为边界力项，第三项为体力项；$\delta\hat{v}^{\alpha}$ 代表权函数分量；$\hat{v}^{\alpha}$ 代表试函数分量。

在 Galerkin 加权余量法中，权函数及其梯度可作如下近似：

$$\delta\hat{v}^{\alpha} = \sum_{i=1}^{N} \delta v_i^{\alpha} W_i V_i \tag{3.44}$$

$$\frac{\partial \delta\hat{v}^{\alpha}}{\partial x^{\beta}} = \sum_{i=1}^{N} \delta v_i^{\alpha} \nabla_{x^{\beta}} W_i V_i \tag{3.45}$$

对试函数 $\hat{v}^{\alpha}$, 基于 Petrov-Galerkin 原理 [13] 取如下形式：

$$\hat{v}^{\alpha} = \sum_{j=1}^{N} v_j^{\alpha} \delta(\boldsymbol{x} - \boldsymbol{x}_j) = v^{\alpha} \tag{3.46}$$

对式 (3.43) 中的边界力项，根据自由滑移边界条件 (3.42)，可得与边界力对应的罚函数变分形式为

$$\delta\Psi^{B} = \varepsilon \int_{\Gamma} \delta\hat{v}^{\alpha} n^{\alpha} \left(\hat{v}^{\alpha} n^{\alpha} - \bar{v}^{\alpha} n^{\alpha}\right) \mathrm{d}\Gamma \tag{3.47}$$

式中，ε 为罚参数；Ψ^{B} 为罚函数。将式 (3.47) 代入式 (3.43) 中可得

$$\begin{aligned} \int_{\Omega} \rho \frac{\mathrm{d}\hat{v}^{\alpha}}{\mathrm{d}t} \delta\hat{v}^{\alpha} \mathrm{d}\Omega = & -\int_{\Omega} \hat{\sigma}^{\alpha\beta} \frac{\partial \delta\hat{v}^{\alpha}}{\partial x^{\beta}} \mathrm{d}\Omega + \int_{\Omega} \rho g^{\alpha} \delta\hat{v}^{\alpha} \mathrm{d}\Omega \\ & + \varepsilon \int_{\Gamma} \delta\hat{v}^{\alpha} n^{\alpha} (\hat{v}^{\alpha} n^{\alpha} - \bar{v}^{\alpha} n^{\alpha}) \mathrm{d}\Gamma \end{aligned} \tag{3.48}$$

将式 (3.44)~ 式 (3.46) 代入式 (3.47) 可得

$$\sum_{i=1}^{N}\delta v_i^{\alpha}V_i\left(\int_{\Omega}\rho\frac{\mathrm{d}v^{\alpha}}{\mathrm{d}t}W_i\mathrm{d}\Omega+\int_{\Omega}\sigma^{\alpha\beta}\frac{\partial W_i}{\partial x^{\beta}}\mathrm{d}\Omega-\int_{\Omega}\rho g^{\alpha}W_i\mathrm{d}\Omega\right.$$
$$\left.+\varepsilon\int_{\Gamma}(v^{\alpha}n^{\alpha}-\bar{v}^{\alpha}n^{\alpha})n^{\alpha}W_i\mathrm{d}\Gamma=0\right) \tag{3.49}$$

式 (3.48) 对任意的函数 δv^{α} 都成立，从而可得

$$\int_{\Omega}\rho\frac{\mathrm{d}v^{\alpha}}{\mathrm{d}t}W_i\mathrm{d}\Omega+\int_{\Omega}\sigma^{\alpha\beta}\frac{\partial W_i}{\partial x^{\beta}}\mathrm{d}\Omega-\int_{\Omega}\rho g^{\alpha}W_i\mathrm{d}\Omega+\varepsilon\int_{\Gamma}n^{\alpha}(v^{\alpha}n^{\alpha}-\bar{v}^{\alpha}n^{\alpha})W_i\mathrm{d}\Gamma=0 \tag{3.50}$$

依据 SPH 方法的积分近似思想，可将式 (3.50) 的积分方程转化为微分方程：

$$\frac{\mathrm{d}v_i^{\alpha}}{\mathrm{d}t}=-\frac{1}{\rho_i}\sum_{j=1}^{N}\sigma_j^{\alpha\beta}\frac{\partial W_{ij}}{\partial x_j^{\beta}}V_j+g^{\alpha}+\sum_{j\in B}f_{ij}^{B\alpha} \tag{3.51}$$

$$f_{ij}^{B\alpha}=-\frac{\varepsilon}{\rho_i}(v_i^{\beta}-\bar{v}_j^{\beta})n_j^{\beta}W_{ij}A_jn_j^{\alpha} \tag{3.52}$$

式中，$f_{ij}^{B\alpha}$ 为罚力的张量分量；A_j 为与边界粒子 j 相关的系数。

式 (3.52) 的矢量形式为

$$\boldsymbol{f}_{ij}^{B\alpha}=-\frac{\varepsilon}{\rho_i}(\boldsymbol{v}_i-\bar{\boldsymbol{v}}_j)\cdot\boldsymbol{n}_jW_{ij}A_j\boldsymbol{n}_j \tag{3.53}$$

考虑到实际流体与壁面相互作用时，仅当流体靠近壁面时才受边界力作用，而流体远离壁面时不受边界力作用，因此，引入了相对速度对边界力的作用，强洪夫等 [9,14] 提出以下罚力形式：

$$\boldsymbol{f}_i^{bp}=\begin{cases}-\varepsilon\sum\limits_{j\in B}\left(\dfrac{2h_i}{|\boldsymbol{x}_{ij}|}(\boldsymbol{v}_i-\boldsymbol{v}_j^B)\cdot\boldsymbol{n}_jW_{ij}A_j\boldsymbol{n}_j\right), & \boldsymbol{v}_i\cdot\boldsymbol{n}_j<0\\ 0, & \boldsymbol{v}_i\cdot\boldsymbol{n}_j\geqslant 0\end{cases} \tag{3.54}$$

式中，ε 是罚参数，介于 0.1 和 100 之间。

式 (3.54) 中，罚参数 ε 的选取较为困难，为此，韩亚伟等 [15] 对式 (3.53) 进行了改进，提出了以下改进罚函数方法：

$$\boldsymbol{f}_{ij}^{B}=\begin{cases}-\left(V_{\max}^2\cdot\dfrac{\min\left[(\boldsymbol{v}_i-\bar{\boldsymbol{v}}_j)\cdot\boldsymbol{n}_j,-1\right]W_{ij}H_{ij}\boldsymbol{n}_j}{|\boldsymbol{x}_{ij}\cdot\boldsymbol{n}_j|}\right), & (\boldsymbol{v}_i-\bar{\boldsymbol{v}}_j)\cdot\boldsymbol{n}_j<0\\ 0, & (\boldsymbol{v}_i-\bar{\boldsymbol{v}}_j)\cdot\boldsymbol{n}_j\geqslant 0\end{cases} \tag{3.55}$$

式中，$H_{ij}=h_{ij}^D$, $h_{ij}=(h_i+h_j)/2$。其中，D 为求解问题的维数，对二维问题，$D=2$；对三维问题，$D=3$。

2. 基于罚方法的非滑移边界施加

对低雷诺数流动问题，SPH 流体粒子与壁面粒子之间的切向作用力不能忽略，此时，必须施加非滑移边界条件。下面论述了基于罚方法的非滑移边界施加方法，具体算法如下。

在对求解的问题进行 SPH 离散时，固壁边界处需要设置三种类型的虚粒子：边界粒子 (boundary particle, BP)(B)、镜像粒子 (mirrored particle，MP)(M) 以及与之对应的虚粒子 (image particle, IP)(I)，如图 3.4 所示。其中，边界粒子位于固壁边界上，边界粒子的尺寸与流体粒子一致，对每一个边界粒子，都在计算域的外部设定两个镜像粒子，同时在计算域内部设定两个虚粒子，镜像粒子与虚粒子一一对应，且与边界粒子的距离相等 (MB=BI)，二者的连线与边界垂直 (MI//n_B)。

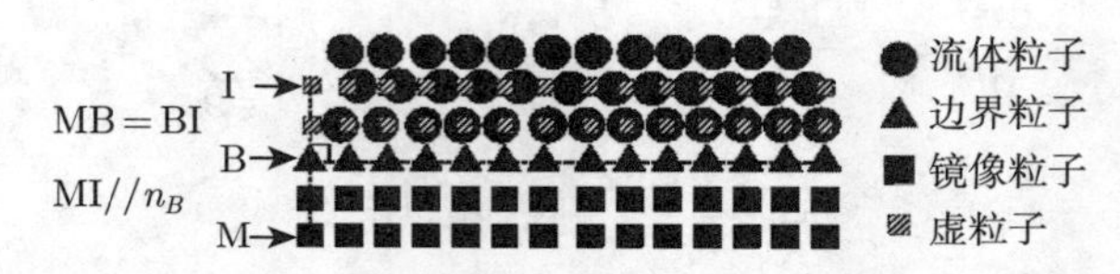

图 3.4　基于罚方法的非滑移边界施加模型

对边界粒子，其密度和动力黏度通过移动最小二乘法 (moving least squares，MLS)[16] 插值获得，表达式为

$$f_i = \sum_j \frac{m_j}{\rho_j} f_j W_{ij}^{\mathrm{MLS}} \tag{3.56}$$

式中，W_{ij}^{MLS} 为修正核函数。对二维问题，W_{ij}^{MLS} 的表达式为

$$W_{ij}^{\mathrm{MLS}} = \left[\beta_0 + \beta_x (x_i - x_j) + \beta_y (y_i - y_j)\right] W_{ij} \tag{3.57}$$

$$\begin{bmatrix} \beta_0 \\ \beta_1 \\ \beta_2 \end{bmatrix} = \left(\sum_j W_{ij} \boldsymbol{A} \frac{m_j}{\rho_j}\right)^{-1} \begin{bmatrix} 1 \\ 0 \\ 0 \end{bmatrix} \tag{3.58}$$

$$\boldsymbol{A} = \begin{bmatrix} 1 & x_i - x_j & y_i - y_j \\ x_i - x_j & (x_i - x_j)^2 & (x_i - x_j)(y_i - y_j) \\ y_i - y_j & (x_i - x_j)(y_i - y_j) & (y_i - y_j)^2 \end{bmatrix} \tag{3.59}$$

在获得边界粒子的信息后，可通过对边界粒子及流体粒子插值得到虚粒子的密度、速度及动力黏度，插值公式采用式 (3.57)。在此基础上，通过式 (3.58) 得到

镜像粒子的速度、密度及动力黏度：

$$\begin{cases} \rho_{\mathrm{MP}} = 2\rho_{\mathrm{BP}} - \rho_{\mathrm{IP}} \\ \boldsymbol{v}_{\mathrm{MP}} = 2\bar{\boldsymbol{v}}_{\mathrm{BP}} - \boldsymbol{v}_{\mathrm{IP}} \\ \eta_{\mathrm{MP}} = 2\eta_{\mathrm{BP}} - \eta_{\mathrm{IP}} \end{cases} \tag{3.60}$$

式中，$\bar{\boldsymbol{v}}_{\mathrm{BP}}$ 表示边界的运动速度，其为已知量。

上述方法的主要优势体现在：无论流体粒子如何运动，虚粒子始终均匀分布在计算域内，确保了计算精度，进而保证了镜像粒子的插值精度。

基于罚方法固壁边界施加模型的动量方程可写为

$$\begin{aligned} \frac{\mathrm{d}\boldsymbol{v}_i}{\mathrm{d}t} = & -\sum_{j=1}^{N} m_j \left(\frac{P_i + P_j}{\rho_i \rho_j} + \prod_{ij} \right) \cdot \nabla_i W_{ij} + \boldsymbol{g} \\ & + \sum_{j=1}^{N} \frac{m_j}{\rho_i \rho_j} \frac{(\eta_i + \eta_j) x_{ij} \cdot \nabla_i W_{ij}}{r_{ij}^2} \boldsymbol{v}_{ij} + \omega \sum_{j \in B} \boldsymbol{f}_{ij}^{B} \end{aligned} \tag{3.61}$$

式中，ω 为控制参数，对低雷诺数流动 (Re<0.1)，取 $\omega = 0$，此时不考虑边界对流体粒子的排斥力；当 Re⩾ 0.1 时，取 $\omega = 1$，此时考虑边界对流体粒子的作用力。式 (3.61) 用来控制流体粒子的运动，对靠近边界的流体粒子，若在其支持域内存在边界粒子和镜像粒子，则边界粒子和镜像粒子参与式 (3.61) 的计算，而虚粒子仅用来更新镜像粒子的信息，不参与式 (3.61) 的计算。

3.5.2 基于虚粒子方法的固壁边界施加模型

1. 流体–固壁作用方程

固壁边界对流体的作用力应该满足以下条件：①作用力的方向必须沿界面的法线方向；②边界与流体之间只存在斥力作用；③对于滑移边界条件，当流体沿壁面切线方向运动时，边界与流体之间没有相互作用。

为满足以上条件，刘虎等[17] 提出了一种虚粒子法施加固壁边界条件，该方法的基本配置及与流体粒子作用的基本原理为：虚粒子的配置如图 3.5 所示，根据流体粒子光滑长度，在流体外部沿边界曲线布置 3~4 层虚粒子，虚粒子具有与流体粒子相同的几何尺寸，固壁边界位于最内侧虚粒子与流体粒子中间；虚粒子可以看作流体粒子的扩展，有条件地参与连续性方程的计算，当流体粒子与边界虚粒子沿边界法线方向发生靠近或远离时，流体粒子的密度相应升高或降低，密度变化通过弱可压缩状态方程作用于流体的压力场；而后通过对流体压力场进行插值得到虚粒子的压力，当流体与固壁边界有相对靠近的趋势时，虚粒子通过压力梯度对流体粒子施加斥力，防止流体粒子对固壁边界的穿透。

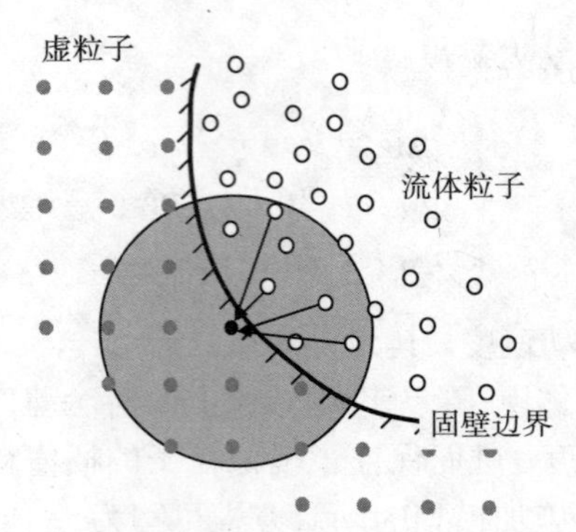

图 3.5　虚粒子的配置

刘虎等 [17] 提出的流体–固壁作用方程为

$$\left(\frac{\mathrm{d}\rho_i}{\mathrm{d}t}\right)_b = \begin{cases} m_b \boldsymbol{v}_{ib} \cdot \nabla_i W_{ib}, & \boldsymbol{v}_{ib} \cdot \boldsymbol{n}_b \neq 0 \\ 0, & \text{其他} \end{cases} \tag{3.62}$$

$$\left(\frac{\mathrm{d}\boldsymbol{v}_i}{\mathrm{d}t}\right)_b = \begin{cases} \left[-m_b \left(\frac{P_i + P_b}{\rho_i \rho_b}\right) \boldsymbol{n}_b \cdot \nabla_i W_{ib}\right] \boldsymbol{n}_b, & P_i + P_b > 0 \\ 0, & \text{其他} \end{cases} \tag{3.63}$$

式 (3.62)和式 (3.63) 分别是对连续性方程与动量方程的改进，$\left(\frac{\mathrm{d}\rho_i}{\mathrm{d}t}\right)_b$、$\left(\frac{\mathrm{d}\boldsymbol{v}_i}{\mathrm{d}t}\right)_b$ 分别表示流体粒子 i 受到的边界虚粒子 b 的作用而产生的密度与速度增量，$\boldsymbol{n}_b$ 表示虚粒子 b 的单位法向，$\boldsymbol{v}_{ib} = \boldsymbol{v}_i - \boldsymbol{v}_b$。

由式 (3.62) 可得，当流体粒子 i 沿边界虚粒子 b 的切线方向运动时，虚粒子 b 对流体粒子 i 的密度变化不产生影响；由式 (3.63) 可得，当流体粒子 i 与边界虚粒子 b 的压力和为正时，虚粒子通过压力梯度对流体粒子施加 $\boldsymbol{n}_b$ 方向的斥力作用，防止流体粒子 i 穿透壁面；反之，当二者压力和为负时，虚粒子对流体不施加作用力。式 (3.62) 与式 (3.63) 的物理意义是明确的，当流体沿边界切线方向运动时，边界对流体密度及压力场不产生影响，流体的运动状态不会因边界作用而发生改变；而当流体出现靠近边界的运动时，流体的密度会增大，压力升高，边界附近出现局部的正压力区，边界粒子会通过式 (3.63) 对流体施加法向斥力作用，防止流体穿透边界。

2. 虚粒子物理量求解

考虑相互作用的边界虚粒子 b 及流体粒子 j，将 b 点的压力在 j 点处 Taylor 展开可得

$$\langle P_b \rangle_j = P_j + \frac{\partial P_j}{\partial n_i} \boldsymbol{n}_b \cdot (\boldsymbol{r}_j - \boldsymbol{r}_b) + \frac{\partial P_j}{\partial \tau_b} \boldsymbol{\tau}_b \cdot (\boldsymbol{r}_j - \boldsymbol{r}_b) + o(\|\boldsymbol{r}_j - \boldsymbol{r}_b\|^2) \tag{3.64}$$

式中，$\langle P_b \rangle_j$ 表示在流体粒子 j 处 Taylor 展开得到的虚粒子 b 的估计压力值；$\boldsymbol{n}_b$、$\boldsymbol{\tau}_b$ 为虚粒子 b 的法线和切线方向单位矢量。流体粒子 j 在虚粒子 b 的法线及切线方向的压力梯度的求解公式为

$$\frac{\partial P_j}{\partial \tau_b} = \rho \boldsymbol{g} \cdot \boldsymbol{\tau}_b \tag{3.65}$$

$$\frac{\partial P_j}{\partial n_b} = -\rho \left[\boldsymbol{g} \cdot \boldsymbol{n}_b + \frac{c_s(\boldsymbol{v}_j \cdot \boldsymbol{n}_b)}{(\boldsymbol{r}_j - \boldsymbol{r}_b) \cdot \boldsymbol{n}_b} \right] \tag{3.66}$$

将式 (3.65) 与式 (3.66) 代入式 (3.64) 得到

$$\langle P_b \rangle_j = P_j - \rho c_s \boldsymbol{v}_j \cdot \boldsymbol{n}_b - \rho \boldsymbol{g} \cdot (\boldsymbol{r}_j - \boldsymbol{r}_b) \tag{3.67}$$

边界虚粒子的压力最终通过对各点估计的 CSPM[18] 插值获得

$$P_b = \frac{\displaystyle\sum_{j=1}^{N} \frac{m_j}{\rho_j} \langle P_b \rangle_j W_{bj}}{\displaystyle\sum_{j=1}^{N} \frac{m_j}{\rho_j} W_{bj}} \tag{3.68}$$

在弱可压缩 SPH 方法中，密度的主要作用是求解压力场，对于边界虚粒子，压力通过流体粒子插值后，密度变化对计算影响不大，因此将边界虚粒子的密度设为定值，一般与流体密度相同。

对于非滑移边界，需要考虑边界虚粒子的速度场，首先，将流体粒子的速度插值到边界虚粒子上，有

$$\langle \boldsymbol{v}_b \rangle = \frac{\displaystyle\sum_{j=1}^{N} \frac{m_j}{\rho_j} \boldsymbol{v}_j W_{bj}}{\displaystyle\sum_{j=1}^{N} \frac{m_j}{\rho_j} W_{bj}} \tag{3.69}$$

而后，得到边界虚粒子的速度为

$$\boldsymbol{v}_b = 2\boldsymbol{v}_{\text{wall}} - \langle \boldsymbol{v}_b \rangle \tag{3.70}$$

式中，$\boldsymbol{v}_{\text{wall}}$ 为指定的边界运动速度。

3.6 小　结

光滑粒子流体动力学方法与传统网格数值方法相比具有很多优点，是求解流体动力学问题的一种有效方法。本章首先论述了 SPH 方法的积分插值理论和粒子

近似方法，采用链表搜索法进行临近粒子搜索，描述了该搜索方法的具体步骤。针对 SPH 离散方程的积分求解，采用蛙跳方法，同时时间步长应满足 CFL 稳定性条件。

本章针对后面章节多相流计算应用到的黏性项、多相流界面和固壁边界施加等问题进行了重点阐述。黏性作为流体的本构，当流体运动时，在流体层间产生内摩擦力，具有阻碍流体运动的性质，而多相流是指所研究的问题中包含属于同一形态的多种物质流动问题，在界面处表现为压强连续、密度差较大、描述材料性质的状态方程各异等特点。传统 SPH 方法中处理黏性项使用直接求 SPH 二阶导数的形式，或者通过求解两次一阶导数组合的方法获得二阶导数，这两种方法均存在精度不高且易造成拉伸不稳定问题。同样，SPH 方法中传统处理界面差异时，将问题域统一求解，抹平了界面密度的间断，界面处精度较低。为克服传统 SPH 在处理黏性时的缺点，本章论述了通过引入有限差分一阶导数形式与 SPH 一阶导数相结合的方法，将黏性二阶导数整体降阶为一阶导数，从而提高计算的精度，避免拉伸不稳定现象的出现。然后，为解决多相流界面问题，引入 Ott-Schnetter 提出的修正 SPH 方法，通过粒子数密度保证密度在不同流体界面处的间断性，同时使改进的压强在流体界面处保持连续性，从而保证了计算的稳定性和精度。

最后，对 SPH 固壁边界的施加方法进行了探讨，分析了罚函数方法及虚粒子方法施加固壁边界的基本思想及具体施加方法。数值算例结果表明，罚方法与虚粒子方法都能有效地施加固壁边界条件，有效地防止流体粒子对边界的穿透，易于对具有复杂几何边界的问题进行建模，在处理非滑移边界问题时，两种方法都可以获得相对较高的计算精度。

参 考 文 献

[1] LIU G R, LIU M B. Smoothed Particle Hydrodynamics: A Meshfree Particle Method [M]. Singapore: Word Scientific Publishing Co. Pte. Ltd., 2003.

[2] MONAGHAN J J. On the problem of penetration in particle methods [J]. Journal of Computational Physics, 1989, 82(1): 1-15.

[3] BRACKBILL J U, KOTHE D B, ZEMACH C. A continuum method for modeling surface tension [J]. Journal of Computational Physics, 1992, 100: 335-354.

[4] MORRIS J P. Simulating surface tension with smoothed particle hydrodynamics [J]. International Journal for Numerical Methods in Fluids, 2000, 33(3): 333-353.

[5] BASA M, QUINLAN N J, LASTIWKA M. Robustness and accuracy of SPH formulations forviscous flow [J]. International Journal for Numerical Methods in Fluids, 2009, 60: 1127-1148.

[6] CLEARY P W, MONAGHAN J J. Conduction modelling using smoothed particle hydrodynamics [J]. Journal of Computational Physics, 1999, 148: 227-264.

[7] MELEAN Y, SIGALOTTI L D G, HASMY A. On the SPH tensile instability in forming viscous liquid drops [J]. Computer Physics Communications, 2004, 157: 191-200.

[8] OTT F, SCHNETTER E. A modified SPH approach for fluids with large density diffe-

rences [J]. arxiv: Physics /0303112, 2003, 3: 11.

[9] 王坤鹏. 基于接触边界条件 SPH 新方法及其工程应用 [D]. 西安: 第二炮兵工程学院, 2008.

[10] MONAGHAN J J. Simulation free surface flows with SPH [J]. Journal of Computational Physics, 1994, 110: 399-406.

[11] MONAGHAN J J. SPH without a tensile instability [J]. Journal of Computational Physics, 2000, 159: 290-311.

[12] GRAY J P, MONAGHAN J J, SWIFT R P. SPH elastic dynamics [J]. Computer Methods Applied Mechanics & Engineering, 2001, 190: 6641-6662.

[13] ATLURI N S, ZHU T. A new meshless local Petrov-Galerkin (MLPG) approach in computational mechanics[J]. Computational Mechanics, 1998, 22: 117-127.

[14] 强洪夫, 韩亚伟, 王坤鹏, 等. 基于罚函数 SPH 新方法的水模拟充型过程的数值分析 [J]. 工程力学, 2011, 28(1): 245-250.

[15] 韩亚伟, 强洪夫, 赵玖玲, 等. 光滑粒子流体动力学方法固壁处理的一种新型排斥力模型 [J]. 物理学报, 2013, 62(4): 44702.

[16] LIU G R, GU Y T. 无网格法理论及程序设计 [M]. 王建明, 周学军, 译. 济南: 山东大学出版社, 2007.

[17] 刘虎, 强洪夫, 陈福振, 等. 一种新型光滑粒子动力学固壁边界施加模型 [J]. 物理学报, 2015, 64(9): 94701.

[18] CHEN J K, BERAUN J E, CARNEY T C. A corrective smoothed particle method for boundary value problems in heat conduction [J]. International Journal for Numerical Methods in Engineering, 1999, 46: 231-252.

第 4 章　基于颗粒动力学模型的 SDPH 方法

颗粒动力学模型是近年来发展起来的一种用于描述颗粒相运动的力学模型，其思想源于稠密气体分子动力学理论。作为连接微观颗粒和宏观流体间性质的桥梁，颗粒动力学利用经典力学和统计力学定律来解释和预期颗粒相的宏观性质。该模型适用于绝大多数颗粒流体系统的描述，适合于大规模工程计算，并且该模型可以和连续相模型建立很好的连接，因此本章基于该模型理论建立描述颗粒相的拉格朗日粒子方法。

第 3 章对 SPH 基础理论进行了详细阐述，可以看出 SPH 作为一种逐渐趋于成熟的数值方法，具有拉格朗日性、粒子性、自适应性、完全无网格性等优点，适合于界面追踪和物质单点追踪。然而由于传统 SPH 大多用来离散连续性物质，与离散颗粒间存在较大差别，因此本章基于颗粒动力学模型建立起 SPH 粒子与真实颗粒间的联系，将 SPH 改造成适于离散相求解的 SDPH 方法，建立 SPH 粒子与真实颗粒间的一一对应关系。首先类比气体分子动力学理论，推导了颗粒动力学模型；然后建立了求解颗粒相的 SDPH 方法，并与传统 SPH 方法进行了对比分析；最后将 SDPH 应用到超高速碰撞问题中，用于模拟碰撞后形成的碎片云的分布，采用数值算例进行验证。

4.1　颗粒动力学模型

在颗粒动力学模型中，颗粒相的描述类比于稠密气体分子运动理论，将气–粒流动中单颗粒的运动等价于气体分子的热运动，颗粒在自身流动的基础上同时叠加一个随机运动，这一随机运动源于颗粒间的碰撞作用，从而产生颗粒相的压力和黏度。同时，颗粒动力学理论认为，颗粒在系统中均匀分布，未形成结构，颗粒的速度分布均为各向同性，发生碰撞的两颗粒速度间无相关关系。颗粒间二体碰撞为主要碰撞模式，同其他颗粒的碰撞在其整个行程中仅占很小的部分。颗粒间碰撞为刚性光滑碰撞，且碰撞接触时间很短，忽略颗粒间摩擦作用。单颗粒速度分布采用 Maxwell 速度分布函数描述，且满足 Boltzmann 积分微分方程。

4.1.1　颗粒数目密度分布

在颗粒动力学理论中，颗粒的流动行为采用速度分布函数 $f(t,\boldsymbol{r},\boldsymbol{v})\,\mathrm{d}\boldsymbol{r}\mathrm{d}\boldsymbol{v}$ 来描

述。颗粒数目方程

$$n=\int_{v} f\left(t, \boldsymbol{r}, \boldsymbol{v}\right) \mathrm{d}\boldsymbol{r} \mathrm{d}\boldsymbol{v} \tag{4.1}$$

表示在时刻 t、体积元从 $\boldsymbol{r}$ 到 $\boldsymbol{r}+\mathrm{d}\boldsymbol{r}$ 且速度范围从 $\boldsymbol{v}$ 到 $\boldsymbol{v}+\mathrm{d}\boldsymbol{v}$ 内的粒子总数。速度从 $\boldsymbol{v}$ 到 $\boldsymbol{v}+\mathrm{d}\boldsymbol{v}$ 内粒子分布概率为

$$\frac{1}{n} f\left(t, \boldsymbol{r}, \boldsymbol{v}\right) \mathrm{d}\boldsymbol{r} \mathrm{d}\boldsymbol{v} \tag{4.2}$$

对空间中与粒子速度有关的物理量，采用概率速度平均的方法进行统计平均，得到

$$\langle\psi\rangle\left(t, \boldsymbol{r}\right)=\frac{1}{n} \int_{v} \psi\left(\boldsymbol{v}\right) f\left(t, \boldsymbol{r}, \boldsymbol{v}\right) \mathrm{d}\boldsymbol{r} \mathrm{d}\boldsymbol{v} \tag{4.3}$$

式中，ψ 表示颗粒质量、速度、动量和能量等。

4.1.2 Boltzmann 积分微分方程组和一般输运理论

通常，颗粒速度分布函数满足 Boltzmann 积分微分方程，其在体积范围 $V(t)$ 和速度范围 $\boldsymbol{v}(t)$ 内颗粒群数量守恒公式表示为

$$\frac{D}{Dt} \iint\limits_{V(t)\boldsymbol{v}(t)} \int f\left(t, \boldsymbol{r}, \boldsymbol{v}\right) \mathrm{d}\boldsymbol{r} \mathrm{d}\boldsymbol{v}=\iint\limits_{V(t)\boldsymbol{v}(t)} \left(\frac{\partial f}{\partial t}\right)_{\text{coll}} \mathrm{d}\boldsymbol{r} \mathrm{d}\boldsymbol{v} \tag{4.4}$$

式中，$\left(\frac{\partial f}{\partial t}\right)_{\text{coll}} \mathrm{d}\boldsymbol{r} \mathrm{d}\boldsymbol{v}$ 表示在体积和速度空间 $(\boldsymbol{r}, \boldsymbol{v})$ 内由于颗粒间的碰撞作用而引起的速度密度净变化率。应用 Reynolds 理论 [1] 可以得到著名的 Boltzmann 方程：

$$\frac{\partial f}{\partial t}+\boldsymbol{v} \frac{\partial f}{\partial t}+\frac{\partial}{\partial \boldsymbol{v}}(\boldsymbol{a} f)=\left(\frac{\partial f}{\partial t}\right)_{\text{coll}} \tag{4.5}$$

式中，

$$\boldsymbol{a}=\frac{\mathrm{d} \boldsymbol{v}}{\mathrm{d} t}=\frac{\boldsymbol{F}}{m} \tag{4.6}$$

$\boldsymbol{a}$ 为作用于粒子单位质量的外应力，不包含碰撞应力。

著名的 Maxwell 速度分布公式可以从 Boltzmann 方程在颗粒群均匀稳定的状态下求得：

$$f\left(\boldsymbol{r}, \boldsymbol{v}\right)=\frac{n}{\left(2 \pi \theta_{p}\right)^{3/2}} \exp \left[-\frac{(\boldsymbol{v}-\bar{\boldsymbol{v}})^{2}}{2 \theta_{p}}\right] \tag{4.7}$$

式中，$\bar{\boldsymbol{v}}$ 为颗粒平均速度；θ_p 定义为颗粒拟温度，表征颗粒的速度脉动：

$$\theta_{p}=\frac{1}{3}\left\langle\boldsymbol{C}^{2}\right\rangle \tag{4.8}$$

$$\boldsymbol{C}=\boldsymbol{v}-\bar{\boldsymbol{v}} \tag{4.9}$$

$\boldsymbol{C}$ 表示颗粒的脉动速度。将反映颗粒特性的物理量 ψ 代入 Boltzmann 方程两边，化简得到一般输运方程：

$$\frac{\partial}{\partial t}\left[n\left(\psi\right)\right]-n\left(\frac{\partial\psi}{\partial t}\right)+\frac{\partial}{\partial \boldsymbol{r}}\left[n\left(\psi\boldsymbol{v}\right)\right]-n\left(\boldsymbol{v}\cdot\frac{\partial\psi}{\partial\boldsymbol{r}}\right)=n\left(\boldsymbol{a}\cdot\frac{\partial\psi}{\partial\boldsymbol{v}}\right)(f)+I\left(\psi\right) \tag{4.10}$$

式中，

$$I\left(\psi\right)=\int\psi\left(\frac{\partial f}{\partial t}\right)_{\rm coll}\mathrm{d}\boldsymbol{v} \tag{4.11}$$

在考虑二体碰撞情况下，上式可表示为

$$I\left(\psi\right)=\iiint\limits_{\boldsymbol{k}(\boldsymbol{v}_{12}\cdot\boldsymbol{k})>0}\left[\psi\left(\boldsymbol{r},\boldsymbol{v}'_1\right)-\psi\left(\boldsymbol{r},\boldsymbol{v}_1\right)\right]f^{(2)}\left(t,\boldsymbol{r}_1,\boldsymbol{v}_1,\boldsymbol{r}_2+\sigma\boldsymbol{k},\boldsymbol{v}_2\right)\sigma^2\left(\boldsymbol{v}_{12}\cdot\boldsymbol{k}\right)\mathrm{d}\boldsymbol{k}\mathrm{d}\boldsymbol{v}_1\mathrm{d}\boldsymbol{v}_2 \tag{4.12}$$

式中，

$$\boldsymbol{v}_{12}=\boldsymbol{v}_1-\boldsymbol{v}_2 \tag{4.13}$$

$$\sigma=\frac{1}{2}\left(d_{p_1}+d_{p_2}\right) \tag{4.14}$$

d_p 为颗粒直径；$\boldsymbol{v}_1,\boldsymbol{v}_2$ 和 $\boldsymbol{v}'_1,\boldsymbol{v}'_2$ 分别表示颗粒 1 和颗粒 2 碰撞前后的速度；$\boldsymbol{k}$ 表示颗粒 2 指向颗粒 1 的单位矢量；$\boldsymbol{r}$ 为颗粒 1 的单位矢量；$f^{(2)}\left(t,\boldsymbol{r}_1,\boldsymbol{v}_1,\boldsymbol{r}_2,\boldsymbol{v}_2\right)$ 为对偶公式。$f^{(2)}\left(t,\boldsymbol{r}_1,\boldsymbol{v}_1,\boldsymbol{r}_2,\boldsymbol{v}_2\right)\mathrm{d}\boldsymbol{r}_1\mathrm{d}\boldsymbol{r}_2\mathrm{d}\boldsymbol{v}_1\mathrm{d}\boldsymbol{v}_2$ 是时间为 t、速度为 $\boldsymbol{v}_1$ 和 $\boldsymbol{v}_2$、粒径为 $\boldsymbol{r}_1$ 和 $\boldsymbol{r}_2$ 的粒子 1 和 2 的数量概率。

4.1.3　碰撞积分简化

假定两颗粒速度的概率分布相同，即

$$f^{(2)}\left(t,\boldsymbol{r}_1,\boldsymbol{v}_1,\boldsymbol{r}_2,\boldsymbol{v}_2\right)=f^{(2)}\left(t,\boldsymbol{r}_2,\boldsymbol{v}_2,\boldsymbol{r}_1,\boldsymbol{v}_1\right) \tag{4.15}$$

根据颗粒 1 和 2 的相间交换可得

$$\begin{aligned}I\left(\psi\right)&=\iiint\limits_{\boldsymbol{k}(\boldsymbol{v}_{12}\cdot\boldsymbol{k})>0}\left[\psi'-\psi_1\right]f^{(2)}\left(t,\boldsymbol{r},\boldsymbol{v}_1,\boldsymbol{r}+\sigma\boldsymbol{k},\boldsymbol{v}_2\right)\sigma^2\left(\boldsymbol{v}_{12}\cdot\boldsymbol{k}\right)\mathrm{d}\boldsymbol{k}\mathrm{d}\boldsymbol{v}_1\mathrm{d}\boldsymbol{v}_2\\&=\iiint\limits_{\boldsymbol{k}(\boldsymbol{v}_{12}\cdot\boldsymbol{k})>0}\left[\psi'-\psi_1\right]f^{(2)}\left(t,\boldsymbol{r}-\sigma\boldsymbol{k},\boldsymbol{v}_1,\boldsymbol{r},\boldsymbol{v}_2\right)\sigma^2\left(\boldsymbol{v}_{12}\cdot\boldsymbol{k}\right)\mathrm{d}\boldsymbol{k}\mathrm{d}\boldsymbol{v}_1\mathrm{d}\boldsymbol{v}_2\end{aligned} \tag{4.16}$$

式中，

$$\psi_1=\psi\left(\boldsymbol{v}_1\right),\ \psi'_1=\psi\left(\boldsymbol{v}'_1\right) \tag{4.17}$$

对其进行泰勒展开，有

$$f^{(2)}\left(t,\boldsymbol{r},\boldsymbol{v}_1,\boldsymbol{r}+\sigma\boldsymbol{k},\boldsymbol{v}_2\right)$$

$$=f^{(2)}(t,\boldsymbol{r}-\sigma\boldsymbol{k},\boldsymbol{v}_1,\boldsymbol{r},\boldsymbol{v}_2)$$

$$+\sigma\boldsymbol{k}\left[1-\frac{1}{2!}\sigma\boldsymbol{k}\cdot\nabla+\frac{1}{3!}(\sigma\boldsymbol{k}\cdot\nabla)^2+\cdots\right]f^{(2)}(t,\boldsymbol{r},\boldsymbol{v}_1,\boldsymbol{r}+\sigma\boldsymbol{k},\boldsymbol{v}_2) \quad (4.18)$$

将式 (4.18) 代入式 (4.16) 可得

$$I(\psi)=-\nabla\cdot\vec{P}_v(\psi)+N_v(\psi) \quad (4.19)$$

$$\vec{P}_v(\psi)=-\frac{\sigma^3}{2}\iiint\limits_{\boldsymbol{k}(\boldsymbol{v}_{12}\cdot\boldsymbol{k})>0}(\psi_1'-\psi_1)(\boldsymbol{v}_{12}\cdot\boldsymbol{k})\boldsymbol{k}$$

$$\times\left[1-\frac{1}{2!}\sigma\boldsymbol{k}\cdot\nabla+\frac{1}{3!}(\sigma\boldsymbol{k}\cdot\nabla)^2+\cdots\right]$$

$$\times f^{(2)}(t,\boldsymbol{r},\boldsymbol{v}_1,\boldsymbol{r}+\sigma\boldsymbol{k},\boldsymbol{v}_2)\,\mathrm{d}\boldsymbol{k}\mathrm{d}\boldsymbol{v}_1\mathrm{d}\boldsymbol{v}_2 \quad (4.20)$$

$$N_v(\psi)=\frac{\sigma^2}{2}\iiint\limits_{\boldsymbol{k}(\boldsymbol{v}_{12}\cdot\boldsymbol{k})>0}(\psi_1'+\psi_2'-\psi_1-\psi_2)$$

$$\times f^{(2)}(t,\boldsymbol{r}-\sigma\boldsymbol{k},\boldsymbol{v}_1,\boldsymbol{r},\boldsymbol{v}_2)(\boldsymbol{v}_{12}\cdot\boldsymbol{k})\,\mathrm{d}\boldsymbol{k}\mathrm{d}\boldsymbol{v}_1\mathrm{d}\boldsymbol{v}_2 \quad (4.21)$$

Ding 和 Gidaspow[1] 给出速度分布函数

$$f^{(2)}(t,\boldsymbol{r}_1,\boldsymbol{v}_1,\boldsymbol{r}_2,\boldsymbol{v}_2)=g_0(\boldsymbol{r}_1,\boldsymbol{r}_2)f(\boldsymbol{r}_1,\boldsymbol{v}_1)f(\boldsymbol{r}_2,\boldsymbol{v}_2) \quad (4.22)$$

将其代入式 (4.20) 和式 (4.21) 得到

$$\vec{P}_v(\psi)=-\frac{\sigma^3}{2}\iiint\limits_{\boldsymbol{k}(\boldsymbol{v}_{12}\cdot\boldsymbol{k})>0}(\psi_1'-\psi_1)g_0f_1f_2(\boldsymbol{v}_{12}\cdot\boldsymbol{k})\boldsymbol{k}\mathrm{d}\boldsymbol{k}\mathrm{d}\boldsymbol{v}_1\mathrm{d}\boldsymbol{v}_2$$

$$-\frac{\sigma^4}{4}\iiint\limits_{\boldsymbol{k}(\boldsymbol{v}_{12}\cdot\boldsymbol{k})>0}(\psi_1'-\psi_1)g_0f_1f_2(\boldsymbol{v}_{12}\cdot\boldsymbol{k})\boldsymbol{k}\left(\boldsymbol{k}\cdot\nabla\ln\frac{f_2}{f_1}\right)\mathrm{d}\boldsymbol{k}\mathrm{d}\boldsymbol{v}_1\mathrm{d}\boldsymbol{v}_2$$

$$+o\left(\sigma^5\right)+\cdots \quad (4.23)$$

$$N_v(\psi)=\frac{\sigma^2}{2}\iiint\limits_{\boldsymbol{k}(\boldsymbol{v}_{12}\cdot\boldsymbol{k})>0}(\psi_1'+\psi_2'-\psi_1-\psi_2)g_0f_1f_2(\boldsymbol{v}_{12}\cdot\boldsymbol{k})\boldsymbol{k}\mathrm{d}\boldsymbol{k}\mathrm{d}\boldsymbol{v}_1\mathrm{d}\boldsymbol{v}_2$$

$$-\frac{\sigma^3}{2}\iiint\limits_{\boldsymbol{k}(\boldsymbol{v}_{12}\cdot\boldsymbol{k})>0}(\psi_1'+\psi_2'-\psi_1-\psi_2)g_0f_1f_2(\boldsymbol{v}_{12}\cdot\boldsymbol{k})\boldsymbol{k}(\boldsymbol{k}\cdot\nabla\ln f_1)\mathrm{d}\boldsymbol{k}\mathrm{d}\boldsymbol{v}_1\mathrm{d}\boldsymbol{v}_2$$

$$+ o\left(\sigma^4\right) + \cdots \tag{4.24}$$

式中，

$$g_0 = g_0\left(\boldsymbol{r}_1, \boldsymbol{r}_2\right) = g_0\left(\alpha_p\right), f_1 = f\left(t, \boldsymbol{r}, \boldsymbol{v}_1\right), f_2 = f\left(t, \boldsymbol{r}, \boldsymbol{v}_2\right) \tag{4.25}$$

α_p 为颗粒相体积分数，g_0 为颗粒径向分布函数。

4.1.4　颗粒相的质量、动量和能量守恒方程

令 $\psi = m$，$nm = \alpha_p \rho_p$，不考虑质量交换和源项作用，代入式 (4.10) 中，可得质量守恒方程：

$$\frac{\partial}{\partial t}\left(\alpha_p \rho_p\right) + \nabla \cdot \left(\alpha_p \rho_p \boldsymbol{u}_p\right) = 0 \tag{4.26}$$

式中，$\boldsymbol{u}_p$ 不是瞬时速度，而是平均量，即 $\boldsymbol{u}_p = \langle v_i \rangle = \dfrac{1}{n}\displaystyle\int v_i f \mathrm{d}v$，$v$ 为瞬时速度。

同理，令 $\psi = mv$，考虑气体与颗粒之间的作用，动量守恒方程表示为

$$\frac{\partial}{\partial t}\left(\alpha_p \rho_p \boldsymbol{u}_p\right) + \nabla \cdot \left(\alpha_p \rho_p \boldsymbol{u}_p \boldsymbol{u}_p\right) = -\nabla \cdot \left(\sigma_k + \sigma_c\right) + \alpha_p \rho_p \boldsymbol{g} + \beta\left(\boldsymbol{u}_g - \boldsymbol{u}_p\right) \tag{4.27}$$

式中，β 表示气体与颗粒相间曳力系数。

颗粒相的动应力和碰撞应力如下：

$$\sigma_k = \alpha_p \rho_p \left(\boldsymbol{C}\boldsymbol{C}\right) \tag{4.28}$$

$$\sigma_c = \boldsymbol{P}_c\left(\psi\right) = -2\alpha_p^2 \rho_p g_0 \left(1+e\right)\theta_p + \frac{4\alpha_p^2 \rho_p d_p g_0 \left(1+e\right)}{3}\sqrt{\frac{\theta_p}{\pi}}\left(\frac{6}{5}S_{+}\nabla \cdot \boldsymbol{u}_p\right) \tag{4.29}$$

式中，S 为变形率张量，其值为

$$S = \frac{1}{2}\nabla \cdot \boldsymbol{u}_p - \frac{1}{3}\nabla \boldsymbol{u}_p \cdot \boldsymbol{I} \tag{4.30}$$

令 $\psi = \dfrac{1}{2}m\boldsymbol{C}^2$，代入式 (4.10) 中，得到颗粒脉动能守恒方程即拟温度守恒方程为

$$\begin{aligned}&\frac{\partial}{\partial t}\left[\alpha_p \rho_p \left(\frac{3\theta_p}{2}\right)\right] + \nabla \cdot \left[\alpha_p \rho_p \boldsymbol{u}_p \left(\frac{3\theta_p}{2}\right)\right] \\ &= -\left(\sigma_k + \sigma_c\right) : \nabla \boldsymbol{u}_p - \nabla \cdot \left(\boldsymbol{q}_k + \boldsymbol{q}_c\right) + N_c\left(\frac{1}{2}m\boldsymbol{C}^2\right) + \alpha_p \rho_p \left(\boldsymbol{f}_{\text{drag}} \cdot \boldsymbol{C}\right)\end{aligned} \tag{4.31}$$

式中，右边第一项表征由于颗粒相形变产生的能量，第二项表征颗粒相间能量的传递，第三项表征颗粒非弹性碰撞产生的能量耗散，最后一项为气–粒相间能量传递。$\boldsymbol{q}_k$ 表示颗粒间湍动能部分，$\boldsymbol{q}_c$ 表示碰撞部分能量：

$$\boldsymbol{q}_k = \alpha_p \rho_p \left\langle \boldsymbol{C}\left(\frac{\boldsymbol{C}^2}{2}\right)\right\rangle \tag{4.32}$$

$$\boldsymbol{q}_c = \boldsymbol{P}_c\left(\frac{1}{2}m\boldsymbol{C}^2\right) \tag{4.33}$$

非弹性碰撞产生的能量耗散为

$$N_c\left(\frac{1}{2}m\boldsymbol{C}^2\right) = 3\left(1-e^2\right)\alpha_p^2\rho_p g_0\theta_p\left(\frac{4}{d_p}\sqrt{\frac{\theta_p}{\pi}} - \nabla\cdot\boldsymbol{u}_p\right) \tag{4.34}$$

采用 Maxwell 分布函数计算颗粒流的耗散应力张量时，除主应力分量外的其他切应力分量均为零，然而在耗散应力起主要作用的低浓度气–粒两相流动系统中，耗散切应力不为零，此时颗粒的速度分布函数偏离 Maxwell 分布。Gidaspow[2] 对 Maxwell 分布进行了相应修正，得到了较为准确的耗散应力和碰撞应力，可同时用于稀相和密相的描述。采用 Gidaspow 的颗粒分布函数，通过相同的积分计算得到

$$\sigma_k = \alpha_p\rho_p\left(\boldsymbol{C}\boldsymbol{C}\right) = \alpha_p\rho_p\theta_p - \frac{2\mu_p^k}{g_0\left(1+e\right)}\left[1+\frac{4}{5}\alpha_p g_0\left(1+e\right)\right]S \tag{4.35}$$

$$\begin{aligned}\sigma_c = \boldsymbol{P}_c\left(\psi\right) = &-2\alpha_p^2\rho_p g_0\left(1+e\right)\theta_p + \frac{4\alpha_p^2\rho_p d_p g_0\left(1+e\right)}{3}\sqrt{\frac{\theta_p}{\pi}}\left(\frac{6}{5}S_+\nabla\cdot\boldsymbol{u}_p\right)\\ &+\frac{2\mu_s^p}{g_0\left(1+e\right)}\cdot\frac{4}{5}\alpha_p g_0\left[1+e\right)\left[1+\frac{4}{5}\alpha_p g_0\left(1+e\right)\right]S\end{aligned} \tag{4.36}$$

$$\mu_p^p = \frac{5}{96}\rho_p d_p\sqrt{\pi\theta_p} \tag{4.37}$$

$$\boldsymbol{q}_k = \alpha_p\rho_p\left\langle\boldsymbol{C}\left(\frac{\boldsymbol{C}^2}{2}\right)\right\rangle = -\frac{2\alpha_p k_p^k}{g_0\left(1+e\right)}\left[1+\frac{6}{5}\alpha_p g_0\left(1+e\right)\right]\nabla\theta_p \tag{4.38}$$

$$\begin{aligned}\boldsymbol{q}_c &= \boldsymbol{P}_c\left(\frac{1}{2}m\boldsymbol{C}^2\right)\\ &= -k_p^c\nabla\theta_p - \frac{2\alpha_p k_p^k}{g_0\left(1+e\right)}\frac{6}{5}\alpha_p g_0\left(1+e\right)\left[1+\frac{6}{5}\alpha_p g_0\left(1+e\right)\right]\nabla\theta_p\end{aligned} \tag{4.39}$$

$$k_p^k = \frac{75}{384}\rho_p d_p\sqrt{\pi\theta_p} \tag{4.40}$$

由此可得颗粒相的总应力为

$$\begin{aligned}&\sigma_k+\sigma_c\\ &=\left(-P_p+\xi_p\nabla\cdot\boldsymbol{u}_p\right)\boldsymbol{I}+2\mu_p S\\ &=-\left[\alpha_p\rho_p\theta_p+2\alpha_p^2\rho_p g_0\left(1+e\right)\theta_p-\frac{4\alpha_p^2\rho_p d_p g_0\left(1+e\right)}{3}\sqrt{\frac{\theta_p}{\pi}}\nabla\cdot\boldsymbol{u}_p\right]\boldsymbol{I}\end{aligned}$$

$$+2\left\{\frac{4\alpha_p^2\rho_p d_p g_0(1+e)}{5}\sqrt{\frac{\theta_p}{\pi}}+\frac{2\dfrac{5\sqrt{\pi}}{96}\rho_p d_p\sqrt{\theta_p}}{g_0(1+e)}\left[1+\frac{4}{5}\alpha_p g_0(1+e)\right]^2\right\} \tag{4.41}$$

式中，P_p 为颗粒相压力，包括碰撞和动能压：

$$P_p=\alpha_p\rho_p\left[1+2(1+e)\alpha_p g_0\right]\theta_p \tag{4.42}$$

ξ_p 为由颗粒碰撞产生的颗粒相有效容积黏度：

$$\xi_p=\frac{4}{3}\alpha_p^2\rho_p d_p g_0(1+e)\sqrt{\frac{\theta_p}{\pi}} \tag{4.43}$$

颗粒的剪切黏度 μ_p 为

$$\mu_p=\frac{4}{5}\alpha_p^2\rho_p d_p g_0(1+e)\sqrt{\frac{\theta_p}{\pi}}+\frac{2\dfrac{5\sqrt{\pi}}{96}\rho_p d_p\sqrt{\theta_p}}{g_0(1+e)}\left[1+\frac{4}{5}\alpha_p g_0(1+e)\right]^2 \tag{4.44}$$

总的能量传递量为

$$\begin{aligned}\boldsymbol{q}_k+\boldsymbol{q}_c=&k_p\nabla\theta_p=-k_p^c\nabla\theta_p-\frac{2\alpha_p k_p^k}{g_0(1+e6)}\frac{6}{5}\alpha_p g_0(1+e)\left[1+\frac{6}{5}\alpha_p g_0(1+e)\right]\nabla\theta_p\\&-\frac{2\alpha_p k_p^k}{g_0(1+e)}\left[1+\frac{6}{5}\alpha_p g_0(1+e)\right]\nabla\theta_p\end{aligned} \tag{4.45}$$

能量热传导系数 k_p 为

$$k_p=2\alpha_p^2\rho_p d_p g_0(1+e)\sqrt{\frac{\theta_p}{\pi}}+\frac{2\dfrac{75\sqrt{\pi}}{384}\rho_p d_p\sqrt{\theta_p}}{g_0(1+e)}\left[1+\frac{6}{5}\alpha_p g_0(1+e)\right]^2 \tag{4.46}$$

4.2　用于离散相求解的 SDPH 方法

4.2.1　SDPH 方法的基本思想

气流场中，单个颗粒由于受到气体的作用力和颗粒间的碰撞作用力而呈现出离散颗粒的性质。然而，对于由大量颗粒组成的整个系统来说，它又呈现出类似于连续性流体的宏观力学性质。SPH 作为一种流体动力学方法，通常用于离散求解连续相数学模型。而 SPH 最初提出即用于求解三维开放空间的天体物理学问题，如银河系的形成与瓦解、超新星的爆炸、行星的碰撞以及宇宙的演化等问题。在这些问题中，离散的星体被考虑为在宏观尺度上具有连续性质的物质，采用类似于理想气体状态方程的形式求解压力值，这些即为采用的颗粒拟流体的思想。因此，可以通过每一个 SPH 粒子表征一定数量的离散颗粒的形式求解拟流体模型，建立起适于离散相求解的新型 SPH 方法。连接微观分子动力学和宏观流体动力学之间的颗粒动力学 [3] 为该方法的实现提供了一条途径。颗粒动力学即为传统的气体动力学向稠密颗粒流动的延伸 [4−10]。

4.2.2 SDPH 方法的基本方程

从颗粒动力学角度出发，将颗粒相视为拟流体，拟流体区域采用 SPH 方法离散求解，同时将传统 SPH 方法改造成适用于离散颗粒相求解的 SDPH 方法，SDPH 粒子不仅承载颗粒相的质量、速度、位置、压力等传统参量，而且承载颗粒的粒径分布形态、体积分数以及由颗粒动力学引入的拟温度等颗粒属性。采用颗粒的粒径均值、方差和颗粒的数量表征颗粒相粒径的分布情况。类比于气体动力学中的热力学温度，引入颗粒拟温度表征颗粒的速度脉动。颗粒拟温度 θ_p 定义如式 (4.8)，其同样作为一个参量值赋予 SDPH 粒子上。颗粒的拟温度守恒方程为式 (4.31)。

SDPH 粒子与颗粒之间属性的对应关系为：对于颗粒拟流体，颗粒相的有效密度 $\hat{\rho}_p$ 表示为

$$\hat{\rho}_p = \alpha_p \rho_p \tag{4.47}$$

式中，p、α_p 和 ρ_p 分别为颗粒相下标、体积分数和密度。假设流场区域中存在 n 个颗粒，颗粒的平均体积为 V_p，平均质量为 m_p，空间总体积为 V_0，那么有

$$\hat{\rho}_p = \alpha_p \rho_p = \frac{nV_p}{V_0}\rho_p = \frac{m_p}{(V_0/n)} = m_p \sum W = \rho_{\mathrm{SPH}}$$

式中，

$$\sum W = \frac{n}{V_0} = \frac{1}{V_{\mathrm{eff}}} \tag{4.48}$$

这样就建立了 SDPH 粒子的密度和颗粒的有效密度以及 SDPH 粒子的核函数和颗粒相的体积之间的关系。可以看出，SDPH 粒子的密度即为颗粒相的有效密度，SDPH 单粒子的体积即为 SDPH 粒子所代表的颗粒群的体积与所占据的有效空间体积之和，SPH 粒子所代表的颗粒群中单颗粒的数量由质量对等关系计算得到。那么，SDPH 粒子与颗粒之间的对应关系可总结为：SDPH 粒子的质量与其所代表的颗粒群的总质量相等，密度为颗粒群的有效密度，速度为颗粒群的均值速度，拟温度以及压力均为所代表的颗粒群的均值拟温度及均值压力，同时 SDPH 粒子携带表征颗粒群粒径分布特性的粒径均值、方差及单颗粒数量。给定颗粒相服从的分布状态 (如服从对数正态分布)，由粒径均值、方差及颗粒数量可以唯一确定其分布。在颗粒聚合和破碎过程中，其所表征的颗粒均值、方差、数量由各自的输运方程 (群体平衡方程的矩量表达式) 计算求得，具体见第 8 章。

基于建立的 SDPH 粒子与真实颗粒间的对应关系，对颗粒动力学守恒方程式 (4.26)、式 (4.27) 和式 (4.31) 采用 SPH 方法进行离散，得到用于 SPH 求解的控制方程组：

$$\frac{\mathrm{d}\rho_i}{\mathrm{d}t}=\sum_{j=1}^{N}m_j\boldsymbol{v}_{ij}\cdot\nabla_i W_{ij} \tag{4.49}$$

$$\frac{\mathrm{d}\boldsymbol{v}_i}{\mathrm{d}t}=-\sum_{j=1}^{N}m_j\left(\frac{\sigma_i}{\rho_i^2}+\frac{\sigma_j}{\rho_j^2}+\prod_{ij}\right)\nabla_i W_{ij}+\boldsymbol{g}+\frac{\boldsymbol{f}_i^{bp}}{\rho_i} \tag{4.50}$$

$$\begin{aligned}\frac{\mathrm{d}\theta_{pi}}{\mathrm{d}t}=&\frac{2}{3}\left[\frac{1}{2}\sum_{j=1}^{N}m_j\boldsymbol{v}_{ji}\left(\frac{\sigma_i}{\rho_i^2}+\frac{\sigma_j}{\rho_j^2}-\prod_{ij}\right)\nabla_i W_{ij}\right.\\&\left.+\sum_{j=1}^{N}m_j\left(\frac{k_p(\nabla\theta_p)_i}{\rho_i^2}+\frac{k_p(\nabla\theta_p)_j}{\rho_j^2}\right)\nabla_i W_{ij}-N_c\theta_{pi}\right]\end{aligned} \tag{4.51}$$

式中，应力 $\sigma=\sigma_k+\sigma_c$，如式 (4.41)；k_p 为能量耗散系数，如式 (4.46)；N_c 为颗粒非弹性碰撞造成的能量耗散系数，如式 (4.34)；$\boldsymbol{f}_i^{bp}$ 为壁面力；$\prod$ 为避免出现非物理聚集施加的人工黏性；ρ_i 为 SPH 粒子 i 的密度 (即颗粒相有效密度)；拟温度梯度 $\nabla\theta_p$ 的 SPH 离散公式为

$$(\nabla\theta_p)_i=m_i\sum_{j=1}^{N}\frac{\theta_{pj}-\theta_{pi}}{\rho_{ij}}\nabla_i W_{ij} \tag{4.52}$$

上述方程组中忽略颗粒相的能量守恒关系。对上述方程组进行封闭所涉及的颗粒相压力及剪切力公式如式 (4.41)~ 式 (4.46)。颗粒体积分数、气相压力梯度以及曳力等作用来源于气体相，具体表达式及与气相的耦合算法流程详见第 5 章。

4.2.3 SDPH 方法与传统 SPH 方法的区别

SDPH 与传统 SPH 方法的区别如图 4.1 所示。传统 SPH 方法通常用于离散求解连续性物质，通过使用一系列有限数量的离散点来描述系统的状态和记录系统的运动，每个 SPH 粒子直接生成连续问题域的一部分，拥有一系列场变量，如质量、密度、速度、压力、能量等，每个粒子表征连续性介质的一个质点，属于几何近似。而 SDPH 方法在 SPH 方法的基础上，通过引入描述离散颗粒性质的拟温度、颗粒粒径均值、粒径方差、颗粒数目等参量，建立 SPH 粒子与单颗粒间的一一对应关系，将 SPH 方法拓展应用于离散相领域，通过建立这些参量的守恒输运方程 (第 8 章所建立的各矩量群体平衡方程)，描述颗粒性质的变化历程。因此将

SPH 称为光滑离散颗粒流体动力学方法 (SDPH)，每个 SPH 粒子表征一系列具有一定分布形态的颗粒群，属于物理近似。

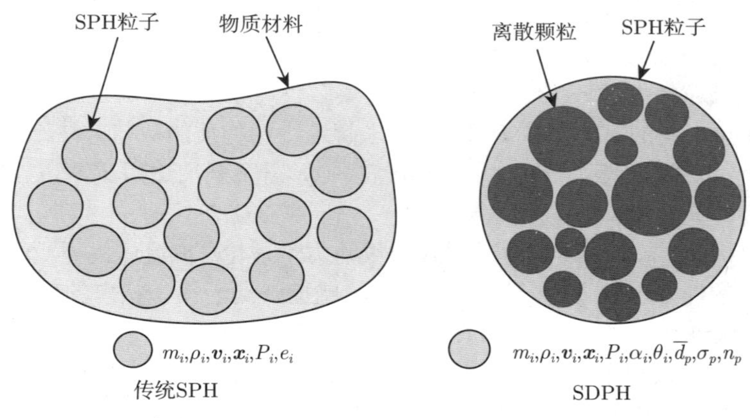

图 4.1 SDPH 与传统 SPH 方法的区别示意图

由于 SDPH 单粒子可以表征具有一系列特定粒径分布的真实颗粒群，从而使得真实颗粒系统采用较少的 SDPH 粒子来表征即可完成计算，从而大大减小了计算量。该方法突破了传统 SPH 方法材料属性固定，粒子仅作为几何质点的局限，拓展至具有物理质点特性的范畴，不仅拓展了 SPH 方法的应用范围，同时为 SPH 未来发展指明了一条可行的道路。

4.3 超高速碰撞中的 SDPH 方法

超高速碰撞是指产生的冲击压力远大于弹丸和靶板强度的碰撞过程，具有作用时间短、过程复杂、变形极大、破坏极大和高温高压等特点。在超高速动能武器、洲际弹道导弹防护、装甲和反装甲设计、核反应堆外壳安全防护设计、小行星撞击和地面陨石坑等领域均有巨大的发展与应用。随着空间碎片日益增多，碎片对在轨航天器的安全运行造成的威胁越来越严重。

SPH 方法作为一种完全 Lagrange 型无网格算法，它通过有质量的粒子离散计算域，粒子本身便代表材料，不同材料的粒子自然地构成界面，不同材料粒子的相对运动便形成所谓界面的滑移。因此从理论上说，它能够模拟穿透、层裂、剥落及碎片等现象，在处理超高速碰撞问题上具有网格方法无法比拟的优势，而且具有概念简单、易于扩展的特点，非常适合模拟自由表面流动、超高速碰撞、爆炸和断裂等问题。此外，由于 SPH 方法不存在自由边界的处理和对界面的追踪问题，因此在这一领域具有广阔的研究前景。

但目前国内外学者在求解超高速碰撞问题时，对于碰撞后的物质大多采用

Gruneisen 和 Tillotson 状态方程进行描述，通过将“碎片云”中颗粒的运动类比于“流体”的行为进行相态划分，仿真结果仅能达到形态上相似、定量相近、求解精度较低，无法得到碰撞后碎片运动的理想效果。同时，由于碎片云在膨胀过程中碎片与碎片之间以及碎片与空气间的相互作用起着至关重要的作用，碎片表现出典型的离散颗粒的性质。而传统 SPH 方法大多仅用于离散求解连续介质，对于与连续介质完全不同的离散颗粒来说，传统求解连续性物质的数值方法不再有效。因此对于弹丸超高速碰撞形成碎片云的数值模拟，需要采用适用于离散颗粒相求解的理论进行补充研究。

4.1 节和 4.2 节中阐述了通过引入颗粒动力学理论 (拟流体模型) 而提出的求解离散相问题的 SDPH 方法，本节将超高速碰撞中处于损伤状态的碎片视为拟流体，在该区域进行 SDPH 方法离散求解，提出超高速碰撞的 SDPH 求解方法，同时在描述其运动过程中引入气体相的作用，通过施加空气外力和计算碎片阻力的方式来表征空气对碎片云的影响。

4.3.1 适用于超高速碰撞问题的 SPH 方程组

未处于失效状态的铝球和铝薄板属于 SPH 方法中连续相的离散求解问题，不考虑热传导过程，Lagrange 框架下的控制方程组表述为

$$\begin{cases} \dfrac{\mathrm{d}\rho}{\mathrm{d}t} = -\rho\nabla\cdot\boldsymbol{v} \\ \dfrac{\mathrm{d}\boldsymbol{v}}{\mathrm{d}t} = \dfrac{1}{\rho}(-\nabla P + \nabla\cdot\boldsymbol{\tau}) + \boldsymbol{g} \\ \dfrac{\mathrm{d}x}{\mathrm{d}t} = \boldsymbol{v} \end{cases} \tag{4.53}$$

式中，d/dt 表示物质导数；ρ、$\boldsymbol{v}$、P 分别为流体的密度、速度、压强；$\boldsymbol{\tau}$ 为偏应力张量；$\boldsymbol{g}$ 为单位质量体积力。

最后，考虑人工黏性的影响，对式 (4.53) 进行 SPH 离散，得到适用于超高速碰撞问题的 SPH 方程组可归纳如下：

$$\begin{cases} \dfrac{\mathrm{d}\rho_i}{\mathrm{d}t} = \displaystyle\sum_{j=1}^{N} m_j \boldsymbol{v}_{ij}\cdot\nabla_i W_{ij} \\ \dfrac{\mathrm{d}v_i^{\alpha}}{\mathrm{d}t} = \displaystyle\sum_{j=1}^{N} m_j \left(\frac{\sigma_i^{\alpha\beta}}{\rho_i^2} + \frac{\sigma_j^{\alpha\beta}}{\rho_j^2} + \prod_{ij}\right)\frac{\partial W_{ij}}{\partial x_i^{\beta}} \\ \dfrac{\mathrm{d}\boldsymbol{x}_i}{\mathrm{d}t} = \boldsymbol{v}_i \end{cases} \tag{4.54}$$

4.3.2 弹丸和靶板的本构模型

为描述靶板材料的屈服应力及损伤演化，这里引入 Johnson-Cook 损伤模型 [11]，该模型中将材料的屈服强度表示为损伤变量、等效应变、等效应变率和

温度的函数：

$$\sigma_{\text{eq}} = (1-D)(A+Br^n)(1+C\ln\dot{r}^*)(1-T^{*m}) \tag{4.55}$$

式中，A, B, C, n, m 是材料常数；D 为损伤变量；$D=0$ 表示材料没有损伤，$D=1$ 表示材料完全失效；r 是累积损伤塑性应变，$r=(1-D)p$，$\dot{r}^*=(1-D)\dot{p}^*$，$\dot{p}^*=\dot{p}/\dot{p}_0$，$p$ 是累积塑性应变，$\dot{p}_0$ 是自定义参考应变率；温度 $T^*=(T-T_0)/(T_{\text{m}}-T_0)$，$T_0$ 是室温，T_{m} 是材料熔点。

损伤变量 D 是累积塑性应变 p 的函数，当 $D\geqslant 1$ 时发生损伤破坏：

$$D=\sum \Delta p/p_{\text{f}} \tag{4.56}$$

式中，p_{f} 是断裂塑性应变，与材料的应力三轴度、应变率和温度相关。本构模型中的剪切损伤演化模型将 p_{f} 描述如下：

$$p_{\text{f}}=[D_1+D_2\exp(D_3\sigma^*)](1+D_4\ln\dot{p}^*)(1+D_5T^*) \tag{4.57}$$

式中，$D_1\sim D_5$ 为材料常数；$\sigma^*=\sigma_{\text{m}}/\sigma_{\text{eq}}$ 为应力三轴度，$\sigma_{\text{m}}=(\sigma_x+\sigma_y+\sigma_z)/3$ 为平均正应力。

根据式 (4.56) 对材料的损伤状态进行判定，当 $D\geqslant 1$ 时表示材料已经处于完全损伤状态，不再具有材料的结构强度等属性，这时将这些损伤的材料碎片采用 SDPH 方法进行离散求解，计算碎片之间的碰撞、摩擦以及与壁面和其他材料的撞击等情形，真实再现碎片云运动形态。

4.4 算例验证

4.4.1 Couette 流算例验证

采用该算例对 4.2 节描述的 SDPH 方法进行数值验证。该算例中忽略颗粒的重力作用，对剪切力起主导作用的 Couette 流动问题进行计算，对于颗粒流动特性给出详细的验证。本算例选取自 Campbell[12] 计算算例，模型结构如图 4.2 所示。颗粒相在两块水平放置于 $y=0$ 和 $y=H$ 处的无限大平板所限定的区域内自由流动。初始颗粒随机分布在系统中，处于自由状态。在 $t=0$ 时刻，下平板保持固定，上平板以恒定速度 U 平行于 x 轴向前方运动。为模拟无限大平板，左右两边边界设定为周期性边界，即粒子运动超出边界后，将其重置于另一边界内间隔 L 的相同位置处，速度保持不变。同 Campbell 设置，在上平板处对系统施加法向应力 σ_N^*。本算例忽略气体相的作用，颗粒 $\rho_p=10^3\text{kg/m}^3$，初始体积分数为 $\alpha_p=0.3$，直径为 $d_p=0.05\text{mm}$，SDPH 粒子间距为 $\Delta r_{\text{SDPH}}=2.5\text{mm}$，光滑长度 $h_{\text{s}}=1.5\Delta r_{\text{SDPH}}$，时间步长 $\Delta t=10^{-4}\text{s}$，法向应力 $\sigma_N^*=0.001\text{N}\cdot\text{s}$，平板速度 $U=0.76\text{m/s}$。问题域

设为 $0.1\text{m} \times 0.1\text{m}$ 的矩形，粒子数量为 40×40。在上下两边界使用虚粒子施加无滑移壁面边界条件 [13]，粒子数量共 80。

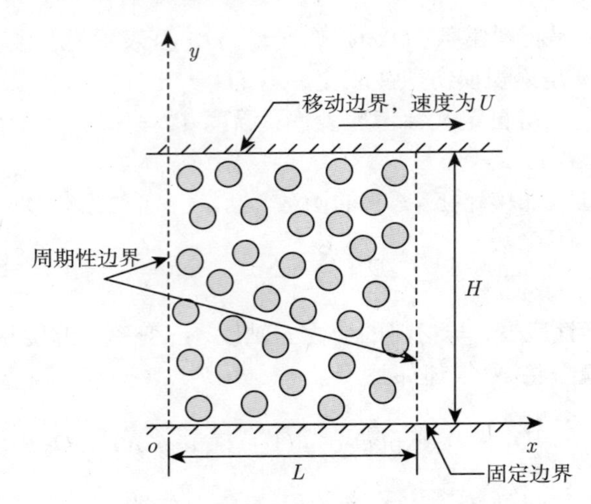

图 4.2　Couette 流算例模型示意图

在上平板的驱动下，大部分颗粒很快失去原有的平衡，沿着系统中心轴线向前方运动，每一颗粒的运动轨迹受颗粒间的碰撞及与边界的碰撞作用的影响。当系统的总动能与上下壁面边界所施加的外部动能达到平衡时，计算收敛。图 4.3 为计算收敛后得到的颗粒水平速度、体积分数及拟温度值沿垂直方向变化曲线，并与 Campbell[12] 数值计算结果进行对比，验证新方法的准确性。可以看出，颗粒速度沿垂直方向呈线性增长趋势，表明内部颗粒所受剪切力恒定。颗粒体积分数在垂直方向基本保持不变，表明计算得到的颗粒分布均匀。最后图 4.3(c) 展示了表征颗粒随机脉动特性的颗粒拟温度值的变化，该特性主要由颗粒间相互碰撞作用产生。在静态颗粒材料中，任何给定初始拟温度值都将会由于颗粒间的非弹性碰撞而迅速耗散掉，因此，颗粒拟温度仅存在于含有速度梯度的系统中。由图可以看出，在中心区域颗粒拟温度值较高，而在壁面附近由于无滑移边界的施加造成颗粒的速度波动减小，拟温度值降低。该结论与 Campbell 等 [12] 的结论一致，表明采用粒子方法求解颗粒拟流体模型准确可行，不仅能够得到颗粒相的宏观特征参量，同时可以获取颗粒的微观变化特性，适用于实际问题求解。

由于 SDPH 粒子可以表征一系列具有一定粒径分布的真实颗粒，与需要追踪单颗粒的颗粒轨道模型相比，计算量将大大减小。而系统需要采用多少粒子来表征可以满足精度的要求，需要进行粒子无关性检验，因此本算例对另外四种不同粒子尺寸 ($\Delta r_{\text{SDPH}} = 1.25\text{mm}$、$0.625\text{mm}$、$0.3125\text{mm}$、$0.15625\text{mm}$) 下的 Couette 流问题

进行了计算，对数值模拟的空间收敛率采用相对误差范数 L_2 来表示，计算式为

$$L_2 = \sqrt{\frac{\sum_{i=1}^{N}\left(u_{\mathrm{SDPH}}(i) - u_{\mathrm{exact}}(i)\right)^2}{\sum_{i=1}^{N} u_{\mathrm{exact}}^2(i)}} \tag{4.58}$$

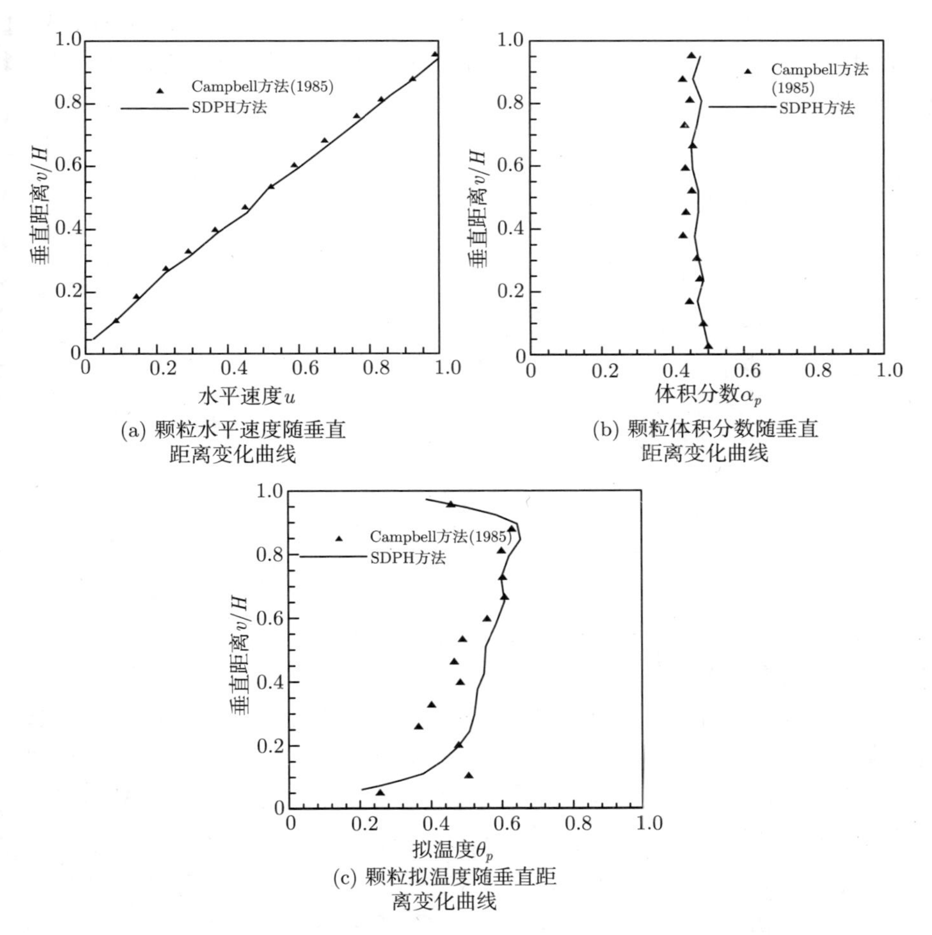

(a) 颗粒水平速度随垂直距离变化曲线

(b) 颗粒体积分数随垂直距离变化曲线

(c) 颗粒拟温度随垂直距离变化曲线

图 4.3 颗粒水平速度、体积分数及拟温度随垂直距离变化曲线

式中，$u_{\mathrm{SDPH}}(i)$ 和 $u_{\mathrm{exact}}(i)$ 分别为采用 SDPH 方法模拟和解析解获得的同一位置处粒子 i 的速度值；N 为总粒子数。Couette 流中水平速度的解析解采用以下级数

表达式 [14]：

$$v_x(y,t)=\frac{v_0}{l}y+\sum_{n=1}^{\infty}\frac{2v_0}{n\pi}(-1)^n\sin(\frac{n\pi}{l}y)\exp(-v\frac{n^2\pi^2}{l^2}t) \tag{4.59}$$

图 4.4 给出了不同粒子尺寸情况下应用 SDPH 方法模拟 Couette 流与解析解之间在计算达到稳定状态后，颗粒速度的相对误差范数 L_2 变化曲线。可以看出，SDPH 数值求解的精度与粒子尺寸成反比关系，在粒子尺寸降低到一定程度即粒子数达到一定数量之后，求解精度基本保持不变，与粒子尺寸无关。而对于一般问题来说，求解精度在 1%以内即可达到要求，因此同时考虑计算量和计算精度的要求，可以设定粒子尺寸为 1.25mm，这时每个 SDPH 粒子可以表征 188 个颗粒，较大程度地减小了计算量。

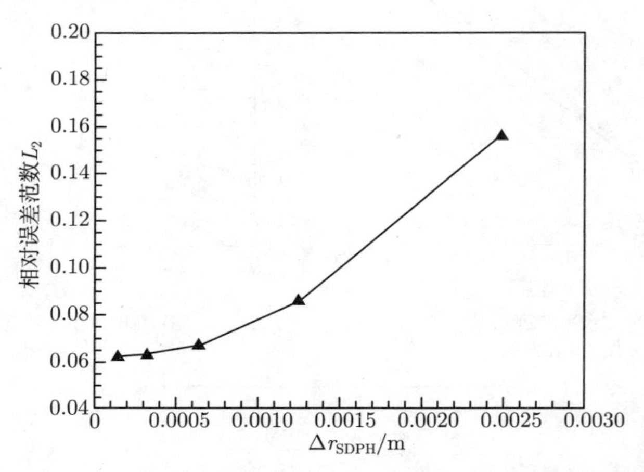

图 4.4 不同粒子尺寸的 SDPH 解与级数解相对误差范数 L_2

4.4.2 铝球超高速正碰撞铝薄板算例验证

本小节参照 Hiermaier 等 [15] 的实验中铝球超高速碰撞铝薄板的过程进行数值计算，验证 4.3 节提出的超高速碰撞 SDPH 方法的可行性，同时结合 Zhou 等 [16] 和 Chin[17] 采用传统 SPH 方法及 ASPH 方法的计算仿真结果进行对比分析。

算例模型结构如图 4.5 所示。该算例中，铝球直径为 10mm，铝靶板尺寸为 40mm×40mm×4mm。铝球的撞击速度为 6.18km/s，室温及周围环境的初始温度均设为 273K。SPH 粒子直径为 0.67mm，整个模型共有 23391 个粒子，其中铝球离散为 1791 个粒子，铝薄板离散为 21600 个粒子。时间积分采用蛙跳格式，时间步长为 0.1μs，总时间是从开始撞击到撞击后的 20μs。假设碰撞过程中铝靶板不受侧面边界约束，人工黏性参数同 Hiermaier 和 Zhou 保持一致，$\alpha=2.5$。

(a) 俯视图

(b) 左视图

图 4.5 算例模型结构

由于 Hiermaier[15] 在其文献中并没有列出所用铝合金型号，这里根据密度、屈服应力等强度模型参数确定其类别，失效模型及其他参数参考同类材料 [18,19]，具体材料参数见表 4.1。状态方程选用同 Hiermaier 和 Zhou 相同的 Tillotson 状态方程，具体材料参数见表 4.2。

表 4.1 Johnson-Cook 本构模型参数

A /MPa	B /MPa	N	C	M	T_{melt} /K	$\dot{p}_0$ /(1/s)	C_v /[J/(kg·K)]	D_1	D_2	D_3	D_4	D_5
300	426	0.34	0.015	1.0	775	1.0	875	0.12	0.13	−1.5	0.0175	0

表 4.2 Tillotson 状态方程参数

G /GPa	ρ /(kg/m^3)	a	b	A_T /GPa	B_T /GPa	α_T /GPa	β_T /GPa	e_0	e_{s}	e_{sd}
27.1	2790	0.5	1.63	75	65	5	5	5	3	15

图 4.6 为采用 SDPH 方法计算得到的碎片分布与 Hiermaier 实验、Hiermaier 二维数值模拟结果、Zhou 采用传统 SPH 方法的三维数值模拟结果和 Chin 采用 ASPH 方法的二维数值模拟结果对比图。通过对比可以发现存在两处不同。第一处是采用 SDPH 方法的计算结果中反溅碎片云比采用传统 SPH 方法的反溅碎片云膨胀的距离和宽度都小，这是因为 SPH 方法引入 Johnson-Cook 损伤模型后，薄板屈服应力要小于未引入损伤模型的薄板的屈服应力。根据反溅碎片云形成过程研究，当铝球与薄板接触点后移速度高于薄板材料反溅速度向后的分量时，球形弹丸阻挡薄板该部分材料继续反溅，反之无法阻止薄板材料反溅。而薄板的屈服应力直接决定了其反溅速度，所以采用 SDPH 方法的计算结果中反溅碎片云比采用传统 SPH 方法中的反溅碎片云膨胀的距离和宽度都小。但从反溅碎片云形态来看，新

方法计算得到的反溅碎片云运动形态与实验更为接近，而传统 SPH 方法和 ASPH 方法中的计算结果明显过大。

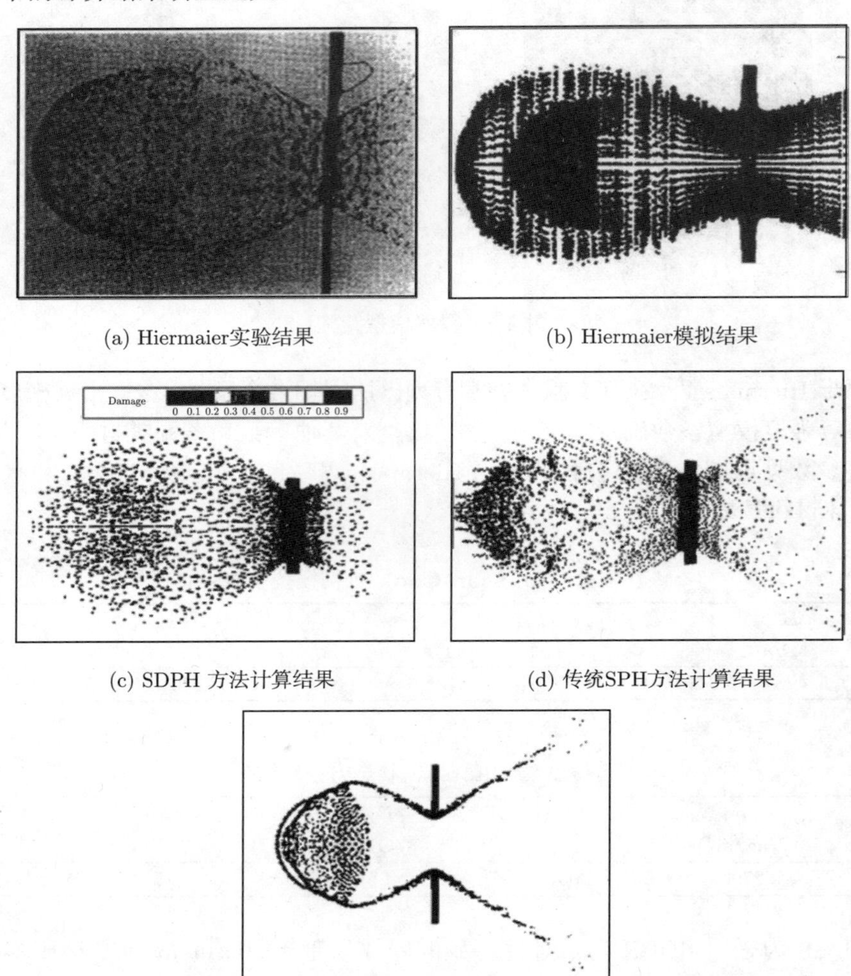

(a) Hiermaier实验结果　(b) Hiermaier模拟结果

(c) SDPH 方法计算结果　(d) 传统SPH方法计算结果

(e) ASPH方法计算结果

图 4.6 采用 SDPH 方法的计算结果与实验及其他方法结果对比

采用 SDPH 方法中的由铝球破碎形成的内核碎片云和采用传统 SPH 方法中的内核碎片云处于外泡碎片云的前部且占据整个碎片云质量的大部分。第二处不同为采用传统 SPH 方法的内核碎片云成“圆锥”型，随着外泡碎片云的不断膨胀锥面不断弯曲，分布比较集中。而采用 SDPH 方法将处于失效状态的碎片等效于拟流体，充分考虑碎片间相互作用及数值模拟中经常被忽略的气体相对碎片的影响，故内核碎片云呈“圆球”型，分布比较分散，与实验吻合较好。

弹坑直径、碎片云膨胀距离、碎片云宽度、膨胀距离与宽度比值和相对误差的具体数值如表 4.3 所示。得到的弹坑直径、外泡碎片云和内核碎片云的形状、分布与实验吻合较好，并与使用传统 SPH 方法、ASPH 方法的仿真结果进行对比，新方法在内核碎片云形状和分布上计算结果更加准确，与实验更加符合。表明 SDPH 方法适合模拟铝球冲击铝薄板等超高速碰撞问题。

表 4.3　超高速碰撞仿真结果对比

方法	不包括/包括弹坑边缘直径 d/mm	碎片云膨胀距离 l/mm	碎片云宽度 w/mm	l/w	l/w 相对误差
SDPH 方法	29.4/33.7	105.7	81.4	1.30	6.5%
Hiermaier 实验	27.5/34.5	—	—	1.39	—
Hiermaier 仿真	35.0/—	—	—	1.11	20.1%
Chin 仿真	28.9/—	105.1	86.1	1.22	12.2%
Zhou 仿真	31.6/35.3	102.8	75.5	1.36	2.2%

为形象展示碎片云形成和膨胀的过程，图 4.7 和图 4.8 分别以俯视与左视两种视角展示了不同时刻铝球超高速撞击铝薄板三维数值模拟过程。图 4.8 以左视角展示了“碎片云”形成、发展及最终形态，并与 Zhou 采用传统 SPH 方法的三维数值模拟结果进行对比。从图 4.8 可知，随着弹丸不断向前侵彻，薄板在压力的作用下向最小抗力方向产生塑性流动，薄板中部的侵彻区域被铝球挤压而产生横向位移，薄板材料向周边产生金属堆积，侵彻区域的粒子向周边开始飞溅，薄板背部逐渐形成鼓包，同时铝球产生塑性变形直至铝球与薄板完全损伤。随着铝球的不断侵彻，铝球和薄板接触后发生破碎，形成大量固体小颗粒，薄板被击穿形成弹孔，除一小部分颗粒向外反溅，大部分颗粒形成椭球形的“碎片云”沿铝球运动方向不断向前膨胀。

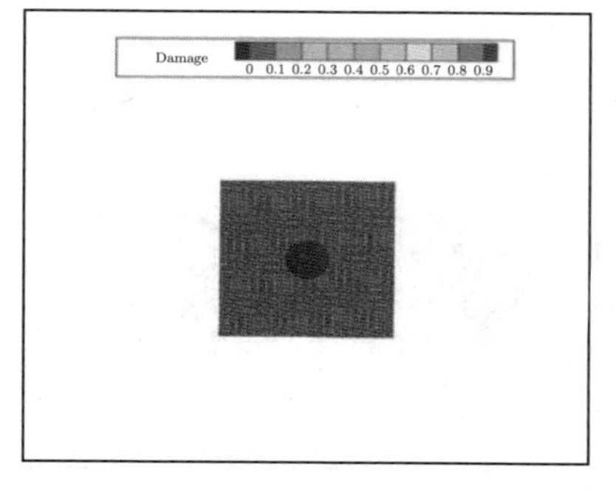

(a) 0μs

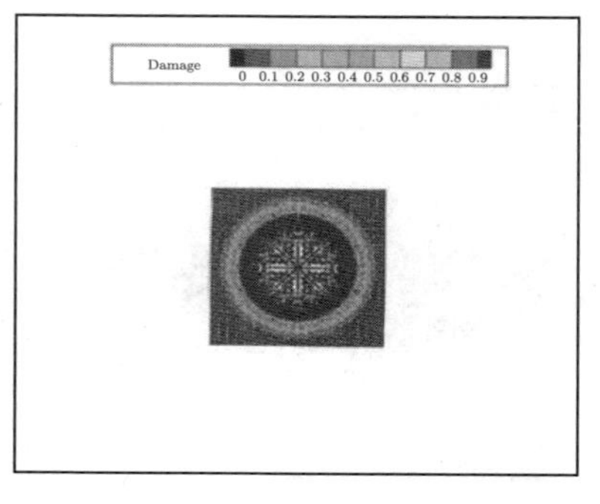

(b) 5μs

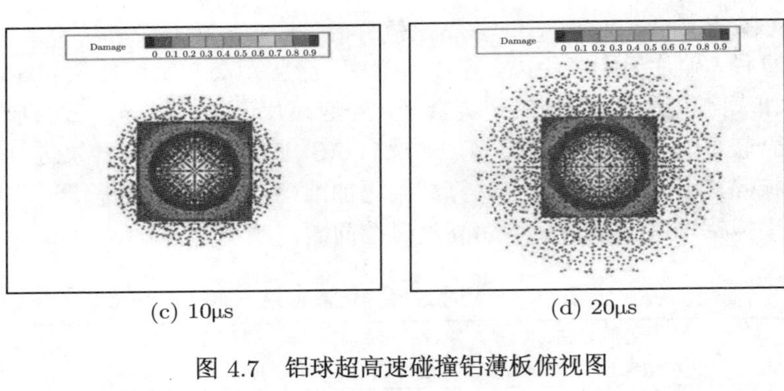

(c) 10μs　　(d) 20μs

图 4.7　铝球超高速碰撞铝薄板俯视图

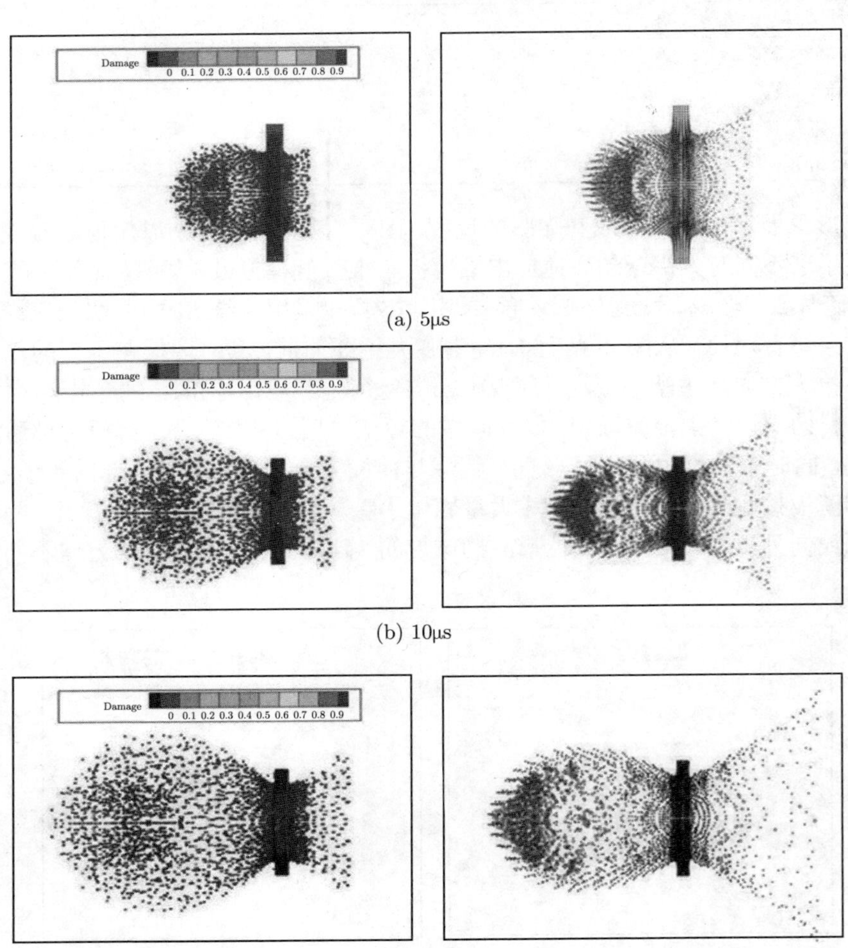

(a) 5μs

(b) 10μs

(c) 15μs

图 4.8　SDPH 方法 (左) 与传统 SPH 方法 (右) 铝球超高速碰撞铝薄板对比

4.4.3 Whipple 防护结构超高速碰撞算例验证

中国空气动力研究与发展中心超高速所的柳森等 [20] 进行了一系列有关 Whipple 防护结构的超高速碰撞实验，这里选取正碰撞 04-0080，04-0090 两组典型过程对其进行数值模拟研究。

图 4.9 为 Whipple 防护结构示意图。为了减小计算量，在不影响防护屏弹孔尺寸及舱壁弹坑分布的前提下，分别将防护屏和舱壁长宽减少至 50mm 和 80mm。SPH 粒子直径为 0.3mm，弹丸直径为 5mm，离散为 2440 个粒子，两组的撞击速度分别为 5.29km/s 和 6.15km/s。防护屏和舱壁厚度均为 2mm，分别离散为 169344 和 427734 个粒子。弹丸、防护屏及舱壁材料均为 LY12 铝合金。本构模型采用 Johnson-Cook 损伤模型，具体参数 [21] 见表 4.4。由于本算例的撞击速度处于超高速撞击范畴中相对较低的撞击速度范围，碰撞过程中所有材料处于固体状态，Gruneisen 状态方程膨胀态实际上是固相材料的线性膨胀，且冲击绝热关系与高压固体状态方程之间联系密切，冲击绝热关系的实验数据较多 [22]，因此本算例中状态方程采用 Gruneisen 状态方程，LY12 铝合金式中各系数为 $\rho = 2790\text{kg/m}^3$，$\Gamma = 2.0$，$C_\text{s} = 5328$，$S_\text{s} = 1.338$。

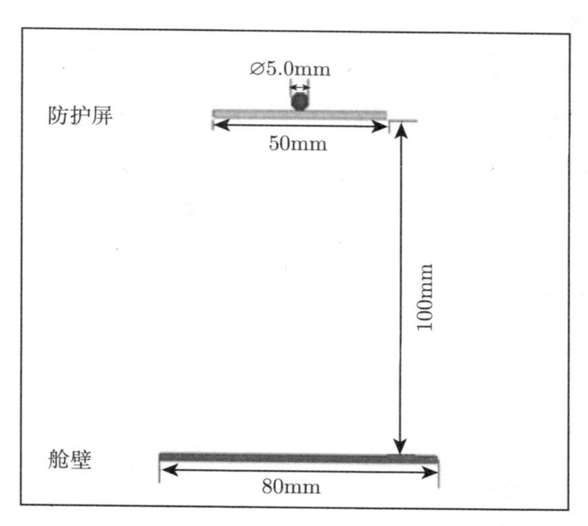

图 4.9 Whipple 防护结构示意图

表 4.4 LY12 铝合金的 Johnson-Cook 本构模型参数

A/MPa	B/MPa	N	C	M	T_melt/K	$\dot{p}_0$/(1/s)	C_v/[J/(kg·K)]	D_1	D_2	D_3	D_4	D_5
369	684	0.73	0.083	1.7	775	0.1	875	0.13	0.13	−1.5	0.011	0

图 4.10 为两种撞击速度下采用 SDPH 方法计算得到的损伤情况与实验损伤情况对比图。其中，正碰撞过程只给出了编号为 04-0090 的 Whipple 防护屏和舱壁的

损伤情况，实验结果与计算结果如图 4.10(a) 所示。图 4.10(b) 为对应 04-0080 实验的 Whipple 屏损伤计算结果。

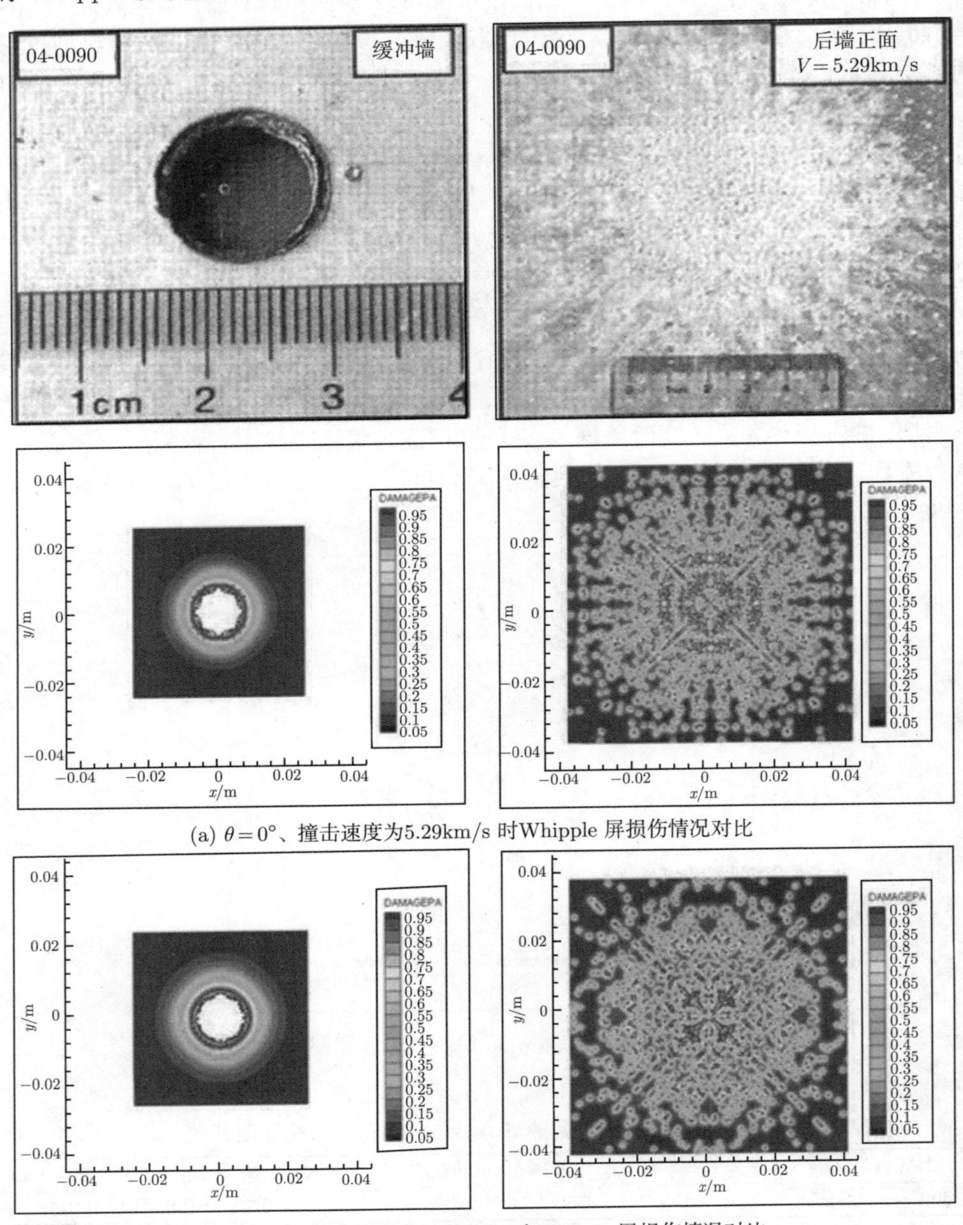

(a) $\theta=0°$、撞击速度为5.29km/s 时Whipple 屏损伤情况对比

(b) $\theta=0°$、撞击速度为6.15km/s 时Whipple 屏损伤情况对比

图 4.10　不同撞击速度下 Whipple 屏损伤情况对比

由图 4.10(a)、(b) 的数值模拟结果可见，正碰撞中舱壁的损伤区域分布集中在撞击中心，损伤有弹坑、斑点和侵蚀三种类型。撞击中心处的中心损伤区域弹坑密集重叠，损伤程度较重，主要由内核碎片云撞击形成，中心损伤区外围出现了由外泡碎片云撞击形成若干个环形分布的圆形撞击坑群，损伤程度较轻。将两种撞击速度下的舱壁损伤情况进行对比，撞击速度值越大，弹丸破碎程度越大，弹坑及斑点数量越多，撞击中心所在的中心损伤区的损伤值越小。这表明在该速度范围内，撞击速度值越大，对舱壁的损伤破坏越小，Whipple 防护屏防护效果越好，这符合 Whipple 防护结构的典型撞击极限曲线中粉碎段 (中速段) 的变化规律。由图 4.10(a) 中的计算结果与实验损伤情况对比可见，防护屏弹孔尺寸、舱壁中心撞击坑损伤区的尺寸和舱壁弹坑形状、分布与实验吻合较好，具体数值参见表 4.5。

表 4.5　采用 SDPH 方法的数值模拟结果与实验损伤结果对比

编号	弹丸直径/mm	撞击角度/(°)	撞击速度/(km/s)	防护屏弹孔直径/mm	中心损伤区域宽度/mm	舱壁损伤情况
实验 04-0090	5	0	5.29	11.5	约 50	三处剥落，无穿孔
仿真 04-0090	5	0	5.29	12.1	54	无剥落、穿孔
实验 04-0080	5	0	6.15	12.6	约 50	无剥落、穿孔
仿真 04-0080	5	0	6.15	12.6	62	无剥落、穿孔

由于实验中存在靶板安装和撞击点散布误差引起的碰撞角度误差 $\pm 0.8°$，防护屏弹孔直径的计算结果与实验结果的误差处在合理区间；此外，由于实验中并没有直接给出中心损伤区域宽度，通过实验损伤情况对图片中短尺进行估计，计算结果与其在容许误差内相近；因为数值模拟层裂破坏存在一定困难，我们在计算过程中只考虑了不穿孔和穿孔两种损伤状态，实验中的剥落等层裂损伤状态的仿真有待进一步研究。表 4.5 所列数据表明，采用 SDPH 方法后的计算结果验证了新方法对超高速碰撞问题数值模拟的有效性。

4.5 小　结

在 SPH 方法中，粒子携带计算的所有信息，能够在空间运动，形成了求解流体动力学守恒定律的偏微分方程的计算框架，因此 SPH 通常用于求解连续相流体问题。由于离散颗粒与连续流体性质相差较远，传统 SPH 不能用于离散颗粒相的求解。而近些年发展起来的颗粒动力学模型为颗粒相的 SPH 求解提供了有效途径，因此本章基于颗粒动力学模型，通过增加 SPH 粒子所表征的颗粒的材料属性，推导了 SPH 粒子属性与颗粒属性间的关系式，将 SPH 改造成适于离散相求解的 SDPH 方法，建立了 SPH 粒子与真实颗粒间的一一对应关系。

通过与传统 SPH 的对比及算例验证可以得出以下结论：① SDPH 单粒子可以

表征具有一系列特定粒径分布的真实颗粒群，使得真实颗粒系统采用较少的 SDPH 粒子即可完成计算，从而大大减小了计算量；② 突破了传统 SPH 方法材料属性固定，粒子仅作为几何质点的局限，拓展至具有物理质点特性的范畴，不仅拓展了 SPH 方法的应用范围，同时为 SPH 未来发展指明了一条可行的方向；③ 通过 SDPH 计算所获得的颗粒分布等结果，虽然为“伪”颗粒的结果，但这些颗粒的属性代表真实颗粒的统计物理量，反映了真实颗粒属性的变化过程，完全再现颗粒相的流动变化细节。

为了验证所建立的 SDPH 方法对于颗粒相求解的准确性，本章将 SDPH 方法应用于超高速碰撞领域中模拟碎片云的分布，并选取了三个算例进行了验证，分别为 Couette 流、铝球超高速正碰撞铝薄板和 Whipple 防护结构超高速碰撞算例，同时与相应解析解和其他数值方法解进行了对比。

参 考 文 献

[1] DING J, GIDASPOW D. A bubbling fluidization model using kinetic theory of granular flow[J]. AICHE Journal, 1990, 36(4): 523-538.

[2] GIDASPOW D, BEZBURUAH R, DING J. Hydrodynamics of circulating fluidized beds: Kinetic theory approach [C]. 7th International conference on fluidization, Gold Coast, 1992.

[3] LUN C K K, SAVAGE S B, JEFFREY D J, et al. Kinetic theories for granular flow: inelastic particles in Couette flow and slightly inelastic particles in a general flowfield [J]. Journal of Fluid Mechanics, 1984, 140: 223-256.

[4] CHEN F Z, QIANG H F, GAO W R. Coupling of smoothed particle hydrodynamics and finite volume method for two-dimensional spouted beds[J]. Computer & Chemical Engineering, 2015, 77(9): 135-146.

[5] CHEN F Z, QIANG H F, GAO W R. Numerical simulation of bubble formation at a single orifice in gas-fluidized beds with smoothed particle hydrodynamics and finite volume coupled method [J]. CMES-Computer Modeling in Engineering & Sciences, 2015, 105(1): 41-68.

[6] CHEN F Z, QIANG H F, GAO W R. A coupled SDPH-FVM method for gas-particle multiphase flows: methodology [J]. International Journal for Numerical Methods in Engineering, 2016, 109(1): 73-101.

[7] 陈福振, 强洪夫, 高巍然. 燃料爆炸抛撒成雾及其爆轰过程的 SDPH 方法数值模拟研究 [J]. 物理学报, 2015, 64(11): 110202.

[8] 陈福振, 强洪夫, 高巍然. 风沙运动问题的 SPH-FVM 耦合方法数值模拟 [J]. 物理学报, 2014, 63(13): 130202.

[9] 陈福振, 强洪夫, 高巍然. 气–粒两相流传热问题的光滑离散颗粒流体动力学方法数值模拟 [J]. 物理学报, 2014, 63(23): 230206.

[10] 陈福振, 强洪夫, 高巍然, 等. 固体火箭发动机内气粒两相流动的 SPH-FVM 耦合方法数值模拟 [J]. 推进技术, 2015, 36(2): 175-185.

[11] JOHNSON G R, COOK W H. A constitutive model and data for metals subjected to large strains, high strain rates and high temperatures [C]. Proceedings of the Seventh International Symposium on Ballistics, Hague, 1983.

[12] CAMPBELL C S, BRENNEN C E. Computer simulation of granular shear flows [J]. Journal of Fluid Mechanics, 1985, 151: 167-188.

[13] 强洪夫, 刘开, 陈福振. 基于无滑移边界条件的 SPH 方法研究 [J]. 计算机应用研究, 2012, 29(11): 4127-4130.

[14] MORRIS J P, FOX P J, ZHU Y. Modeling low Reynolds number incompressible flows using SPH [J]. Journal of Computational Physics, 1997, 136(1): 214-226.

[15] HIERMAIER S, KONKE D, STILP A J. Computational simulation of the hypervelocity impact of Al-spheres on thin plates of different materials[J]. International Journal of Impact Engineering, 1997, 20(1): 363-374.

[16] ZHOU C E, LIU G R, LOU K Y. Three-dimensional penetration simulation using smoothed particle hydrodynamics[J]. International Journal of Computational Methods, 2007, 4(4): 671-691.

[17] CHIN G L. Smoothed particle hydrodynamics and adaptive smoothed particle hydrodynamics with strength of materials[D]. Singapore: National University of Singapore, 2001.

[18] YEW C H, GRADY D E, LAWRENCE R J. A simple model for debris clouds produced by hypervelocity particle impact[J]. International Journal of Impact Engineering, 1993, 14: 853-862.

[19] SCHONBERG W P. A first-principles based model characterizing the debris cloud created in a hypervelocity impact[C]. Space Programs & Technologies Conference & Exhibit, Huntsrille, 1994.

[20] 柳森, 李毅, 黄洁, 等. 用于验证数值模拟仿真的 Whipple 屏超高速撞击试验结果 [J]. 宇航学报, 2005, 26(4): 505-508.

[21] 侯日立, 周平, 彭建祥. 冲击波作用下 LY12 铝合金结构毁伤的数值模拟 [J]. 爆炸与冲击, 2012, 32(15): 470-474.

[22] 徐金中. 基于 SPH 方法的空间碎片超高速碰撞特性及其防护结构设计研究 [D]. 长沙: 国防科技大学, 2008.

第5章　SDPH-FVM 耦合框架及其实现

描述流体流动主要有两种方法：拉格朗日方法和欧拉方法，两种方法在不同体系框架下进行计算，分别着眼于流体质点和流动空间。而 SPH 和 FVM 即分别属于这两种不同方法。传统求解气–粒两相流问题的 Euler-DPM 或 Euler-DEM 方法虽然属于 Lagrange 与 Euler 之间的耦合，但由于需要对颗粒相的每一颗粒建立运动方程，颗粒相的计算属于 Lagrange 质点动力学范畴，颗粒脱离连续相作为独立的物质存在，两相间采用质量、动量、能量“分”与“汇”的形式进行耦合，虽然较为直接，但不适合于稠密颗粒体的描述。本书论述采用 SPH 方法对颗粒相进行求解，可以克服离散相体积分数受限的问题，但与质点动力学不同，SPH 方法属于基于连续介质力学的拉格朗日流体动力学方法，因此，需要建立新的拉格朗日粒子法–欧拉网格法耦合框架。

双流体模型 (TFM) 又称为颗粒相拟流体模型，不仅气体相采用宏观连续介质力学求解，颗粒相同样等效为宏观连续的流体。对于颗粒相控制方程的封闭经历了常黏度模型、经验模型、摩擦–动力学模型和颗粒动力学模型四个阶段。颗粒动力学作为逐渐成熟的理论，通过严格的颗粒动力学推导过程明确黏度的具体物理意义，应用最为广泛。由于基于颗粒动力学模型的颗粒相求解可以与连续相的求解建立很好的连接，目前各类商业软件中的 TFM 均为基于颗粒动力学基础的。第 4 章基于颗粒动力学模型将 SPH 改造成了适于离散相求解的 SDPH 方法，本章在此基础上阐述采用 SDPH 方法和 FVM 方法分别对 TFM 中的离散相和连续相进行求解，建立 SDPH 与 FVM 间耦合的框架，该耦合框架适用于所有基于连续介质流体动力学的拉格朗日粒子法–欧拉网格法之间的耦合。

本章首先回顾基于颗粒动力学模型的 TFM，采用 SDPH 方法和 FVM 方法对该模型进行离散，推导出 SDPH 和 FVM 离散方程组，搭建 SDPH 与 FVM 耦合框架，并与现有模型框架进行对比分析；其次，通过控制方程的源项作用及体积分数数值的交换，实现 SDPH 与 FVM 两种算法间双向数据传递，建立耦合算法流程； 最后，通过将 SDPH-FVM 耦合方法应用于一维分层颗粒沉降基础问题的数值模拟，进一步验证方法的准确性和实用性。

5.1　求解双流体模型的 SDPH 与 FVM 离散方法

5.1.1　颗粒相求解的 SDPH 方法

对于颗粒相可近似看成不可压缩拟流体，在计算颗粒相内部黏性耗散和热传导时，由于二阶导数在计算时精度不高，并且粒子秩序较差，因此这里采用 Cleary 等 [1] 在模拟热传导时使用的方法，Morris 等 [2] 也应用此方法来近似黏性项，模拟低雷诺数不可压缩流动问题，并将该方法表述为有限差分法与 SPH 一阶导数相结合的方法。由此可得，颗粒相守恒方程式 (2.9)~ 式 (2.11)、式 (2.13) 的 SDPH 离散方程组为

$$\frac{\mathrm{d}\rho_i}{\mathrm{d}t}=\sum_{j=1}^{N}m_j\boldsymbol{v}_{ij}\cdot\nabla_iW_{ij} \tag{5.1}$$

$$\frac{\mathrm{d}\boldsymbol{v}_i}{\mathrm{d}t}=-\sum_{j=1}^{N}m_j\left(\frac{\sigma_i}{\rho_i^2}+\frac{\sigma_j}{\rho_j^2}+\prod_{ij}\right)\nabla_iW_{ij}-\frac{\nabla P}{\rho_p}+\boldsymbol{g}+\boldsymbol{R'}_{gp}^{\mathrm{sdph}}+\frac{\boldsymbol{f}_i^{bp}}{\rho_i} \tag{5.2}$$

$$\begin{aligned}\frac{\mathrm{d}\theta_{pi}}{\mathrm{d}t}=\frac{2}{3}\Bigg[&\frac{1}{2}\sum_{j=1}^{N}m_j\boldsymbol{v}_{ji}\left(\frac{\sigma_i}{\rho_i^2}+\frac{\sigma_j}{\rho_j^2}-\prod_{ij}\right)\nabla_iW_{ij}\\&+\sum_{j=1}^{N}m_j\left(\frac{k_p(\nabla\theta_p)_i}{\rho_i^2}+\frac{k_p(\nabla\theta_p)_j}{\rho_j^2}\right)\nabla_iW_{ij}-N_c\theta_{pi}-\phi_{gp}\Bigg]\end{aligned} \tag{5.3}$$

$$\frac{\mathrm{d}h_{p,i}}{\mathrm{d}t}=-\sum_{b}\frac{4m_j}{\rho_i\rho_j}\frac{\alpha_{p,i}k_i\alpha_{p,j}k_j}{\alpha_{p,i}k_i+\alpha_{p,j}k_j}(T_i-T_j)\frac{\boldsymbol{r}_{ij}\cdot\nabla_iW_{ij}}{\boldsymbol{r}_{ij}^2+\eta^2}+\frac{\varepsilon(T_g-T_p)}{\alpha_p\rho_p} \tag{5.4}$$

式中，应力 $\sigma=-p_p\boldsymbol{I}+\boldsymbol{\tau}_p$，正压力的计算不同于传统 SPH 使用的弱可压缩状态方程，采用颗粒动力学的压力项计算方法，公式为式 (4.42)；黏性项公式为式 (4.43) 和式 (4.44)；$\boldsymbol{f}_i^{bp}$ 为壁面力；ρ_i 为 SDPH 粒子 i 的密度 (即颗粒相有效密度)；ρ_p 为颗粒的实际密度；速度矢量 $\boldsymbol{v}_{ij}=\boldsymbol{v}_i-\boldsymbol{v}_j$。

由于 SDPH 粒子表征一系列具有一定粒径分布的颗粒，因此作用于 SDPH 粒子上单位质量曳力 $\boldsymbol{R'}_{gp}^{\mathrm{sdph}}$ 及对流换热量 $\varepsilon_{gp}^{\mathrm{sdph}}$ 为

$$\boldsymbol{R'}_{gp}^{\mathrm{sdph}}=\frac{F_{\mathrm{SDPH}}}{m_{\mathrm{SDPH}}}=\frac{\sum\limits_{k=1}^{N}\boldsymbol{R'}_{gp}^{k}m_k}{\sum\limits_{k=1}^{N}m_k} \tag{5.5}$$

$$\varepsilon_{gp}^{\mathrm{sdph}}=\frac{\phi_{\mathrm{SDPH}}}{m_{\mathrm{SDPH}}}=\frac{\sum\limits_{k=1}^{N}\varepsilon_{gp}^{k}m_k}{\sum\limits_{k=1}^{N}m_k} \tag{5.6}$$

式中，

$$m_k = \rho_d \left(\frac{\pi d_d^2}{4} \right) (\text{二维}) \tag{5.7}$$

$\boldsymbol{R}'^k_{gp}$ 为作用于颗粒 k 上的曳力；ε_{gp}^k 为作用于颗粒 k 上的对流换热量；N 为 SDPH 粒子所表征的颗粒的数量。

5.1.2　气体相求解的 FVM 方法

对于 FVM，在空间离散的四边形网格上构造控制体。气体相守恒方程式 (2.1) 和式 (2.2) 在控制体上构造的动力学平衡方程如下：

$$\frac{\partial}{\partial t} \int_V \alpha_g \rho_g \mathrm{d}V + \oint_S \alpha_g \rho_g (\boldsymbol{v}_g \cdot \boldsymbol{n}) \mathrm{d}S = 0 \tag{5.8}$$

$$\begin{aligned} &\frac{\partial}{\partial t} \int_V \alpha_g \rho_g \boldsymbol{v}_g \mathrm{d}V + \oint_S \alpha_g \rho_g \boldsymbol{v}_g (\boldsymbol{v}_g \cdot \boldsymbol{n}) \mathrm{d}S \\ &= -\oint_S \alpha_g P_g \cdot \boldsymbol{I} \cdot \boldsymbol{n} \mathrm{d}S + \oint_S \boldsymbol{\tau}_g \cdot \boldsymbol{n} \mathrm{d}S + \int_V (\boldsymbol{R}_{gp} + \alpha_g \rho_g \boldsymbol{g}) \mathrm{d}V \end{aligned} \tag{5.9}$$

式中，$\boldsymbol{I}$ 为单位矩阵；V 为流体所占据体积；S 为占据体积边界的面积；$\boldsymbol{n}$ 为垂直于面 S 的单位法向量。方程式 (5.8) 和式 (5.9) 计算所得的解在交错网格上获得，如图 5.1 所示。压力、密度、黏度、拟温度、焓值及其他离散颗粒属性都定义在网格中心处，速度的水平分量定义于垂直网格面的中心，速度的垂直分量则定义于水平网格面的中心位置。

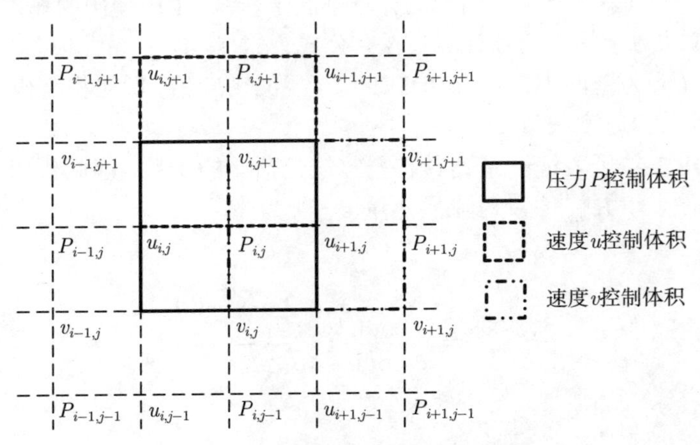

图 5.1　FVM 交错网格示意图

方程式 (5.8) 和式 (5.9) 的有限体积离散式如下：

$$\frac{(\alpha_g \rho_g \Delta V)^{n+1} - (\alpha_g \rho_g \Delta V)^n}{\Delta t} + \sum_{\text{faces}} \alpha_g \rho_g (\boldsymbol{v}_g \cdot \boldsymbol{n}) \Delta S = 0 \tag{5.10}$$

$$\frac{(\alpha_g\rho_g\boldsymbol{v}_g\Delta V)^{n+1}-(\alpha_g\rho_g\boldsymbol{v}_g\Delta V)^n}{\Delta t}+\sum_{\text{faces}}(\alpha_g\rho_g\boldsymbol{v}_g(\boldsymbol{v}_g\cdot\boldsymbol{n})\Delta S)^n$$
$$=-\sum_{\text{faces}}(\alpha_g P_g\cdot\boldsymbol{I}\cdot\boldsymbol{n}\Delta S)^{n+1}+\sum_{\text{faces}}(\boldsymbol{\tau}_g\cdot\boldsymbol{n}\Delta S)^n+(\boldsymbol{R}_{gs}+\alpha_g\rho_g\boldsymbol{g})^n\Delta V \quad (5.11)$$

方程组采用基于压力–速度耦合的压力耦合方程组的半隐式算法 (semi-implicit method for pressure-linked equations，SIMPLE)[3,4] 求解。该算法的主要思想即首先在交错网格的压力网格点上给定压力的初始近似值，相应地在速度网格点上给定速度近似值，由动量方程式求出下一时刻速度的估计值，而后代入压力修正公式，解出所有内部网格点上的压力修正值，进而求得下一时刻的压力值，用该值重新求解动量方程，迭代直至收敛。

5.2 SDPH-FVM 耦合框架及算法流程

5.2.1 SDPH-FVM 耦合框架

第 4 章基于颗粒动力学阐述了适于离散颗粒相求解的 SDPH 方法，在该方法中将颗粒相等效为拟流体。而在 TFM 中，颗粒相同样类比于拟流体来进行求解。因此，基于 TFM 可以建立 SDPH 与 FVM 间耦合的桥梁。

图 5.2 列出了现有的五种不同方法的耦合框架示意图。可以看出，在 Euler-Euler 方法中，颗粒相的密度由颗粒的体积分数描述，无法得到单颗粒的信息。在 Euler-DPM/DEM 方法中，离散颗粒直接由颗粒来表征，颗粒间碰撞的结果通过概率模型计算得到，对于软球模型来说，通过计算接触过程中颗粒的变形历史计算接触力，计算量大，对于硬球模型来说，假定颗粒间的相互作用为二元的且瞬时发生，造成体积分数使用受限。为了得到小尺度上的微观特征量，在 Lagrange-Lagrange 耦合方法中，气体相同样离散为一系列拉格朗日粒子，造成更大的计算消耗。而在新的方法中，引入 SPH 粒子去表征一系列具有一定粒径分布特性的颗粒群，同时不同于传统的 SPH 方法，将其改造为适用于离散相求解的 SDPH 方法。在该方法中，颗粒的脉动速度通过拟温度来表征，同时颗粒相的压力和黏性应力也与该拟温度值密切相关。与 TFM 形成鲜明对比，该方法可以获得单颗粒的所有信息。另外，不同于 PIC 方法，SPH 不需要背景网格来计算空间导数，颗粒压力梯度完全采用拉格朗日方式来求解。对于颗粒相，该方法不仅可以保持宏观流体动力学的特性，颗粒间的差异同样可以由拉格朗日粒子方法再现。另外，大量的离散颗粒可以由少量的 SPH 粒子进行表征，从而大幅度减小计算量，可以有效地用于实际应用中气–粒多相流动问题的数值模拟。

这里基于 TFM 建立的耦合框架不仅适用于 SDPH 与 FVM 之间的耦合，同时对于其他所有基于连续介质流体动力学的拉格朗日粒子法与欧拉网格法之间的耦合同样适用，耦合方法均可用于气–粒两相流动问题的有效求解，为气–粒两相流问题的研究提供了一类新的数值方法。

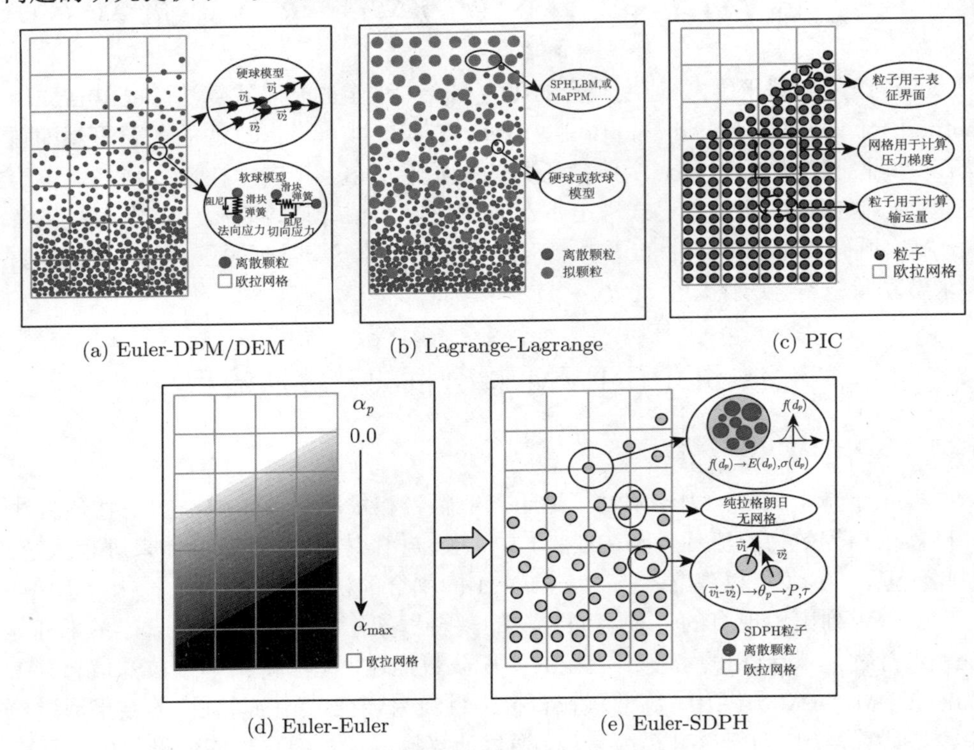

(a) Euler-DPM/DEM　(b) Lagrange-Lagrange　(c) PIC

(d) Euler-Euler　(e) Euler-SDPH

图 5.2　不同方法耦合框架对比

5.2.2　SDPH-FVM 耦合算法流程

气体中的颗粒受到气流的作用而运动，同时，伴随着颗粒轨迹的计算，颗粒沿程的质量、动量及能量的获取或损失同样作用到随后的连续相的计算中。因此，在连续相影响离散相的同时，离散相同样对连续相产生着反作用，交替求解离散相与连续相控制方程，直到二者均收敛，这样便实现了两相的双相耦合计算。对于 SDPH-FVM 耦合方法，曳力、气相压力和从连续相获取的能量源项是连续相作用于离散相的主要参量。

相应地，颗粒相对连续相的曳力反作用、热传递及由 SDPH 方法计算得到的颗粒相与连续相的体积分数为 SDPH 对 FVM 间的数据传递项。SDPH 与 FVM 间数据交换主要采用以下方式：网格节点处的速度 $\boldsymbol{v}_g$ 采用核函数插值到 SDPH 粒子 i 所在的位置处，得到该处的虚拟速度值 $\boldsymbol{v}_{g,i}$，如图 5.3(a) 所示，进而利用该速度值计算得到 SDPH 粒子所受到的气场曳力。采用同样的方式计算得到 SDPH 粒子所受到的气场压力及热传导作用。为避免边界处由于粒子缺失造成的计算误差，采用 Randles 等 [5] 的方法进行修正：

$$f(\boldsymbol{r}_p)=\frac{\sum_g \frac{m_g}{\rho_g} f(\boldsymbol{r}_g) W_{pg}(\boldsymbol{r}_p-\boldsymbol{r}_g, h)}{\sum_g \frac{m_g}{\rho_g} W_{pg}(\boldsymbol{r}_p-\boldsymbol{r}_g, h)} \tag{5.12}$$

SDPH 粒子得到气相的曳力、压力以及能量等源项作用后，计算更新自身的速度、密度、温度、拟温度和压力等信息。随后将 SDPH 粒子更新后的速度和温度采用同样的核函数插值的方式插值到各网格节点上，如图 5.3(b) 所示。有限体积程序利用该速度和温度值计算出网格节点所受到的曳力及热传导作用，进而采用基于压力–速度耦合的 SIMPLE 算法迭代求解流场的压力、速度及温度，在迭代的过程中气体流场的速度和温度值不断进行更新，而 SDPH 粒子插值到网格节点的虚拟速度和温度值保持不变，直至收敛。图 5.3 为网格与粒子的速度插值示意图，温度值、压力梯度以及体积分数值插值方法与之相同。

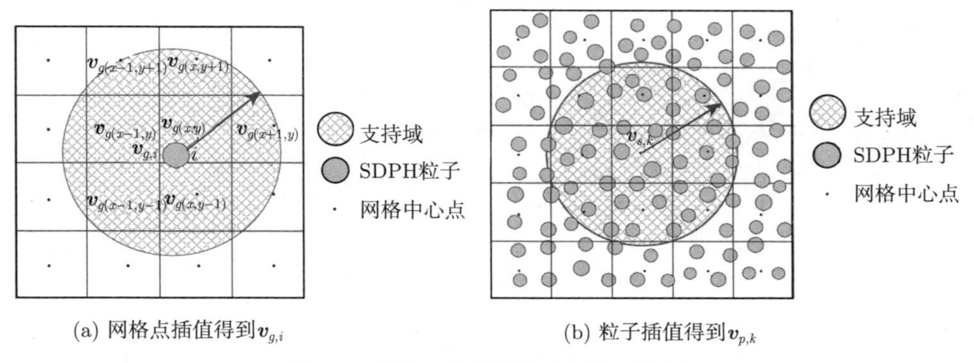

(a) 网格点插值得到$\boldsymbol{v}_{g,i}$ (b) 粒子插值得到$\boldsymbol{v}_{p,k}$

图 5.3 网格和粒子间数据插值示意图

另一个重要的参数气体相体积分数 α_p 由 SDPH 计算得到。由前面 4.2 节介绍可知，SDPH 粒子的密度即颗粒相的有效密度，由此可以计算出颗粒 i' 的体积分数为

$$\alpha_{pi'}=\frac{\rho_{\mathrm{SDPH}}}{\rho_p} \tag{5.13}$$

进而可得到颗粒 i' 处气体相的体积分数值为

$$\alpha_{gi'}=1-\frac{\rho_{\mathrm{SDPH}}}{\rho_p} \tag{5.14}$$

再利用该数值采用核函数插值的方式计算得到各网格节点处气体相的体积分数值。SDPH-FVM 耦合方法的流程如图 5.4 所示。

设定时间积分时，对于 FVM，采用压力–速度耦合的 SIMPLE 算法求解连续相流动问题，该算法属于隐式时间积分法，对时间步长要求较低，因此 FVM 模块采用定时间步长，在每一时间步内，气体的压力和速度值迭代求解直至收敛。对于 SDPH 来说，通常采用基于蛙跳格式的显示时间积分方法，应用 CFL 条件对时间步长进行估计。由于 SDPH 计算得到的时间步长通常小于 FVM 设定的时间步长，因此耦合方法的主程序由 FVM 模块控制。当 FVM 的一个时间步长 ΔT_{FVM} 内 SDPH 累计时间大于该步长时，SDPH 停止计算，FVM 开始一个新的时间步长内迭代求解，具体如图 5.4 所示。

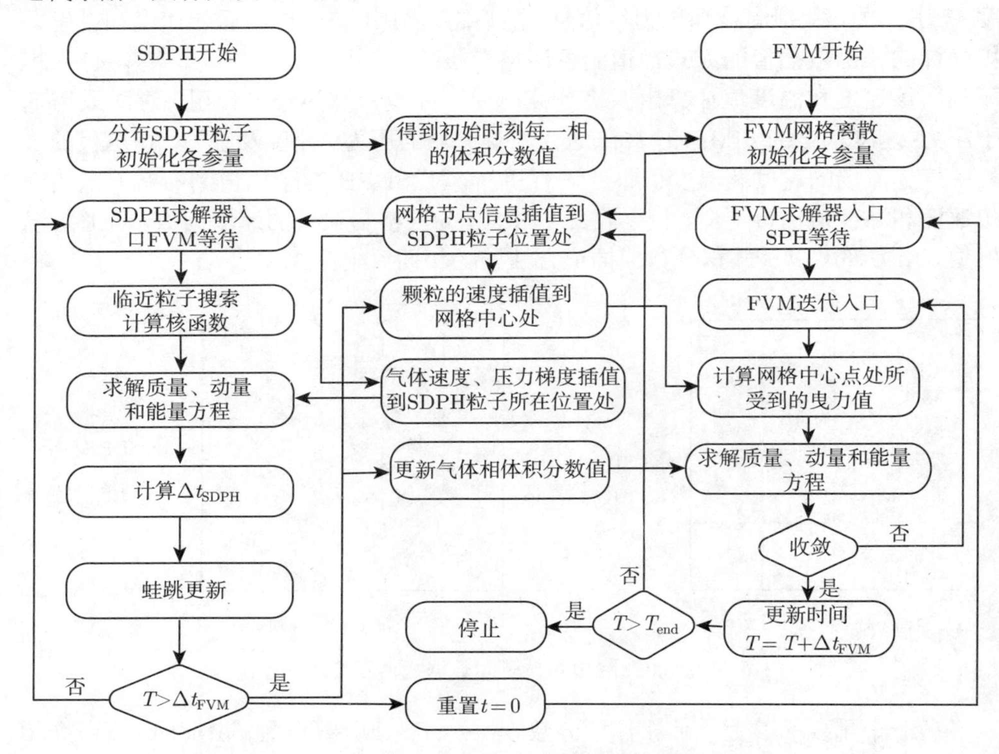

图 5.4　SDPH-FVM 耦合算法流程

5.2.3　边界条件

对 SDPH-FVM 耦合方法边界条件采用对各方法分别施加的方式。

1. SDPH 边界条件

SPH 作为无网格方法，由于在边界处粒子缺失，不满足 Kronecker delta 函数条件，不能像 FVM 直接将界面力施加在边界点上，因此边界条件对于 SPH 求解是一个难点。对于 SDPH 方法采用 3.5.1 小节介绍的罚函数法来对 SDPH 方法施加接触边界条件，具体公式见式 (3.55)。

2. FVM 边界条件

FVM 作为网格方法边界施加较为简单，这里仅介绍特定边界条件的初始设定。沿着壁面边界对气体相施加无滑移边界条件 $u_{gx} = u_{gy} = u_{gz} = 0$。

本书各章节入口和出口边界条件根据具体算例施加，如根据具体算例可设定入口为速度入口边界，气体沿入口法线方向流入流场中；在出口处，施加流动出口边界条件，即速度梯度为零，$\partial u_x / \partial x = 0$，等等。

5.3 一维分层颗粒沉降算例验证

在 4.4.1 小节阐述的 Couette 流算例中，忽略了气体相对颗粒相的作用，同时忽略颗粒重力的影响，主要对颗粒受外部剪切力作用下的运动问题进行了数值验证。在本算例中，重点针对本章所阐述的 SDPH-FVM 方法进行验证，对重力等外部体积力起主导作用下方法的可行性进行分析。容器上部为稠密的流体–颗粒两相流，下部为轻质的单相流体，颗粒在重力的驱动下向下部运动，最终沉降在容器的底部。由于沉降问题对于初始扰动非常敏感，很小的扰动在很短的时间内将会拓展至整个体系，尤其对于维数较高的数值模拟。这就要求数值算法必须具有较高的收敛性，本节选取一维沉降问题对新方法的精度和稳定性进行验证。

表 5.1 列出了该算例中的参数。颗粒尺寸均匀分布，在上部容器内颗粒相体积分数为 0.2。Andrews 等 [6] 针对一维沉降问题给出了相应的解析解，其中所作假设有如下几个：① 为获得稳定的解析解，界面曳力系数取为 $C_d = (24/\mathrm{Re})\,\alpha_f^{-2.65}$；② 使用滑移通量计算得到一组非线性差分方程的解；③ 处于膨胀混合层底部的颗粒，体积分数值趋近于零，以接近斯托克斯自由沉降速度 0.1m/s 向下沉降；④ 在流–粒混合相的顶部，体积分数值基本恒定。由此，膨胀层内颗粒的体积分数具有以下特征解：

$$\theta_p = \begin{cases} \alpha_{-\infty}, & x < v\left(\alpha_{-\infty}\right)t \\ v^{-1}\left(x/t\right), & v\left(\alpha_{-\infty}\right)t \leqslant x \leqslant v\left(\alpha_{+\infty}\right)t \\ \alpha_{+\infty}, & x > v\left(\alpha_{+\infty}\right)t \end{cases} \tag{5.15}$$

式中，

$$v = \frac{g\left(\alpha_f\right)^n}{D_p}\left[\left(2+n\right)\alpha_p - 1\right] \tag{5.16}$$

方程 (5.15) 为阶跃函数，对于斯托克斯流动，$n = 1$，对于具有阻抗作用的斯托克斯流动来说，$n = 3.65$。

表 5.1　一维沉降问题中参数设置

参数	描述	值
$\rho_g/(\mathrm{kg/m^3})$	流体密度	1.0
$\mu_g/(\mathrm{Pa\cdot s})$	流体黏性	0.02
$\rho_p/(\mathrm{kg/m^3})$	颗粒密度	1000
d_p/m	颗粒直径	0.0001
α_p	初始颗粒相体积分数	0.2
H_p/m	沉降体高度	1.0
$\rho_{\mathrm{SDPH}}/(\mathrm{kg/m^3})$	SDPH 粒子密度	200
$\Delta r_{\mathrm{SDPH}}/\mathrm{m}$	SDPH 粒子间距	0.01
n	SDPH 表征的颗粒数量	2000
d_{av}/m	SDPH 表征的颗粒粒径均值	0.0001
σ	SDPH 表征的颗粒粒径方差	0
h/m	SDPH 光滑长度	0.15

图 5.5 为数值模拟得到的特定时刻颗粒体积分数值分布情况。可以看出，位置 C 处的颗粒以接近斯托克斯自由沉降速度 0.1m/s 的速度下沉，在 5s 时刻到达容器底部，数值计算准确预测到了膨胀混合层的存在；在 B 点，颗粒的体积分数为 0.2，从式 (5.15) 计算得到的分布特性来看，混合边界层以 0.00576m/s 的速度向上移动，新方法同样捕捉到了该特性；在流–粒混合相的上部边界 A，颗粒在 $0.0443\theta_f s$ 开始沉降，数值计算准确预测到了这种运动冲击现象。然而与解析解不同的是，SDPH-FVM 耦合方法计算得到了颗粒体积分数在 A 区域的谐波变化特性，解析解无法获得该现象。因为 A 与 B 之间颗粒的体积分数具有相互依赖性，

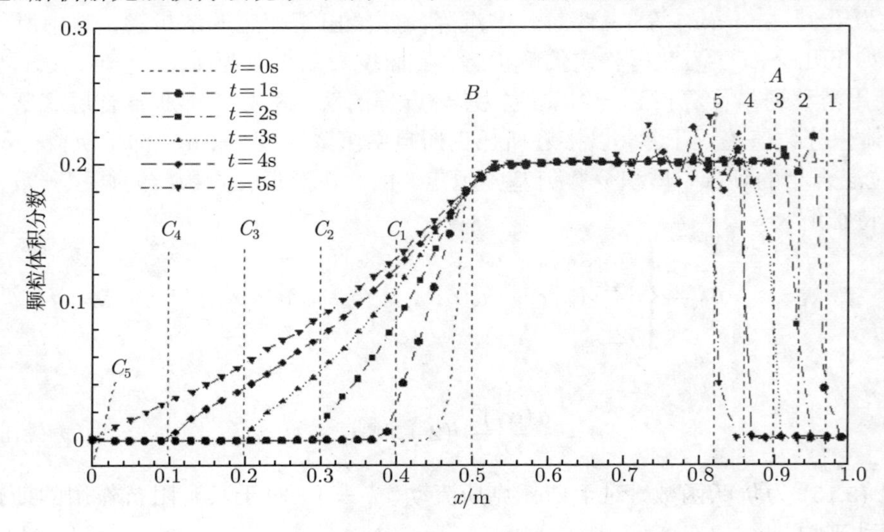

图 5.5　不同时刻颗粒体积分数分布

线性解不适用。由文献 [7] 分析得到，对于上部密度高于下部流体的问题，三维求解较为困难，因为无论是物理扰动还是数值扰动，都将造成计算的不稳定。而 SDPH-FVM 耦合方法的一维算例验证，表明在高收敛条件下，求解格式的改进可以消除扰动，避免不稳定现象的出现。同时，SDPH-FVM 耦合方法数值结果与 Snider[7] 采用多相质点网格法 (multiphase particle-in-cell，MP-PIC) 计算结果完全吻合，证明了新方法求解精度较高。再者，该算例中每个 SDPH 粒子表征 2000 个真实颗粒，也大大减小了计算量。

5.4 小　结

本章在提出基于颗粒动力学的 SDPH 方法的基础上，分别采用 SDPH 方法和 FVM 对 TFM 模型中的离散相和连续相进行求解，推导了 SDPH 和 FVM 离散方程组，搭建了 SDPH 与 FVM 耦合框架，实现了 SDPH 与 FVM 耦合算法流程。

通过与现有其他四种算法的耦合框架进行对比，可以发现，SDPH-FVM 耦合方法不仅具有 TFM 的优点 —— 计算量小，获取颗粒相宏观特性，满足大体积分数计算等，同时兼有 DPM 的优点 —— 真实再现物理过程，捕获颗粒信息，适于引入颗粒蒸发、燃烧、聚合、破碎等模型，解决现有模型求解气–粒两相流问题遇到的难题。通过对颗粒的气力输送过程的数值模拟，并与实验进行对比，验证了新方法具有较高的精度和实用性。

参考文献

[1] CLEARY P W, MONAGHAN J J. Conduction modelling using smoothed particle hydrodynamics [J]. Journal of Computational Physics, 1999, 148(1): 227-264.

[2] MORRIS J P, FOX P J, ZHU Y. Modeling low Reynolds number incompressible flows using SPH [J]. Journal of Computational Physics, 1997, 136(1): 214-226.

[3] PARANKAR S V. Numerical heat transfer and fluid flow [M]. New York: Hemisphere, 1980.

[4] ANDERSON J D. Computational fluid dynamics: The basic and applications [M]. New York: McGraw-Hill, 1995.

[5] RANDLES P W, LIBERSKY L D. Smoothed particle hydrodynamics: some recent improvements and applications [J]. Computer Methods in Applied Mechanics and Engineering, 1996, 139(1-4): 375-408.

[6] ANDREWS M J, O'ROURKE P J. The multiphase particle-in-cell (MP-PIC) method for dense particulate flows [J]. International Journal of Multiphase Flow, 1996, 22(2): 379-402.

[7] SNIDER D M. An incompressible three-dimensional multiphase particle-in-cell model for dense particle flows [J]. Journal of Computational Physics, 2001, 170(2): 523-549.

第 6 章 含颗粒蒸发、燃烧模型的 SDPH-FVM 耦合方法

固体火箭发动机中铝颗粒燃烧要经历结团、着火、蒸发、燃烧等过程，与外部气流场之间频繁发生传质、传热现象，高温熔融状态的铝有一部分蒸发以气相燃烧的形式进行化学反应，另一部分则在颗粒表面进行着非均相化学反应；不仅颗粒表面向外流出铝流量，同时反应生成的燃烧产物又附着在铝颗粒的外部，液滴直径与燃烧速率伴随着两个过程的进行而不断发生着改变。同时，铝颗粒的燃烧不仅涉及化学反应，同时涉及颗粒的相变、凝聚等，求解过程非常复杂，现有数值方法均较难解决。另外，类似的过程如凝胶发动机内的单滴燃烧、燃煤锅炉内颗粒的燃烧、液固复合燃料空气炸药的燃烧爆炸及工业生产中各类粉尘颗粒的爆炸等同样涉及复杂颗粒的蒸发和燃烧问题。因此，亟需研究新的数值模拟方法解决此类问题。

SDPH-FVM 耦合方法作为一种新的求解气–粒两相流问题的数值方法，结合了拉格朗日无网格法和欧拉网格法在各自领域内求解的优势，有效克服了现有方法的缺陷，具有较好的应用前景。第 4、5 章分别对 SDPH 方法及 SDPH-FVM 耦合方法进行了详细的论述和介绍，本章在此基础上，通过引入描述颗粒蒸发与燃烧过程的物理化学模型，阐述考虑颗粒化学反应的 SDPH-FVM 耦合新方法。首先介绍了颗粒的蒸发模型、气相及颗粒相燃烧模型以及用于描述气相爆轰过程的物理模型，通过控制方程源项作用描述相间的传质与传热；其次通过物质组分输运方程，更新传质后各物质的组分分布，建立了含颗粒蒸发与燃烧模型的耦合新方法，对算法流程进行了阐述；最后设计了相应算例进行了数值验证。

6.1 颗粒蒸发模型

颗粒的燃烧可以分为两种不同的形式：一种为颗粒蒸发成气相，以气相燃烧的形式进行；另一种为直接在颗粒表面，由氧化物向颗粒表面扩散的形式进行燃烧。对于第一种燃烧形式，需要首先引入颗粒的蒸发模型。本书采用液滴蒸发传质定律计算颗粒蒸发过程，即当颗粒温度达到其蒸发温度 $T_{\rm vap}$ 时，蒸发过程开始，并一直保持到颗粒温度达到其沸腾温度 $T_{\rm bp}$ 或者到颗粒的可蒸发部分完全析出才停止，即

$$T_{\rm vap} \leqslant T_p \leqslant T_{\rm bp} \text{ 且 } m_p > (1 - f_{v,0})\, m_{p,0} \tag{6.1}$$

本书算例中假设颗粒可完全蒸发，即 $f_{v,0}=1.0$，其沸腾温度相对较高，颗粒无法达到该温度值。颗粒的蒸发量由梯度扩散值确定，即颗粒向气相中的扩散率和颗粒与气流主流之间的蒸气浓度梯度相关联：

$$N_i = k_i\left(C_{i,p} - C_{i,g}\right) \tag{6.2}$$

式中，N_i 为蒸气的摩尔流率 $(\mathrm{kmol\cdot m^{-2}\cdot s^{-1}})$；$k_i$ 为传质系数 (m/s)；$C_{i,p}$ 为颗粒表面的蒸气浓度 $(\mathrm{kg\cdot mol/m^3})$；$C_{i,g}$ 为气相主流的蒸气浓度 $(\mathrm{kg\cdot mol/m^3})$。如果 N_i 为正值，表明颗粒处于蒸发状态；如果 N_i 为负值，则表明颗粒处于凝结状态，此时，将该颗粒视为惯性颗粒，将 N_i 调整为 0。颗粒表面的蒸气分压假定为颗粒温度 T_p 所对应的饱和压力 p_{sat}，而此时的蒸气浓度为对应此分压的浓度：

$$C_{i,p} = \frac{p_{\mathrm{sat}}\left(T_p\right)}{RT_p} \tag{6.3}$$

对于第 i 个组分，主流蒸气浓度由组分输运方程 [式 (6.25)] 求解得到。对于非预混及部分预混燃烧，蒸气浓度通过查找概率密度函数表格得到：

$$C_{i,g} = X_i\frac{p_{\mathrm{op}}}{RT_g} \tag{6.4}$$

式中，X_i 为第 i 个组分的当地气体体积摩尔分数；p_{op} 为操作压强；T_g 为当地气体体积平均温度。

式 (6.2) 中的传质系数由努塞尔关联式求得：

$$\mathrm{Nu}_{AB} = \frac{k_c d_p}{D_{i,m}} = 2.0 + 0.6\mathrm{Re}_d^{1/2}\mathrm{Sc}^{1/3} \tag{6.5}$$

式中，$D_{i,m}$ 为蒸气扩散系数 $(\mathrm{m^2/s})$；Sc 为施密特数，$\mathrm{Sc}=\mu/(\rho D_{i,m})$；$d_p$ 为颗粒直径，由此得颗粒的质量消耗为

$$\frac{\mathrm{d}m_p}{\mathrm{d}t} = -N_i A_p M_{w,i} = -N_i\frac{6\alpha_p}{d_p} \tag{6.6}$$

式中，$M_{w,i}$ 为 i 组分的摩尔质量 (kg/mol)；m_p 为颗粒质量 (kg)；A_p 为颗粒的表面积 $(\mathrm{m^2})$。

由于颗粒蒸发会造成相应的动量和能量的变化，由此得到的变化值作为源项施加到相应的动量方程和能量方程中，动量的变化量为

$$\frac{\mathrm{d}\boldsymbol{v}_i}{\mathrm{d}t} = \frac{\mathrm{d}m_{p,i}}{\mathrm{d}t}\boldsymbol{v}_i \tag{6.7}$$

能量的变化量为

$$\frac{\mathrm{d}h_i}{\mathrm{d}t} = \frac{\mathrm{d}m_{p,i}}{\mathrm{d}t}h_{\mathrm{fg}} \tag{6.8}$$

式中，h_{fg} 为颗粒的汽化潜热 (J/kg)。

6.2　气相及颗粒相燃烧模型

将颗粒的燃烧过程分为颗粒蒸发和蒸发后气体燃烧两步反应进行，颗粒的蒸发采用液滴蒸发传质定律描述，如 6.1 节所述。气体的燃烧化学反应机理较为复杂，这里采用单步不可逆反应模型。例如，假设蒸发后的气相组分为铝蒸气，在充足的氧气下完全燃烧。对于铝蒸气–空气预混气体的燃烧，单步不可逆反应可表示为

$$4\mathrm{Al} + 3\mathrm{O_2} = 2\mathrm{Al_2O_3} \tag{6.9}$$

对湍流燃烧采用 EBU-Arrhenius 模型 [1]。该模型认为，化学反应的平均速率与化学反应动力学无关，而仅取决于低温的反应物和高温的燃烧产物之间的湍流混合作用，对时均反应速率取 ω_t 和 ω_A 两者中较小的一个，如下式：

$$\bar{\omega} = \min(\omega_t, \omega_A) \tag{6.10}$$

式中，ω_t 为基于 k-ε 湍流模型计算的湍流化学反应速率，取决于已燃和未燃气体微团破碎速率中的较小值，分别为

$$\omega_{t1} = -v_i M_i A\rho \frac{\varepsilon}{k} \frac{m_R}{v_R M_R} \tag{6.11}$$

$$\omega_{t2} = -v_i M_i AB\rho \frac{\varepsilon}{k} \frac{\sum_i m_i}{\sum_i v_i M_i} \tag{6.12}$$

ω_A 为基于 Arrhenius 公式计算的平均化学反应速率，如下式：

$$\omega_A = v_i M_i A_r T_r^B \exp[-E_r/(RT)] \prod_i X_i^{\eta_i} \tag{6.13}$$

对于燃烧过程直接发生在颗粒表面的反应来说，机理较为复杂，很多学者根据不同的实验现象及不同的过程假设提出了众多物理模型，如描述铝颗粒燃烧的 D^2 模型 [2]，Law 模型 [3]、Liang-Beckstead 模型 [4]、Fick 定律和 Fourier 定律 [5] 等，描述煤粉颗粒燃烧的扩散控制反应速率模型、动力学/扩散控制反应速率模型、内部控制反应速率模型以及多表面反应模型 [6] 等。本书重点对含颗粒蒸发燃烧及表面燃烧过程的 SDPH-FVM 方法的算法实现进行论述，对模型的选择不做过多研究，下一步采用该方法对特定领域问题进行模拟计算时选择特定模型即可。这里采用描述颗粒燃烧的一级混合速率反应模型 [7] 进行算法实现。该模型假定颗粒处于层流边界层内，气体氧化剂穿越该边界层扩散到颗粒的表面发生异相氧化燃烧反

应，当反应速率达到很高时，颗粒的燃烧速率取决于氧气透过边界层向内部扩散的速率：

$$q = K_d \left(P_g - P_p\right) \tag{6.14}$$

式中，q 为颗粒单位外层表面积消耗率 $(\mathrm{kg \cdot m^{-2} \cdot s^{-1}})$；$P_g$ 为颗粒周围氧气的分压力 $(\mathrm{N \cdot m^{-2}})$；$P_p$ 为颗粒表面氧气的分压力 $(\mathrm{N \cdot m^{-2}})$；$K_d$ 为扩散速率系数，表达式为

$$K_d = \frac{24\phi D}{d_p R T_{\mathrm{m}}} \tag{6.15}$$

式中，ϕ 为机制因数，与生成的产物相关，当发生完全氧化反应时 (如生成 CO_2)，$\phi = 1$；当发生不完全氧化反应时 (如生成 CO)，$\phi = 2$；R 为通用气体常量，取 8314.3 J/(kmol · K)；T_{m} 为颗粒的平均温度；d_p 为颗粒直径；D 为扩散系数。基于实验数据，当 $\phi = 2$ 时，K_d 采用以下表达式：

$$K_d = 5.06 \times 10^{-7} \frac{T_{\mathrm{m}}^{0.75}}{d_p} \mathrm{kg \cdot m^{-2}} / \left(\mathrm{N \cdot m^{-2}}\right) \tag{6.16}$$

当颗粒表面化学反应速率与 K_d 相比很小时，颗粒的反应速率变为

$$q = K_c P_p \tag{6.17}$$

对于一级反应，K_c 表示基于有效外层表面积的化学反应速率系数，公式为

$$K_c = A_{\mathrm{char}} \exp\left(-\frac{E_{\mathrm{char}}}{R T_p}\right) \tag{6.18}$$

式中，A_{char} 为指前因子 $[\mathrm{kg \cdot m^{-2} \cdot s^{-1} / (N \cdot m^{-2})^{n}}]$，$n$ 为反应级数；T_p 为颗粒温度；E_{char} 为碳氧化所需的活化能 (J/kmol)。

通常颗粒的燃烧速率同时受扩散控制和反应动力学控制，因此很多学者将 K_d 和 K_c 组合计算有效的速率模型，写为

$$q = \left(\frac{K_c K_d}{K_c + K_d}\right) P_g \tag{6.19}$$

$$\frac{\mathrm{d} m_c}{\mathrm{d} t} = -q \pi d_p^2 \tag{6.20}$$

根据式 (6.20) 和式 (6.7)、式 (6.8) 计算颗粒的表面燃烧造成颗粒相及气体相相应的动量和能量的变化，同时颗粒的粒径发生相应变化。

6.3 气相爆轰模型

前面介绍了描述颗粒燃烧过程的颗粒蒸发模型、气相燃烧模型以及颗粒的表面燃烧模型，而在气–粒两相流中，利用气相爆轰产生的超高动能驱动颗粒运动机理同样在很多领域发挥着重要作用。最典型的为炸药爆轰驱动燃料抛撒，进而引燃爆炸。因此这里再引入气相的爆轰模型，对 SDPH-FVM 方法的应用领域进一步拓展。

在炸药爆轰性能的预报中，爆轰产物的状态方程极其重要。状态方程一般分为两大类：一类不处理化学反应，称为不显含化学反应的状态方程，主要用于爆轰动力学计算；另一类考虑化学反应，称为显含化学反应的状态方程，主要用于爆轰热力学计算。在多数问题中，炸药的爆轰主要是为颗粒物的抛撒提供驱动力，其自身热力学变化过程可忽略，因此，对于中心装药采用不显含化学反应的 JWL 状态方程 [8] 描述，能够反映由爆轰到膨胀整个过程，同时对于产物的后期做功描述较好，且形式简单，易于编程实现。JWL 状态方程为

$$\begin{aligned}P(e,v)=&A\left(1-\frac{w}{R_1\cdot v}\right)\exp(-R_1\cdot v)\\&+B\left(1-\frac{w}{R_2\cdot v}\right)\exp(-R_2\cdot v)+\frac{w\rho_0 e}{v}\end{aligned} \tag{6.21}$$

式中，$v=\rho_0/\rho$ 为相对体积；e 为单位质量内能；A, B, R_1, R_2, w 为常量，由实验获得，主要与爆炸的环境、材料等因素有关。

为了能唯一确定爆轰波的状态，除状态方程外，还需要建立控制方程。由于炸药爆轰速度很快，爆轰产物近似为无黏流体，控制方程采用欧拉方程形式：

$$\frac{\partial\rho}{\partial t}+\nabla\cdot(\rho\boldsymbol{v})=0 \tag{6.22}$$

$$\frac{\partial(\rho v)}{\partial t}+\nabla\cdot(\rho\boldsymbol{v}\boldsymbol{v})=-\nabla P \tag{6.23}$$

$$\frac{\partial(\rho e)}{\partial t}+\nabla\cdot(\rho e\boldsymbol{v})=-P\nabla\cdot\boldsymbol{v} \tag{6.24}$$

式中，ρ, $\boldsymbol{v}$, P, e 为爆轰产物的性能参数，分别是密度、速度、压强和比内能。该控制方程用于中心装药爆轰气体相的描述，采用基于欧拉网格的 FVM 方法计算。

6.4 物质组分输运方程

求解物质组分在空间分布时，通过第 i 种物质的对流扩散方程预估每种物质

的质量分数 Y_i。物质的组分输运方程采用以下通用形式：

$$\frac{\partial}{\partial t}(\rho Y_i) + \nabla \cdot (\rho \boldsymbol{v} Y_i) = -\nabla \boldsymbol{J}_i + R_i + S_i \tag{6.25}$$

式中，R_i 为化学反应的净生成速率；S_i 为离散相及自定义的源项产生的额外物质质量生成速率。此处有

$$S_i = -\frac{\mathrm{d}m_p}{\mathrm{d}t} \tag{6.26}$$

当系统中存在 N 种物质时，需要解 $N-1$ 个类似方程。由于总物质的质量分数的和为 1，第 N 种物质的质量分数通过 1 减去 $N-1$ 个已求得的质量分数得到，为保证数值误差最小，第 N 种物质必须选择质量分数最大的物质。

$\boldsymbol{J}_i$ 为组分 i 的扩散通量，取决于物质的浓度梯度。此处考虑湍流中的质量扩散，有

$$\boldsymbol{J}_i = -\left(\rho D_{i,m} + \frac{\mu_t}{\mathrm{Sc}_t}\right)\nabla Y_i \tag{6.27}$$

式中，Sc_t 为湍流施密特数，$\mathrm{Sc}_t = \mu_t/(\rho D_t)$。同时物质输送造成能量的传递，在能量方程中加入源项

$$\nabla\left[\sum_{i=1}^{n} h_i \boldsymbol{J}_i\right] \tag{6.28}$$

本书对于气体混合物进行组分输运方程的计算，因此该部分由 FVM 完成。

6.5 含颗粒蒸发、燃烧模型的 SDPH-FVM 耦合方法流程

气相场中的颗粒除受到气体的曳力和压力作用外，同时由于两相间存在温度差，相间发生着对流换热作用，使颗粒加热或者冷却，同时颗粒吸热或放热量反作用到气体相中，影响着气体相能量的变化。当颗粒为含挥发分的物质时，达到其蒸发温度后，挥发分析出，颗粒的质量减少，粒径发生改变，颗粒相体积分数发生变化，挥发出来的物质增加到周围气体相中，随着气流场的变化进行输运扩散。同时在传质的过程中，伴随着相间动量和能量的相互交换。

在第 5 章提出的 SDPH-FVM 耦合方法的基础上，引入颗粒的蒸发、燃烧模型来计算含颗粒复杂化学反应的气–粒两相流动问题。SDPH 和 FVM 模块之间通过交换粒子和网格节点的速度、温度、压力以及体积分数值进行数据交换，实现耦合作用。当颗粒的温度超过其蒸发温度时，颗粒进行蒸发反应，自身质量减小，动量和能量发生相应变化，而这些变化量反作用于网格上。在计算相间传输量的同时更新 SDPH 粒子所表征的颗粒的粒径分布，更新颗粒相以及气体相的体积分数值。根据单颗粒的蒸发量以及 FVM 网格中所包含的颗粒，计算出每个网格所获取的颗粒蒸发物质含量，进而更新计算气体相物质组分输运方程，得到各物质的空间分布。网

格上的燃料蒸气在高温火源的作用下开始燃烧化学反应，计算 EBU-Arrhenius 气相湍流燃烧模型，或者高温火源直接引燃颗粒进行表面燃烧，消耗燃料和氧气，产成新的生成物，直至反应物燃烧耗尽。对于需要计算颗粒受爆炸驱动的问题，引入描述炸药爆轰过程的 JWL 方程，计算颗粒在爆轰波作用下的运动情况。由此，含颗粒蒸发、燃烧模型的 SDPH-FVM 耦合方法流程如图 6.1 所示。

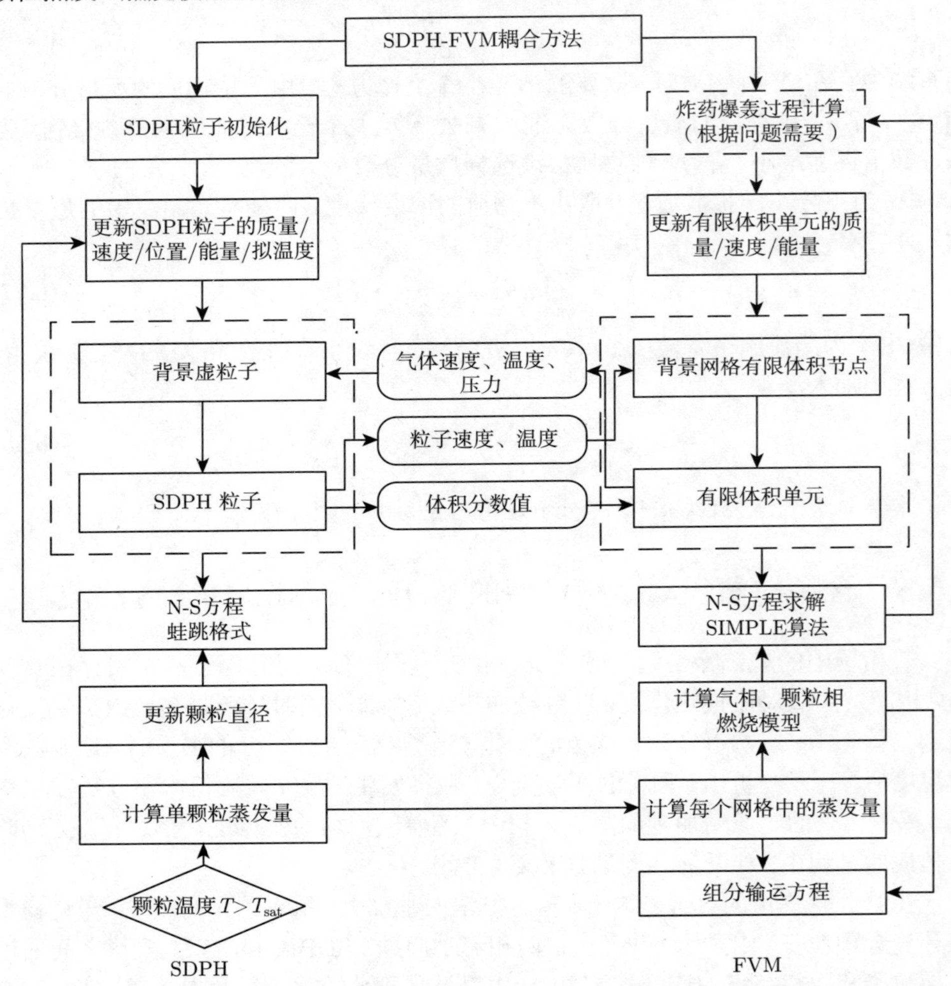

图 6.1　含颗粒蒸发、燃烧模型的 SDPH-FVM 耦合方法流程图

6.6　圆盘型颗粒团传热过程数值模拟

气–粒相间传热计算的精度直接决定着系统化学反应计算结果的优劣，因此为

了验证本书算法的准确性，计算了一个圆盘形颗粒团受到气体温度场的作用后逐渐加热升温的过程。分别对单相和双相耦合作用下颗粒相以及气体相的温度变化进行了计算，并与传统 TFM 模型计算结果进行对比验证 [9]。模型结构和初始粒子-网格分布情况如图 6.2 所示。颗粒团位于 500mm× 500mm 区域的中心部位，颗粒相体积分数为 0.6，假定颗粒直径均相同，计算可得每个 SPH 粒子表征46.168 个统计颗粒，有效减少了实际颗粒的计算量。计算中，颗粒在周围高温气体的加热作用下逐渐升温，气体相及颗粒相参数设置如表 6.1 所示。气相场四边均为固壁边

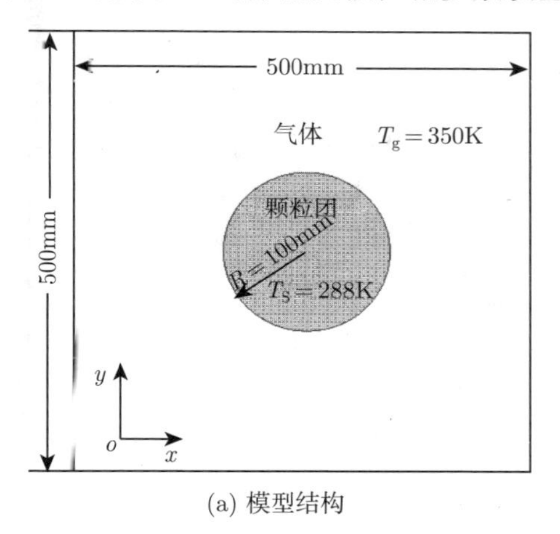

(a) 模型结构

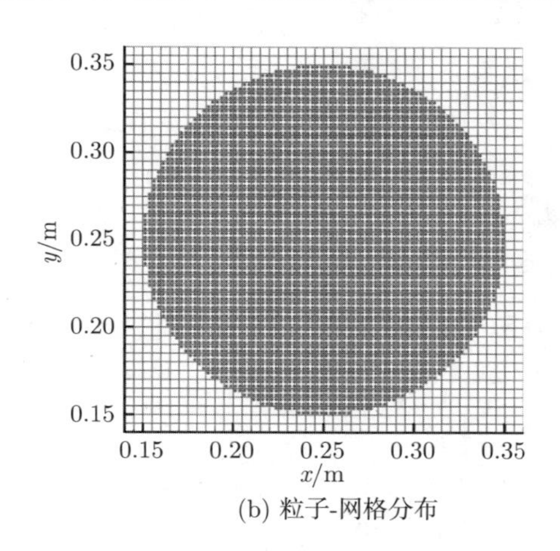

(b) 粒子-网格分布

图 6.2 初始时刻模型示意图

表 6.1 气体相与颗粒相参数列表

参数	描述	值
$\rho_g/(\mathrm{kg/m^3})$	气体密度	1.225
$\mu_g/(\mathrm{Pa\cdot s})$	气体黏性	1.7895×10^{-5}
$k_g/(\mathrm{W/mK})$	气体相热传导系数	0.0242
$\mathrm{Cp}_g/[\mathrm{J/(kg\cdot K)}]$	气体相比热容	1006.43
$\rho_s/(\mathrm{kg/m^3})$	颗粒密度	3060
$d_p/(\mathrm{mm})$	颗粒直径	0.285
$\mathrm{Cp}_p/[\mathrm{J/(kg\cdot K)}]$	颗粒相比热容	2470
$k_p/(\mathrm{W/mK})$	颗粒相热传导系数	500.0
α_s	初始颗粒相体积分数	0.6
N	SPH 粒子数量	5024
n	SPH 表征的颗粒数量	46.168
$\Delta x/\mathrm{mm}$	SPH 粒子间距	2.5
h/mm	SPH 光滑长度	3.75
$\rho_{\mathrm{SPH}}/(\mathrm{kg/m^3})$	SPH 粒子密度	1836
$\Delta x\times\Delta y/\mathrm{mm}$	FVM 网格间距	5×5
$\Delta T_{\mathrm{FVM}}/\mathrm{s}$	FVM 时间步长	5×10^{-6}

界，气相场初始温度为 350K，颗粒初始温度为 288K。图 6.3 为颗粒相在气相场的单相作用下的温度分布情况，外部气体温度始终保持恒定值，对颗粒进行对流换热作用。图 6.3(a) 为沿圆盘径向颗粒的温度分布曲线，可以看出 0.1s 时刻圆盘内部颗粒温度均升至 290.2K，与 TFM 方法计算结果基本吻合，SDPH 方法得到的温度值在圆盘边界附近分布较为光滑，与 SPH 作为一种核函数插值方法有关。图 6.3(b) 为圆盘中心位置处颗粒的温度随时间变化曲线，由于气体及颗粒团速度均为零，颗粒相体积分数保持不变，颗粒温度升高，速率保持恒定值，SDPH 计算结果与 TFM 结果基本吻合。

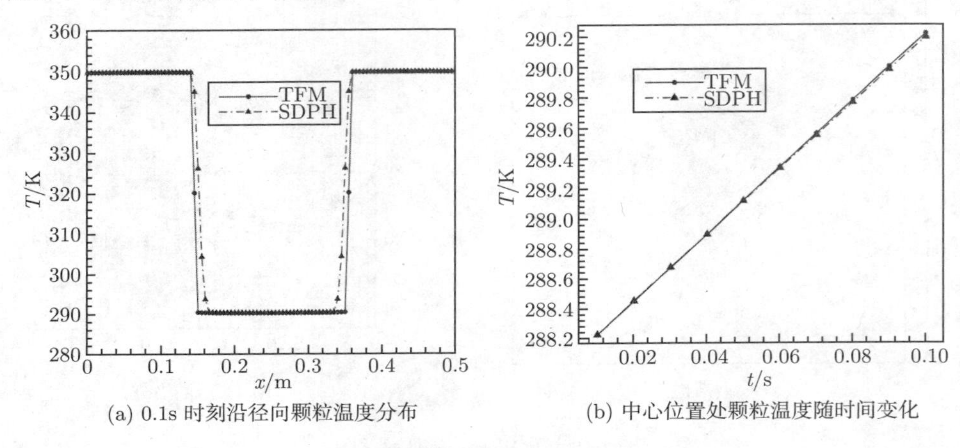

(a) 0.1s 时刻沿径向颗粒温度分布　　(b) 中心位置处颗粒温度随时间变化

图 6.3　单相作用下颗粒相温度分布

图 6.4 为气体相与颗粒相双相耦合作用下，颗粒与气体的温度随时间变化曲线。由于在双相耦合作用下，颗粒在吸收热量温度升高的同时，气体相放出热量，温度迅速下降，这样气体与颗粒间的温度差迅速减小，颗粒的温度升高幅度随之减

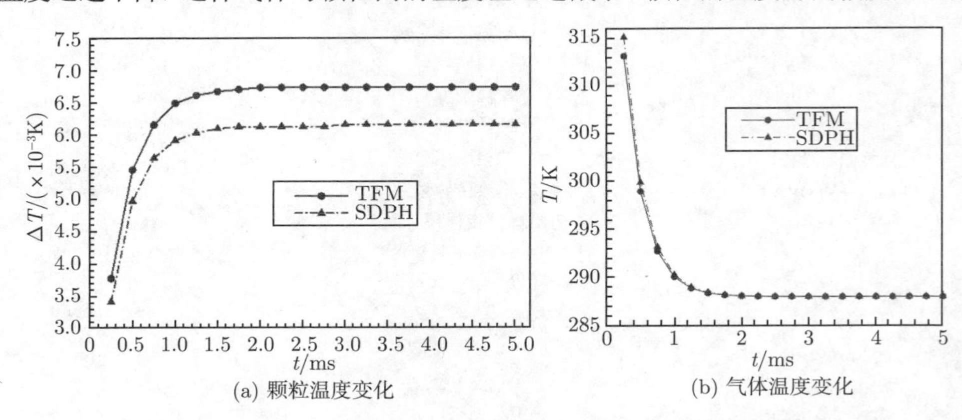

(a) 颗粒温度变化　　(b) 气体温度变化

图 6.4　双相耦合作用下中心位置处颗粒及气体温度随时间变化曲线

小。为更清晰地显示出颗粒的温度变化过程，图 6.4(a) 中纵轴数值设为颗粒温度值与初始值之差。通过与 TFM 结果对比可以得出，SDPH 计算得到的温度值偏小，但是相对误差仅为 2×10^{-6}，从图 6.4(b) 中气体相温度随时间变化曲线对比同样可以得出，SDPH 计算得到的结果与 TFM 计算结果基本吻合，表明 SDPH 方法计算的精度较高，可靠性较好。

6.7 射流颗粒蒸发过程数值模拟

颗粒 (液滴或固体颗粒) 的蒸发作为内燃机、火箭发动机、工业窑炉等设备内的一个典型过程，决定着最终颗粒的燃烧效率。传统 TFM 在求解颗粒的蒸发燃烧过程中，假定颗粒的直径保持不变时，无法加入颗粒的粒径变化模型，造成与实际结果偏差较大。本书对离散相所采用的 SDPH 方法属于拉格朗日粒子方法，可以较容易地处理该问题。为进一步研究颗粒的燃烧过程，检验方法在颗粒燃烧领域中的适用性，采用了单股颗粒射流蒸发算例进行数值模拟，同时，将计算得到的结果与 DPM 方法计算得到的结果进行精确的对比，验证 SDPH-FVM 方法的准确性。计算中所采用模型如图 6.5 所示，计算区域为 6.0m×4.0m 长方形区域，初始区域中为纯气体，温度为 350K，射流颗粒以 10m/s 速度进入气体场中，温度为 294K。由于在外界气体的加热作用下颗粒温度逐渐升高，达到其蒸发温度后 (蒸发温度设为 294.3K)，挥发分开始析出，并随着气相的运动而在流场中进行扩散。假定初始射流颗粒粒径相同，忽略颗粒间的聚合及颗粒的破碎过程，射流颗粒的体积分数为 0.6，颗粒物质组成及挥发出的化学成分假定分子式均为 AB，初始流场中其含量为 0%，其他气相组分分别为：O_2 含量为 30%，N_2 含量为 70%。计算中气体相及颗粒相参数设置如表 6.2 所示。

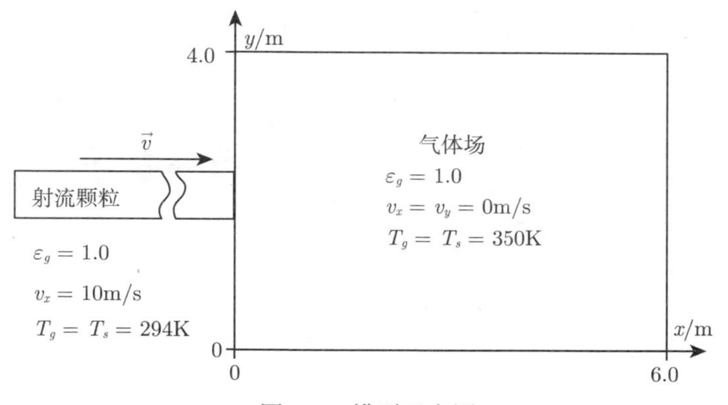

图 6.5 模型示意图

表 6.2 颗粒相与气体相参数列表

参数	描述	值
$\rho_g/(\mathrm{kg/m^3})$	气体密度	1.225
$\mu_g/(\mathrm{Pa\cdot s})$	气体黏性	1.7895×10^{-5}
$k_g/(\mathrm{W/mK})$	气体相热传导系数	0.0242
$\mathrm{Cp}_g/[\mathrm{J/(kg{\cdot}K)}]$	气体相比热容	1006.43
$\rho_s/(\mathrm{kg/m^3})$	颗粒密度	700
d_p/mm	颗粒直径	3.0
$\mathrm{Cp}_p/[\mathrm{J/(kg{\cdot}K)}]$	颗粒相比热容	2470
$k_p/(\mathrm{W/mK})$	颗粒相热传导系数	500.0
$p_{\mathrm{sat}}/\mathrm{Pa}$	颗粒相饱和蒸气压	1329
$D_{i,m}/(\mathrm{m^2/s})$	蒸气扩散系数	3.79×10^{-6}
$h_{\mathrm{fg}}/(\mathrm{J/kg})$	颗粒气化潜热量	277000
α_s	初始颗粒相体积分数	0.6
N	SPH 粒子数量	1700
n	SPH 表征的颗粒数量	41.7
$\Delta x/\mathrm{mm}$	SPH 粒子间距	25
h/mm	SPH 光滑长度	37.5
$\rho_{\mathrm{SPH}}/(\mathrm{kg/m^3})$	SPH 粒子密度	420.0
$\Delta x\times\Delta y/\mathrm{mm}$	FVM 网格间距	50×50
$\Delta T_{\mathrm{FVM}}/\mathrm{s}$	FVM 时间步长	5×10^{-5}

图 6.6 为 0.1s 和 0.2s 时刻计算得到的颗粒相温度分布，图 6.7 为相应时刻的气体相温度分布。可以看出，在外部气体的对流换热作用下，射流头部的颗粒由于与流场接触面积最大，接触时间最长，同时颗粒相体积分数较小，其温度升高明显，气体相应存在一较宽尺寸的过渡区域。沿射流逆向，随着颗粒相体积分数的逐

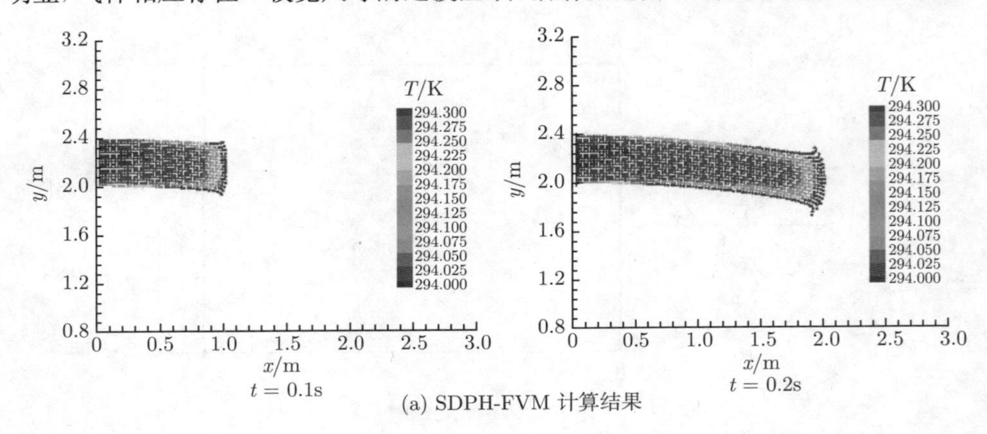

(a) SDPH-FVM 计算结果

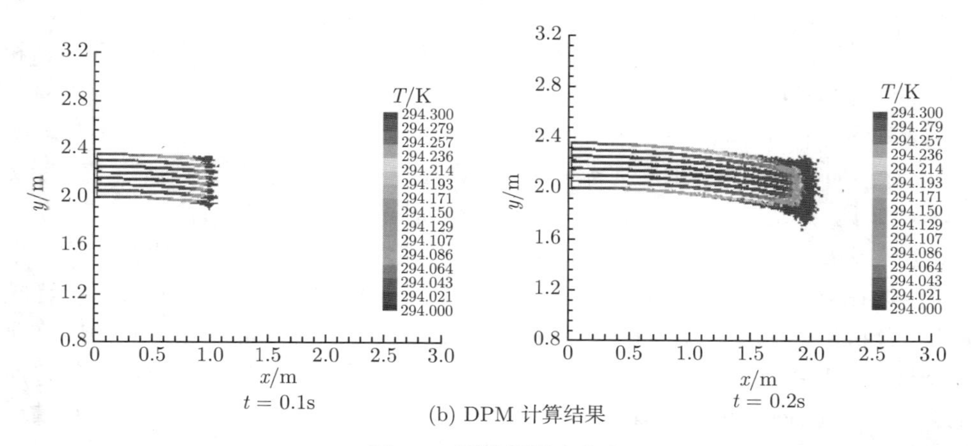

(b) DPM 计算结果

图 6.6 颗粒相温度分布

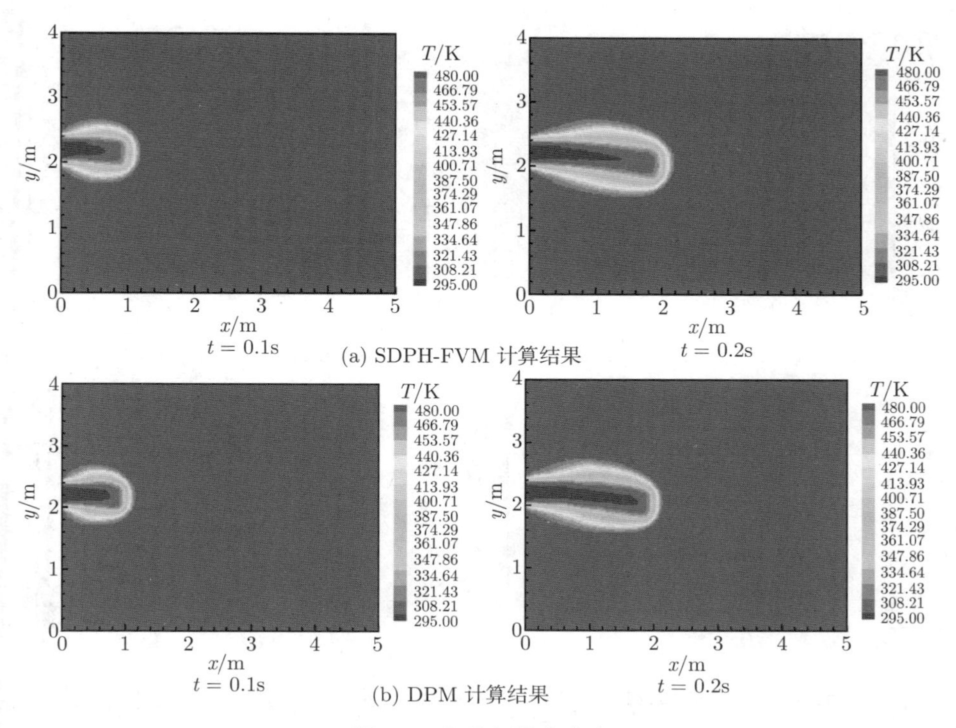

(a) SDPH-FVM 计算结果

(b) DPM 计算结果

图 6.7 气体相温度分布

渐增加，升高相同的温度值需吸收更多的能量，因此在相同的外界温度下，颗粒温度逐渐降低，气体释放能量，同样温度较低。由于计算中考虑了重力的作用，射流颗粒相逐渐向下方偏移。将计算结果与 DPM 对比来看，两者非常吻合，表明采用热传导模型准确可靠。

图 6.8 为 0.1s 时刻和 0.2s 时刻气体相速度场对比，图 6.9 为 0.1s、0.15s 和 0.2s 时刻气体相中颗粒挥发分组分含量对比。可以看出，在 0.1s 射流头部颗粒温度逐渐升高至颗粒的蒸发温度，挥发分逐渐析出，位于射流头部位置的组分含量最高，逐渐向外围扩散。随着射流的进行，颗粒的挥发量逐渐增加，颗粒挥发后直径逐渐减小，颗粒的体积分数值逐渐减小，颗粒的升温则逐渐加快，进一步促进了颗粒的蒸发。由于颗粒在运动的过程中，对气相产生曳力及压力的反作用，气体速度场在射流的上下两侧形成气流漩涡，造成两侧气体的反向运动，因此造成了挥发分析出后沿着射流的相反方向运动，使得挥发分在气相中形成中间凹陷现象，SDPH-FVM 计算结果与 DPM 结果一致。为更精确地对比两种方法得到的挥发分组分含量，图 6.10 给出了 0.15s 时刻挥发分组分含量等值线对比图，可以清晰地看出两者结果不仅在组分分布形态上非常吻合，在具体含量值上同样非常一致，验证了 SDPH-FVM 方法在传质传热模型计算上的准确性，为下一步开展实际工程应用打下了基础。

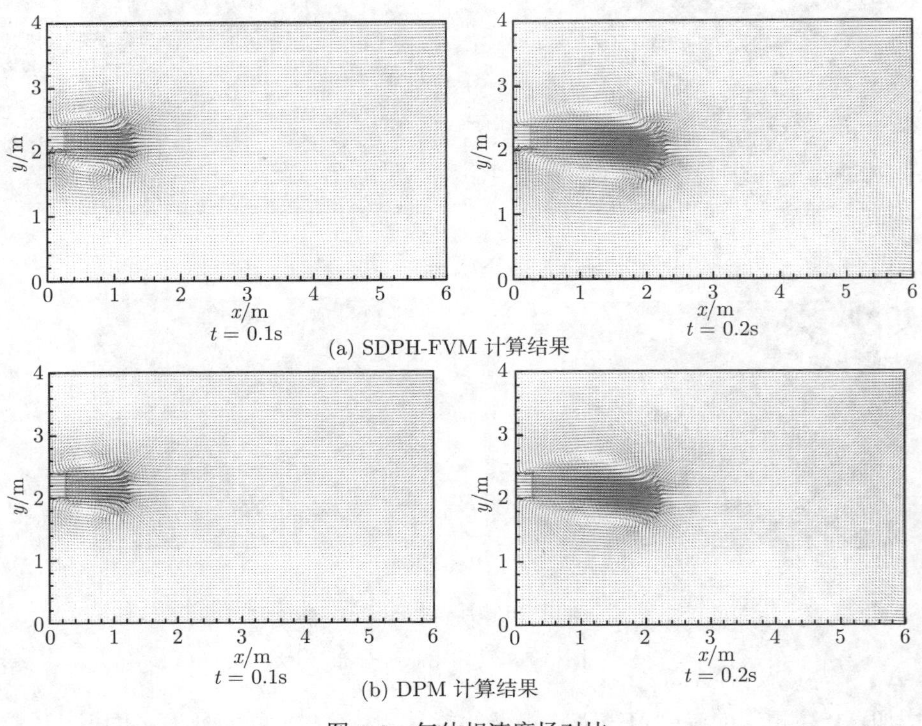

图 6.8 气体相速度场对比

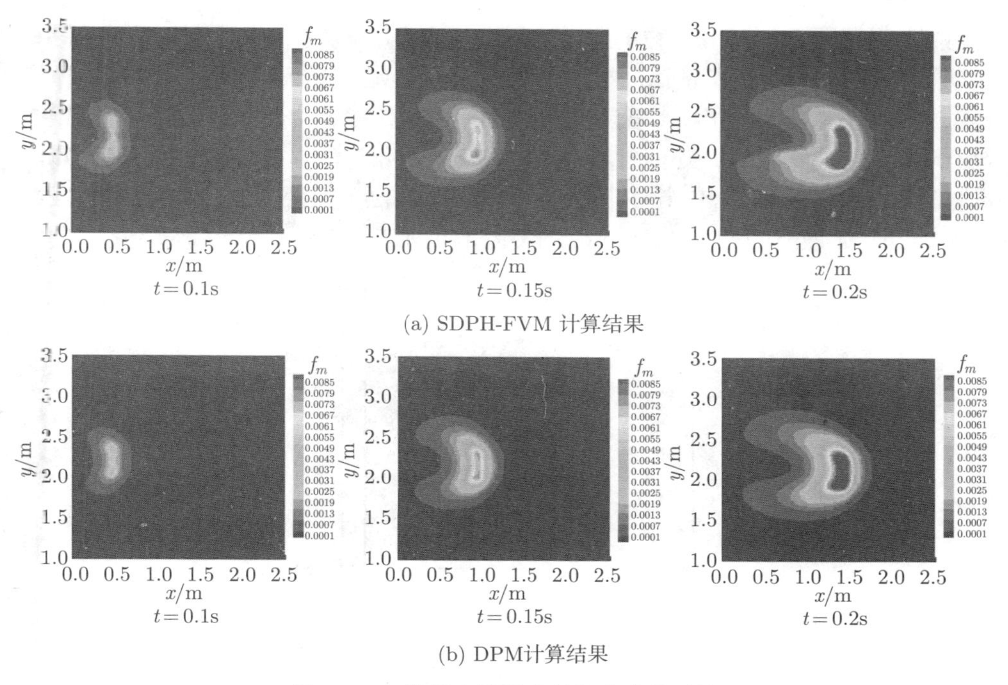

(a) SDPH-FVM 计算结果

(b) DPM计算结果

图 6.9 气体相中挥发分的组分含量对比

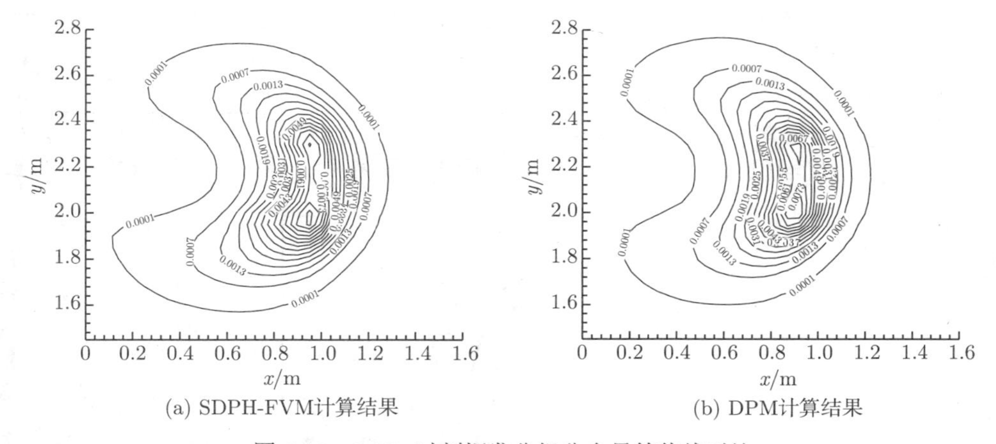

(a) SDPH-FVM计算结果 (b) DPM计算结果

图 6.10 0.15s 时刻挥发分组分含量等值线对比

6.8 炸药爆轰驱动颗粒运动过程数值模拟

为了验证 SDPH-FVM 方法在计算炸药爆轰及颗粒受爆轰波作用下运动问题中应用的可行性，选用一个简单算例进行验证 —— 炸药爆轰驱动颗粒运动算例。

它可以对炸药爆轰过程和颗粒的运动过程进行捕捉，获取爆轰波速度矢量及单颗粒运动轨迹等。初始炸药及颗粒分布如图 6.11 所示。圆形炸药从中心点开始起爆，燃料颗粒布置在炸药的外围，炸药起爆完之后，爆轰的能量全部释放出来，对燃料颗粒产生极大的驱动作用。炸药材料参数如表 6.3 所示。燃料颗粒密度为 830kg/m^3，颗粒直径为 0.3mm，SPH 粒子数量为 476，SPH 粒子间距为 5mm，光滑长度为 7.5mm，FVM 网格为 10mm×10mm 的正方形单元。

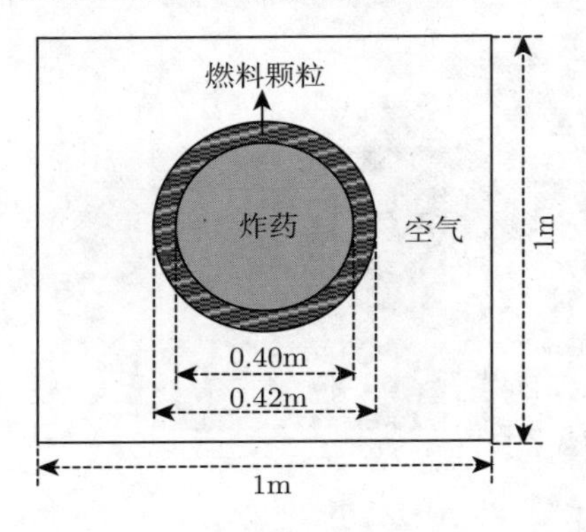

图 6.11　初始炸药与颗粒分布示意图

表 6.3　炸药材料参数

A/GPa	B/GPa	R_1	R_2	w	初始密度 ρ_0/(kg/m^3)	爆轰速度 D/(m/s)	爆轰能量 e_0/(kJ/kg)
371.2	3.231	4.15	0.95	0.3	1630	6930	4290

图 6.12 为炸药中心点 (0.5,0.5) 处压力随时间变化曲线，图 6.13 为炸药在 30μs

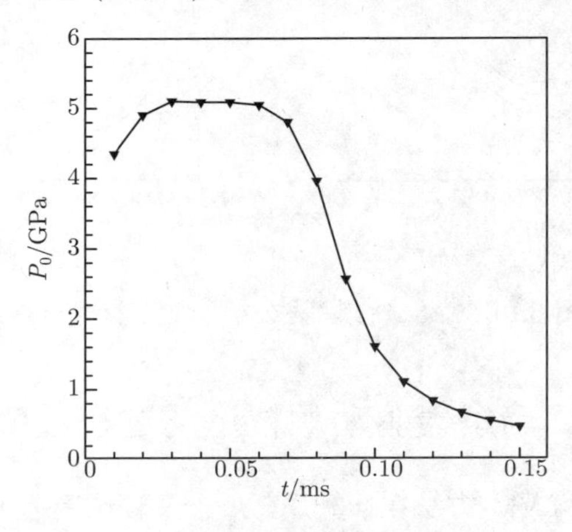

图 6.12　炸药中心点压力随时间变化曲线

时刻爆轰速度矢量图。可以看出，炸药由于有初始能量的存在，在初始时刻具有一定的压力，而在爆轰之后，由于化学反应同时释放出能量，其压力值迅速增加，随着能量向周围扩散，压力值随之降低，中心区域速度逐渐减小为零，速度场中心区域出现空洞现象。图 6.14 为燃料颗粒在 30μs 时刻所受到的驱动速度矢量，颗粒在爆轰气体作用下均匀地向四周运动，速度场结果同样较好，与实际过程相符。

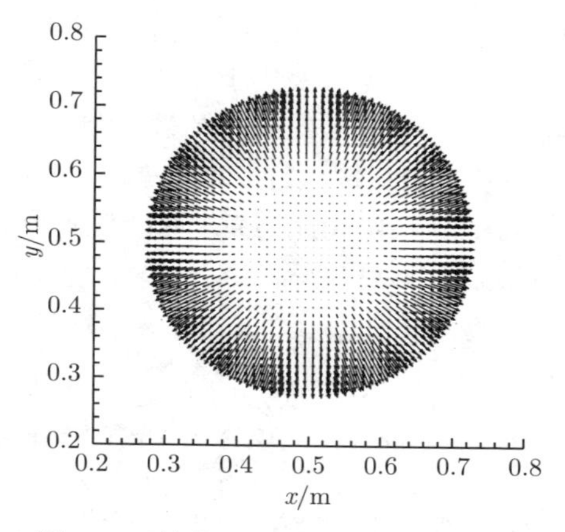

图 6.13 炸药 30μs 时刻爆轰速度矢量

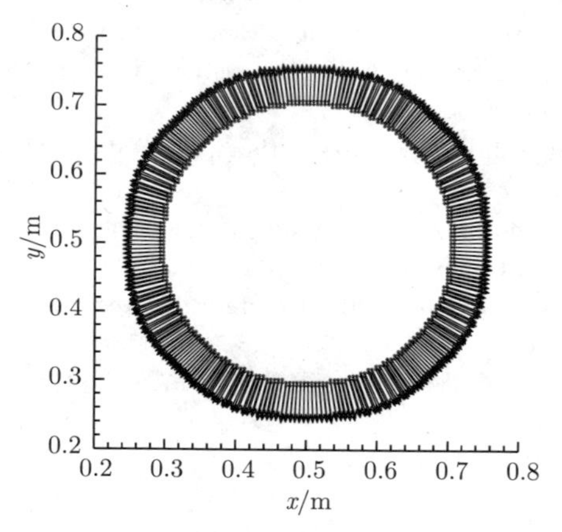

图 6.14 燃料颗粒 30μs 时刻驱动速度矢量

6.9 小 结

含颗粒蒸发和燃烧过程的气–粒两相流问题广泛存在，如固体发动机内铝颗粒的蒸发、颗粒的表面燃烧、铝蒸气的燃烧、凝胶发动机内的单滴燃烧、燃煤锅炉内颗粒的燃烧、液固复合燃料空气炸药的燃烧爆炸及工业生产中各类粉尘颗粒的爆炸等。采用实验手段进行检测，存在着燃烧过程可视性差、安全性低、实验设备有限等问题，无法捕捉燃烧流动过程的细节；而采用理论模型进行计算，存在着模型假设众多，过于依赖实验结果及经验参数，计算结果较为粗糙的问题，无法真实再现物理化学过程。数值模拟虽然真实再现流场中的各种细节，但现有的数值方法仍不成熟，无法再现涉及颗粒聚合、相变、化学反应及流动在内的复杂过程。

本章在第 5 章阐述的 SDPH-FVM 耦合方法的基础上，引入颗粒的蒸发模型、气相燃烧模型、颗粒相表面燃烧模型以及用于描述气相爆轰过程的物理模型，建立了含颗粒蒸发与燃烧模型的耦合新方法，采用圆盘型颗粒团传热算例、射流颗粒蒸发算例及炸药爆轰驱动颗粒运动算例进行了数值验证。耦合方法不仅可以计算考虑颗粒化学反应过程的复杂气–粒两相流问题，同样对于含气相燃烧爆轰、颗粒燃烧爆炸等剧烈化学反应的过程可以进行有效计算。

参考文献

[1] 周力行. 湍流气粒两相流动和燃烧的理论与数值模拟 [M]. 北京: 科学出版社, 1994.

[2] GLASSMAN I. Metal combustion processes [M]. New York: American Rocket Society Preprint, 1959.

[3] LAW C K. A simplified theoretical model for the vapor-phase combustion of metal particles [J]. Combustion Science and Technology, 2007, 7(5): 197-212.

[4] LIANG Y, BECKSTEAD M. Numerical simulation of quasi-steady, single aluminum particle combustion in air [C]. 36th AIAA Aerospace Sciences Meeting and Exhibit, Reno, NV, 1998.

[5] WARNATZ J, MAAS U, DIBBLE R W. Combustion [M]. 3rd Edition. New York: Springer-Verlag Berlin Heidelberg, 2001.

[6] SMOOT L D, SMITH P J. Coal combustion and gasification [M]. New York: Plenum Press, 1985.

[7] FIELD M A. Rate of combustion of size-graded fractions of char from a low-rank coal between 1200 ° K and 2000 ° K [J]. Combustion and Flame, 1969, 13(3): 237-252.

[8] DOBRATZ B. Explosive Handbook [M]. Livermore: Lawrence Livermore National Laboratory, 1981.

[9] 陈福振, 强洪夫, 高巍然. 气–粒两相流传热问题的光滑离散颗粒流体动力学方法数值模拟 [J]. 物理学报, 2014, 63(23): 230206.

第 7 章　求解气体–液滴两相流动过程 SPH 方法

气体–液滴两相流作为气体–颗粒两相流的一种特殊现象，较气体–固态颗粒两相流来说更为复杂，其不仅涉及液滴之间的碰撞反弹，同时包含有液滴的碰撞聚合、碰撞破碎以及剪切破碎等复杂过程。气体–液滴两相流在工业和自然界中广泛存在，例如，化工业中的萃取、乳化、聚合体聚合与分离，环保工业中的废物处理，自然界中雨滴的形成，航空航天领域中推进剂的雾化等都包含有同种液滴的碰撞聚合过程，同时在氧化–燃烧剂的喷雾系统、灭火系统、不完全的乳化燃料喷雾中又含有非互溶异种液滴的碰撞反弹现象，因此它们的预测和控制至关重要。

从物理本质来说，气体–液滴两相流过程主要包括物质的自由表面流动、界面融合、界面分离等，大部分的研究仅限于实验。虽然目前许多技术已经用于模拟变形界面问题，但其中包含外部物理、化学反应或更加复杂的边界条件之类问题很难模拟，还有些方法很难拓展到三维。FCT[1] (flux corrected transport, 通量校正传输) 方法和 PPM[2] (piecewise parabolic method, 分段抛物线方法) 虽然克服了计算中数值扩散的缺点，但由于界面的光滑度较高，界面模拟精度较低；水平集 [3] (level set) 方法可以有效模拟界面的大变形，但不能保证计算中质量的守恒；传统拉格朗日网格法处理液滴喷雾等界面大变形时很难追踪界面，不可避免地出现网格扭曲和缠绕，当界面发生间断时，有限元法 (finite elements method, FEM) 模拟变形失效；虽然欧拉网格法中流体体积 [4] (volume of fluids, VOF) 方法仍然适用，但数值算法的稳定性和准确性存在问题，随着时间的推进界面逐渐模糊，需要计算量更大的网格自适应技术来满足要求。另外当涉及多于两种流体的界面时，数值模拟会变得非常复杂甚至会产生数值中断。SPH 方法作为完全拉格朗日无网格方法，在流体界面的传输中不存在数值扩散，可以较容易地处理含物理、化学作用和不规则的、移动的甚至变形的界面，同样这些优点可以拓展到三维空间中。

为了深入分析液滴碰撞及破碎机理，为建立液滴碰撞及破碎的宏观物理模型提供数据支撑，本章采用含表面张力算法的 SPH 方法对液滴的碰撞聚合、反弹、液滴在气流场中的二次破碎以及液滴在气固交界面上的变形移动过程进行直接数值模拟研究，同时还包括在数值方法方面进行论述，如修正表面张力算法、含壁面附着力模型的算法、气液大密度差两相流 SPH 方法等。

7.1 基于连续表面力模型的表面张力算法

7.1.1 CSF 模型

连续表面力 (CSF) 模型由 Brackbill 等 [5] 在 1991 年提出，将表面张力描述为通过界面的连续的作用力，界面厚度有限，在界面内色函数连续地变化。

CSF 模型的思想是从定义色函数出发，通过色函数计算得到表面的法向及曲率，在此基础上求得单元表面力并转换为单元体积力，期间保持转化的动量守恒。

在表面张力系数为常量的条件下，在有限的界面厚度范围内，单元体积力 $\boldsymbol{F}_{\mathrm{s}}$ 表示为

$$\boldsymbol{F}_{\mathrm{s}} = \boldsymbol{f}_{\mathrm{s}}\delta_{\mathrm{s}} \tag{7.1}$$

式中，δ_{s} 为表面狄拉克函数；$\boldsymbol{f}_{\mathrm{s}}$ 为单元表面力，通过下式计算：

$$\boldsymbol{f}_{\mathrm{s}} = \sigma k(\boldsymbol{x})\hat{\boldsymbol{n}} \tag{7.2}$$

式中，σ 为表面张力系数；$k(\boldsymbol{x})$ 为界面 $\boldsymbol{x}$ 处的曲率；$\hat{\boldsymbol{n}}$ 为界面的单位法向，法向 $\boldsymbol{n}$ 可由下式计算：

$$\boldsymbol{n} = \nabla c(x) \tag{7.3}$$

则单位法向表示为

$$\hat{\boldsymbol{n}} = \frac{\boldsymbol{n}}{|\boldsymbol{n}|} = \frac{\nabla c(x)}{|\nabla c(x)|} \tag{7.4}$$

式中，$c(x)$ 为针对不同相流体定义的色函数；曲率 k 为法向的散度，即

$$k = -(\nabla \cdot \hat{\boldsymbol{n}}) \tag{7.5}$$

7.1.2 CSPM 修正的表面张力算法

式中，采用 CSF 模型对 SPH 表面张力进行推导计算，应重点从精确定位表面、精确计算法向、精确计算曲率三个关键因素出发把握最终结果的计算精度。基于这三个因素逐一分析，并对相关参数进行修正。

1. *表面定位公式*

表面的选取关系着法向的计算精度，进而影响曲率的计算精度。使用传统光滑的色函数定义方法 [6]：

$$\bar{c}_i = \sum_j \frac{m_j}{\rho_j} c_j W_{ij} \tag{7.6}$$

式中，c_j 是粒子 j 的色标，在定义的流体区域内时初始设为 1，在流体区域外时初始设为 0。

2. CSPM 修正表面法向公式

Monaghan[7] 利用变分原理得到法向 $\boldsymbol{n}$ 的计算式：

$$\boldsymbol{n}_i = \sum_j \frac{m_j}{\rho_j} \bar{c}_j \nabla_i W_{ij} \tag{7.7}$$

利用表达式 (7.7) 在计算曲率时会遇到在远离边界内部出现不稳定的离散点，直接导致数值结果失真，并且精度不高。Morris[6] 采用以下方法对法线方向的计算进行光滑处理：

$$\boldsymbol{n}_i = \sum_j \frac{m_j}{\rho_j} (\bar{c}_j - \bar{c}_i) \nabla_i W_{ij} \tag{7.8}$$

此方法包含了临近粒子色函数之间的差异，精度较高。采用 Chen[8,9] 的 CSPM 方法对式 (7.8) 进行修正，其核心思想是采用基于 Taylor 级数展开的校正核估计代替传统方法中的核估计来离散控制方程组，修正后的法向分量计算式 (二维) 为

$$n_{\alpha i} = \left[\sum_{j=1}^{N} (\bar{c}_j - \bar{c}_i) W_{ij,\beta} \frac{m_j}{\rho_j} \right] \left[\sum_{j=1}^{N} (x_j^{\alpha} - x_i^{\alpha}) W_{ij,\beta} \frac{m_j}{\rho_j} \right]^{-1} \tag{7.9}$$

式中，α、β 取值为 1 或 2，表示坐标方向；$n_{\alpha i}$ 表示粒子 i 在 α 方向的法向分量；$\bar{c}_i$、$\bar{c}_j$ 由式 (7.7) 得出；$W_{ij} = W(\boldsymbol{x_j} - \boldsymbol{x_i}, h)$，$W_{ij,\beta} = \partial W_{ij} / \partial x_j^{\beta}$。此方法在处理尖角等粒子缺失严重的边界问题时将得到比式 (7.9) 精度更高的结果。

3. CSPM 修正表面曲率公式

曲率即法向的散度，传统计算式为 [6]

$$k_i = -(\nabla \cdot \hat{\boldsymbol{n}})_i = -\sum_j \frac{m_j}{\rho_j} \hat{\boldsymbol{n}}_j \cdot \nabla_i W_{ij} \tag{7.10}$$

Monaghan[7] 提出了一种更精确的散度计算式：

$$k_i = -(\nabla \cdot \hat{\boldsymbol{n}})_i = -\sum_j \frac{m_j}{\rho_j} (\hat{\boldsymbol{n}}_j - \hat{\boldsymbol{n}}_i) \cdot \nabla_i W_{ij} \tag{7.11}$$

但此计算式在边缘转换区域由于正则化法向 $\hat{\boldsymbol{n}}$ 逐渐变小，会产生错误的法线方向，产生数值离散，Morris[6] 提出采用 $|\boldsymbol{n}|$ 阀参数的方法，对于远离边界的法向判定其是否对于曲率的计算有影响，即

$$N_i = \begin{cases} 1, & |\boldsymbol{n}_i| > \xi \\ 0, & \text{其他} \end{cases} \tag{7.12}$$

且

$$\hat{\boldsymbol{n}}_i = \begin{cases} \boldsymbol{n}_i/|\boldsymbol{n}_i|, & N_i = 1 \\ 0, & \text{其他} \end{cases} \tag{7.13}$$

当法向的模小于阀参数 ξ 时，法向的模与单位法向量置零，即认为其对于曲率的计算无贡献。ξ 通常取 $0.01/h$。同法向的修正，采用 CSPM[8,9] 方法对曲率进行修正，修正后的曲率分量计算式 (二维) 为

$$\hat{n}_{\gamma,\alpha i} = \left[\sum_{j=1}^{N} (\hat{n}_{\gamma j} - \hat{n}_{\gamma i}) W_{ij,\beta} \frac{m_j}{\rho_j}\right] \left[\sum_{j=1}^{N} (x_j^{\alpha} - x_i^{\alpha}) W_{ij,\beta} \frac{m_j}{\rho_j}\right]^{-1} \tag{7.14}$$

代入曲率计算公式

$$k_i = -(\nabla \cdot \hat{\boldsymbol{n}})_i = -(\frac{\partial \hat{n}_{xi}}{\partial x} + \frac{\partial \hat{n}_{yi}}{\partial y}) = \hat{n}_{x,xi} + \hat{n}_{y,yi} \tag{7.15}$$

式中，α、β、γ 取值为 1 或 2，表示坐标方向；$\hat{n}_{\gamma i}, \hat{n}_{\gamma j}$ 为粒子 i,j 在 γ 方向的法向分量，由式 (7.12)～式 (7.14) 得出；$\hat{n}_{\gamma,\alpha i}$ 为粒子 i 的法向分量 $\hat{n}_{\gamma}$ 在 α 方向的偏导数。

4. 流体单位质量表面张力公式

Brackbill[5] 提出在计算单位质量表面张力公式时，为防止表面层厚度发生改变，使表面张力不仅依赖于密度本身更依赖于密度梯度，使密流体与稀流体受到相同的加速度，提出的公式为

$$(\boldsymbol{f}_{\mathrm{s}})_i = -\frac{\sigma}{\langle\rho\rangle} (\nabla \cdot \hat{\boldsymbol{n}})_i \boldsymbol{n}_i \tag{7.16}$$

式中，$\langle\rho\rangle = (\rho_0 + \rho_1)/2$，$\rho_0$、$\rho_1$ 分别为界面两边流体的密度。对于单一流体而言，式 (7.16) 可写为

$$(\boldsymbol{f}_{\mathrm{s}})_i = -\frac{2\sigma}{\rho_i} (\nabla \cdot \hat{\boldsymbol{n}})_i \boldsymbol{n}_i \tag{7.17}$$

而对于两种流体，在 SPH 方法中，若使用式 (7.14) 计算表面张力，两流体界面上每个 SPH 粒子将受到相同的表面张力作用，界面将变得非常模糊，分析原因是 VOF 方法为欧拉方法，界面的确定由流入界面网格的流体体积决定，必须保证界面两端所受作用力相同才会使界面厚度不发生改变，界面清晰；而 SPH 方法为纯拉格朗日方法，界面的追踪与每个粒子所受的作用力有关，在计算时必须保证界面两端所受作用力不相等才能使界面变得清晰，将两种流体区分开。因此 SPH 方法中含外部流体情形下单位质量表面张力公式为

$$(\boldsymbol{f}_{\mathrm{s}})_i = -\frac{\sigma}{\rho_i} (\nabla \cdot \hat{\boldsymbol{n}})_i \boldsymbol{n}_i \tag{7.18}$$

7.2 含壁面附着力模型的表面张力算法

通过文献 [5] 可知，在网格法中，根据 CSF 表面张力模型计算的处于气固交界面的流体粒子界面法向沿流体与壁面形成的接触线的法线方向，而理论上界面法向应沿气液交界面的法线方向。因此 Brackbill[5] 引入壁面附着力边界条件处理方法对这些粒子的界面法向进行修正，即利用液体与壁面形成的接触角 θ 修正界面法向，修正示意图如图 7.1 所示，修正公式为

$$\hat{\boldsymbol{n}} = \hat{\boldsymbol{n}}_{\mathrm{w}} \cos\theta + \hat{\boldsymbol{n}}_{\mathrm{t}} \sin\theta \tag{7.19}$$

式中，$\hat{\boldsymbol{n}}$ 为修正后单位化法向，始终沿液体与壁面接触达到稳定状态时气液交界面的法线方向；$\hat{\boldsymbol{n}}_{\mathrm{t}}$ 为在边界平面内并沿接触线法线方向的单位化法向，利用文献 [5] 中公式 $\boldsymbol{n}(x) = \nabla\tilde{c}(\boldsymbol{x})$ 求解；$\hat{\boldsymbol{n}}_{\mathrm{w}}$ 为垂直于 $\hat{\boldsymbol{n}}_{\mathrm{t}}$ 并指向壁面内的单位化法向。当接触线处于运动状态时，接触角为动态接触角，但是对于速度比较小的微管流动，动态的接触角可以认为恒定不变，即等于初始静态接触角。当固定边界为平面时，$\hat{\boldsymbol{n}}_{\mathrm{t}}$ 始终在平面内并与壁面相切，$\hat{\boldsymbol{n}}_{\mathrm{w}}$ 始终垂直于壁面。

对于基于 CSF 模型的表面张力 SPH 方法，c 值在定义的流体区域内初始设为 1，在流体区域外时初始设为 0，边界虚粒子 c 值统一设为 0，这种处理方法计算处于气固交界面的流体粒子的 $\hat{\boldsymbol{n}}_{\mathrm{t}}$ 并不沿接触线法线方向，如图 7.2 粒子 A 所示，此时直接利用式 (7.19) 进行修正是错误的。所以需要结合色函数对边界虚粒子进行特殊处理，保证 $\hat{\boldsymbol{n}}_{\mathrm{t}}$ 沿接触线法线方向，之后才能采用式 (7.19) 进行修正。强洪夫等 [10−12] 的处理方法为：主流体 c 值设为 1，与主流体接触长度范围内的边界虚粒子 c 值设为 1，如图 7.2 所示 a∼b 的范围，其余设为 0，在整个计算过程中始终采用此处理方法，这样可以保证 $\hat{\boldsymbol{n}}_{\mathrm{t}}$ 始终沿接触线法线方向。最终，SPH 方法中单位化法向修正示意图如图 7.2 粒子 B 所示。如果空气用某种液体代替，那么在靠近固体边界的两种液体交界面处的流体粒子的单位化法向都需要用上述方法来进行修正。

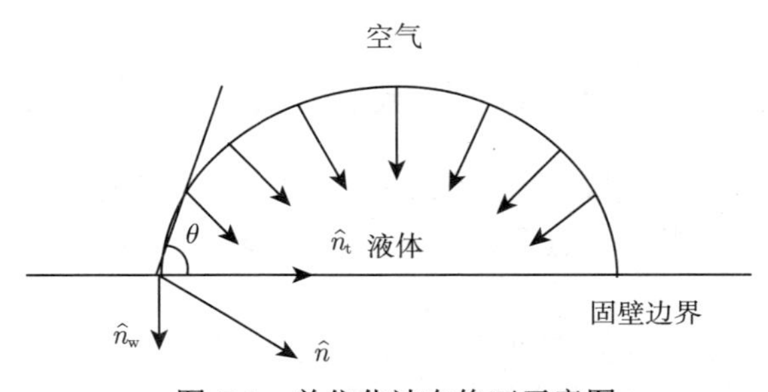

图 7.1 单位化法向修正示意图

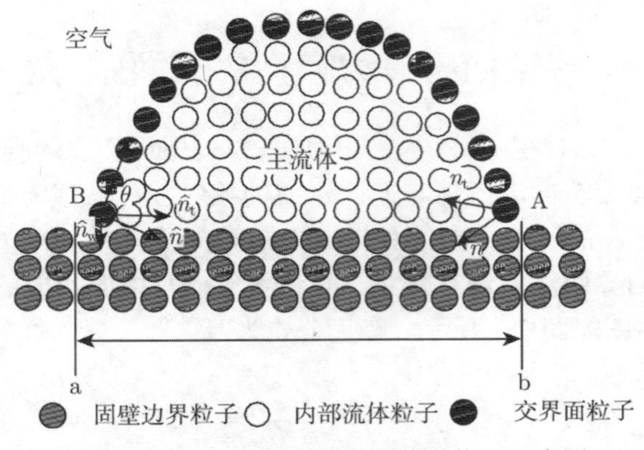

图 7.2 SPH 方法中单位化法向修正示意图

此外，由于固体边界虚粒子参与流体粒子界面法向及曲率的计算，所以也需要利用式 (7.19) 对部分固体边界虚粒子的界面法向进行修正，范围为修正流体粒子宽度范围内的所有固体边界虚粒子。得到修正后的单位化法向 $\hat{\boldsymbol{n}}$ 后，利用式 (7.11) 和式 (7.14) 即可求得修正后曲率。

上述方法只得到了修正后的曲率值，在表面张力的计算中，仅得到曲率值是不够的，还需要计算界面法向值。但是之前计算的界面法向与修正后的单位化法向是不一致的，所以也需要对界面法向进行修正。采用的方法为：对于采用修正公式的粒子，利用式 (7.8) 计算界面法向模值并代入式 (7.19)，即可得出各个方向上修正后的界面法向分量。最后将修正后的界面法向值及曲率值代入式 (7.18) 才可求得修正后的表面张力。

上述处理方法是针对二维数值模拟，当该方法拓展至三维应用时，公式及处理方法要做相应的改变。式 (7.19) 要分解到 x、y、z 三个方向，即为 $\hat{\boldsymbol{n}}_x$、$\hat{\boldsymbol{n}}_y$、$\hat{\boldsymbol{n}}_z$。假设固体壁面为 xoy 面，流场位于 xoy 面上方，则 $\hat{\boldsymbol{n}}_{\mathrm{w}}$ 垂直于固体壁面并指向壁面内，即沿 z 轴负向，即为 $\hat{\boldsymbol{n}}_{\mathrm{z}}$；$\hat{\boldsymbol{n}}_{\mathrm{t}}$ 垂直于 $\hat{\boldsymbol{n}}_{\mathrm{w}}$，即位于平行于 xoy 面的平面内，所以 $\hat{\boldsymbol{n}}_{\mathrm{t}}$ 应为 $\hat{\boldsymbol{n}}_x$ 和 $\hat{\boldsymbol{n}}_y$ 的矢量和，指向液体与壁面接触线的法线方向。其余的边界处理方法和界面法向修正方法与二维处理方法的原理相同，只需拓展至三维空间即可。

7.3 气–液大密度差两相流 SPH 方法

在大密度差的气液两相问题上，气液两相的界面处多表现为压强连续、密度相差大、描述材料性质的状态方程各异等特点，因此求解最大的难点就是如何提高界面处的计算精度。

传统的 SPH 方法在计算中忽略了界面处不同材料之间的差异，对问题域统一求解，导致界面处的计算精度很低。尤其在求解密度相差很大的气液两相问题时，不同材料界面处的误差将影响整个求解域的精度，最终导致计算的不稳定。

为了解决传统 SPH 方法中的这一劣势，本节采用了 Ott[13] 提出的连续性方程，用粒子数密度代替质量密度的方法来保证密度在不同材料界面处的间断性，并借鉴了 Adami 等 [14] 对动量方程中压力项和黏性项改进，得到了气液两相 SPH 方程，该方程能够满足气液两相界面处对密度和压强的要求，从而保证了计算的稳定性和精度。同时，在 Monaghan 提出的“人工黏性”和“人工应力”的基础上，推导出适用于气液两相问题的人工黏性和人工应力方程，来解决粒子的非物理穿透和拉伸不稳定问题。

7.3.1 气液两相 SPH 离散方程

传统的 SPH 方法通过光滑问题域内的粒子质量密度来更新物理量，导致传统的 SPH 方法只适合求解单一介质的问题。在多相问题的求解中，尤其是涉及大密度差的气液两相问题时常会出现计算的不稳定，这就需要改进传统的 SPH 方法。

1. 连续性方程

采用 Ott 等 [13] 提出的修正多相流 SPH 方程组可以有效模拟多相流问题，用粒子数密度代替质量密度，形式如下：

$$\frac{\mathrm{d}\rho_i}{\mathrm{d}t} = m_i \sum_{j=1}^{N} \boldsymbol{v}_{ij} \cdot \nabla_i W_{ij} \tag{7.20}$$

该方程即为修正后的连续性方程，其与传统 SPH 中的连续性方程的区别在于粒子质量在求和式之前，用粒子自身的质量来更新密度。这一做法有效地保证了不同物质在交界面处的密度间断性。

2. 动量方程中的压力项

对动量方程等号右端的压力项，运用式 (3.12) 有

$$\left(-\frac{1}{\rho}\nabla P\right)_i = \sum_{j=1}^{N} m_j \left(\frac{p_i}{\rho_i^2} + \frac{p_j}{\rho_j^2}\right) \nabla_i W_{ij} \tag{7.21}$$

由于该式的对称形式保持了线动量和角动量的守恒性而得到广泛应用。但是，该式在求解多相流问题，尤其是涉及大密度差时，容易造成界面附近两相粒子加速度的不一致，从而造成计算不稳定。

鉴于此，Adami 等 [14] 提出改进的压力项离散方程：

$$\left(-\frac{1}{\rho}\nabla P\right)_i = -\frac{1}{m_i} \sum_{j} \left(V_i^2 + V_j^2\right) \tilde{P}_{ij} \nabla_i W_{ij} \tag{7.22}$$

式中，

$$\tilde{P}_{ij} = \frac{\rho_i P_j + \rho_j P_i}{\rho_i + \rho_j} \tag{7.23}$$

对于相互作用的同相粒子，$\tilde{P}_{ij}$ 表示两粒子的平均压力，而对于不同相之间相互作用的粒子，方程 (7.23) 的计算可以保证 $\nabla P/\rho$ 在界面处的连续 [15]。$V = m/\rho$ 表示粒子的体积。

3. 动量方程中的黏性项

对于牛顿流体，其物理黏性项可表示为

$$\frac{1}{\rho}\nabla \cdot \boldsymbol{\tau} = \frac{1}{\rho}\nabla \cdot \mu\dot{\gamma} \tag{7.24}$$

式中，μ 为流体的动力黏度系数；$\dot{\gamma}$ 为剪切速率，定义式为

$$\dot{\boldsymbol{\gamma}} = \nabla \boldsymbol{v} + \nabla \boldsymbol{v}^{\mathrm{T}} - \nabla \cdot \boldsymbol{v}\boldsymbol{I} \tag{7.25}$$

将式 (7.25) 代入式 (7.24)，黏性项可转化为

$$\frac{1}{\rho}\nabla \cdot \boldsymbol{\tau} = \frac{\mu}{\rho}\nabla^2 \boldsymbol{v} \tag{7.26}$$

对于式 (7.26) 涉及的速度的二阶导数，主要有三种处理方法：直接求导法、两次求导法以及有限差分与 SPH 相结合的方法。对于这三种方法，刘开 [16] 进行了详细的论述和推导，并提出鲁棒性和精确性更好的黏性项计算公式：

$$\left(\frac{1}{\rho}\nabla \cdot \boldsymbol{\tau}\right)_i = \sum_{j=1}^{N} m_j \frac{\mu_i + \mu_j}{\rho_i \rho_j} \boldsymbol{v}_{ij} \frac{\boldsymbol{r}_{ij} \cdot \nabla_i W_{ij}}{r_{ij}^2} \tag{7.27}$$

但是，式 (7.27) 在处理涉及大密度差多相流问题时，同样会出现两相粒子加速度不一致，从而造成计算的不稳定，Adami 等 [14] 提出的改进的黏性项公式可以有效解决这一问题：

$$\left(\frac{1}{\rho}\nabla \cdot \boldsymbol{\tau}\right)_i = \frac{1}{m_i} \sum_j \frac{2\mu_i \mu_j}{\mu_i + \mu_j} \left(V_i^2 + V_j^2\right) \boldsymbol{v}_{ij} \left(\frac{1}{r_{ij}} \frac{\partial W_{ij}}{\partial r_{ij}}\right) \tag{7.28}$$

7.3.2　人工黏性

为了消除由于数值不稳定造成的粒子间的非物理穿透，需要引入人工黏性。Monaghan 型的人工黏性 [17] 应用最为广泛，方程如下：

$$\frac{\mathrm{d}\boldsymbol{v}_i}{\mathrm{d}t} = -\sum_j m_j \prod_{ij} \nabla_i W_{ij} \tag{7.29}$$

$$\prod_{ij}=\begin{cases}\dfrac{-\alpha\bar{c}_{ij}\phi_{ij}+\beta\phi_{ij}^2}{\bar{\rho}_{ij}}, & \boldsymbol{v}_{ij}\cdot\boldsymbol{x}_{ij}<0\\ 0, & \boldsymbol{v}_{ij}\cdot\boldsymbol{x}_{ij}\geqslant 0\end{cases} \tag{7.30}$$

$$\phi_{ij}=h_{ij}\boldsymbol{v}_{ij}\cdot\boldsymbol{x}_{ij}\Big/\left[\left|\boldsymbol{x}_{ij}\right|^2+\varphi\right] \tag{7.31}$$

式中，$\boldsymbol{v}$ 为粒子的速度矢量；c 为粒子声速；$\boldsymbol{x}$ 为粒子位置矢量，$\boldsymbol{x}_{ij}=\boldsymbol{x}_i-\boldsymbol{x}_j$，$\bar{c}_{ij}=(c_i+c_j)/2$，$\bar{\rho}_{ij}=(\rho_i+\rho_j)/2$，$h_{ij}=(h_i+h_j)/2$，$\varphi=0.1h_{ij}$。

由于气液之间密度相差较大，在粒子的“空间分辨率”(即粒子体积) 一定的情况下，两相粒子的质量也相差很大，因而式 (7.29) 的计算会导致加速度相差很大，此时引入“人工黏性”反而会造成界面处计算的不稳定。基于此，对该人工黏性做出适当改进，用 V_j 代替 $m_j/\bar{\rho}_{ij}$：

$$\frac{\mathrm{d}\boldsymbol{v}_i}{\mathrm{d}t}=-\sum_j V_j\prod_{ij}\nabla_i W_{ij} \tag{7.32}$$

$$\prod_{ij}=\begin{cases}-\alpha\bar{c}_{ij}\phi_{ij}+\beta\phi_{ij}^2, & \boldsymbol{v}_{ij}\cdot\boldsymbol{x}_{ij}<0\\ 0, & \boldsymbol{v}_{ij}\cdot\boldsymbol{x}_{ij}\geqslant 0\end{cases} \tag{7.33}$$

式中，α 和 β 为常数，与模拟的问题有关，需要在保证计算稳定性的前提下尽量减小人工黏性的影响。

7.3.3 人工应力

为有效消除计算中出现的拉伸不稳定现象，Monaghan[18] 和 Gray 等 [19] 提出了人工应力的方法，即在两个相近的粒子之间施加一个小的排斥力，以避免其过于靠近甚至聚集，方程表述为

$$\frac{\mathrm{d}\boldsymbol{v}_i}{\mathrm{d}t}=-\sum_j m_j f_{ij}^n R_{ij}\nabla_i W_{ij} \tag{7.34}$$

式中，f_{ij} 是一个随距离减小的函数，Monaghan 取 $f_{ij}=W(r_{ij})/W(\Delta p)$，$r_{ij}$ 为粒子 i 和 j 的距离，Δp 为粒子初始间距，$n>0$；$R_{ij}=R_i+R_j$，R_i 为压力和密度的函数，当 $p_i<0$ 时，$R_i=-\varepsilon_1 P_i/\rho_i^2$，否则 $R_i=\varepsilon_2 P_i/\rho_i^2$，同理可得 R_j。

与人工黏性类似，式 (7.34) 的计算同样会导致两相粒子加速度的不一致。由于 R_i 为压力和密度的函数，可以被看作“人工压力”[18]，因此，借鉴 7.3.1 小节对压力项的推导，推导适用于大密度差多相流的人工应力：

$$\frac{\mathrm{d}\boldsymbol{v}_i}{\mathrm{d}t}=-\frac{1}{m_i}\sum_j\left(V_i^2+V_j^2\right)f_{ij}^n\tilde{R}_{ij}\nabla_i W_{ij} \tag{7.35}$$

$$\tilde{R}_{ij}=\frac{\rho_i S_j+\rho_j S_i}{\rho_i+\rho_j} \tag{7.36}$$

式中，当 $p_i<0$ 时，$S_i=-\varepsilon_1 P_i$，否则 $S_i=\varepsilon_2 P_i$，同理可得 S_j。

7.3.4　气液两相 SPH 方程组

综合前面的介绍，将流动视为弱可压缩流动，考虑黏性和表面张力作用，同时不考虑热传导作用，完整的气液两相 SPH 离散方程组表达式如下：

$$
\begin{cases}
\dfrac{\mathrm{d}\rho_i}{\mathrm{d}t} = m_i \displaystyle\sum_{j=1}^{N} \boldsymbol{v}_{ij} \cdot \nabla_i W_{ij} \\
\dfrac{\mathrm{d}\boldsymbol{v}_i}{\mathrm{d}t} = -\dfrac{1}{m_i} \displaystyle\sum_{j} \left(V_i^2 + V_j^2\right) (\tilde{P}_{ij} + f_{ij}^n \tilde{R}_{ij}) \nabla_i W_{ij} - \sum_{j} V_j \prod_{ij} \nabla_i W_{ij} \\
\qquad + \dfrac{1}{m_i} \displaystyle\sum_{j} \dfrac{2\mu_i \mu_j}{\mu_i + \mu_j} \left(V_i^2 + V_j^2\right) \boldsymbol{v}_{ij} \left(\dfrac{1}{r_{ij}} \dfrac{\partial W_{ij}}{\partial r_{ij}}\right) + \boldsymbol{F}^{(s)} \\
\dfrac{\mathrm{d}\boldsymbol{x}_i}{\mathrm{d}t} = \boldsymbol{v}_i
\end{cases}
\tag{7.37}
$$

7.4　气相场中二元液滴碰撞过程数值模拟

通过前人实验总结，同种液滴碰撞会产生四种典型的碰撞结果 [20]：永久聚合、永久反弹、反射分离和拉伸分离。碰撞的结果主要取决于韦伯数 We 和碰撞参数 χ：

$$
\mathrm{We} = \frac{\rho v_{\mathrm{rel}}^2 D}{\sigma},\ \chi = \frac{X}{D} \tag{7.38}
$$

式中，ρ 代表液滴密度；σ 为表面张力系数；v_{rel} 为两液滴之间的相对速度；D 为液滴直径；X 为两液滴的偏心距离。

本节采用的物理模型如图 7.3 所示，(a)、(b) 分别表示正碰和斜碰。边界层

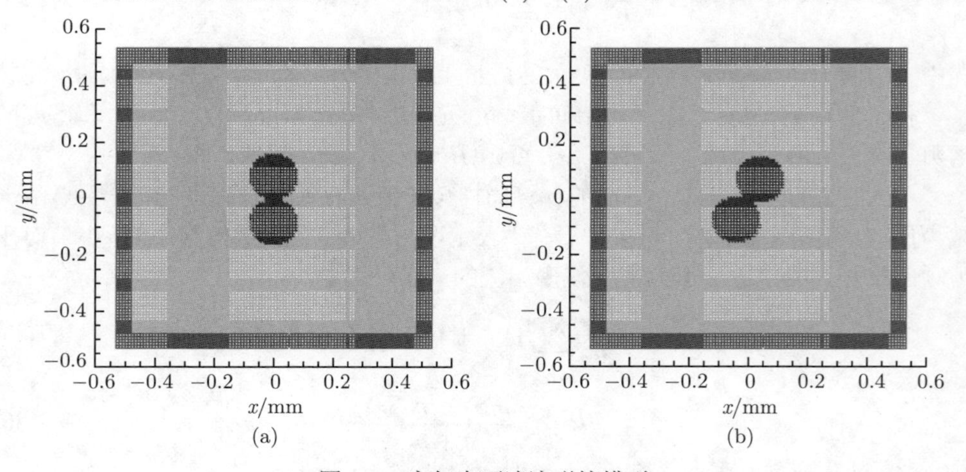

图 7.3　空气中两液滴碰撞模型

厚 50μm，粒子数为 2020 个，空气粒子数为 8800 个，尺寸为 $l_x = l_y = 960\mu m$，单个液滴直径 160μm，包含粒子 208 个，光滑长度 $h = 2.0 \times 10^{-5}$m，为初始粒子间距的两倍。斜碰时液滴之间的偏心距为 $X = 80\mu m$，碰撞参数 $\chi = 80\mu m/160\mu m = 0.5$。鉴于工程实际，本节算例选取的物质为水和空气，具体参数见表 7.1。

表 7.1 算例中的物质参数列表

物质	密度/(kg/m^3)	表面张力系数/(N/m)	黏度系数/(Ns/m^2)
液滴	1000.0	0.0727	0.001002
外部空气	1.293		0.00001709

7.4.1 空气中二元液滴正碰数值模拟

1. 液滴正碰，相对速度 $v_{\rm rel} = 2$m/s

在该碰撞条件下，对应的无量纲参数为 We = 8.8, $\chi = 0$，数值模拟结果如图 7.4 和图 7.5 所示，分别为 SPH 和 VOF 的计算结果。两液滴碰撞相互挤压形成

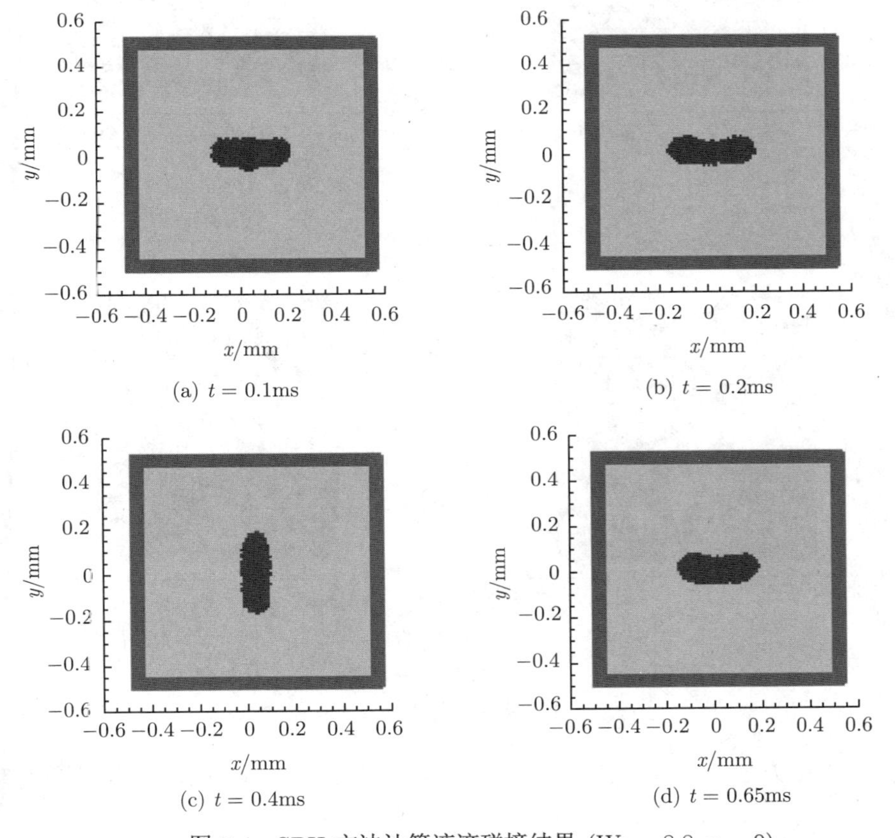

(a) $t = 0.1$ms (b) $t = 0.2$ms (c) $t = 0.4$ms (d) $t = 0.65$ms

图 7.4 SPH 方法计算液滴碰撞结果 (We = 8.8, $\chi = 0$)

圆盘状 [图 7.4(a) 和图 7.5(a)]，在初始动能作用下继续相互挤压运动并沿径向收缩成“哑铃”状 [图 7.4(b) 和图 7.5(b)]；径向收缩过程中，伴随有表面张力做负功，动能逐渐转化为自由表面能；该碰撞条件下的初始动能还不够大，在表面张力的作用下会完全转化为自由表面能，此时径向收缩到达极限位置；随后在表面张力作用下，径向液体流入，表面张力做正功，自由表面能转化为动能，两液滴进一步拉伸形成长柱形 [图 7.4(c) 和图 7.5(c)]，并在惯性作用下继续沿径向向外运动；经过多次的拉伸收缩振荡，期间伴随有黏性耗散，最终动能消耗殆尽，两个液滴聚合成一个液滴。

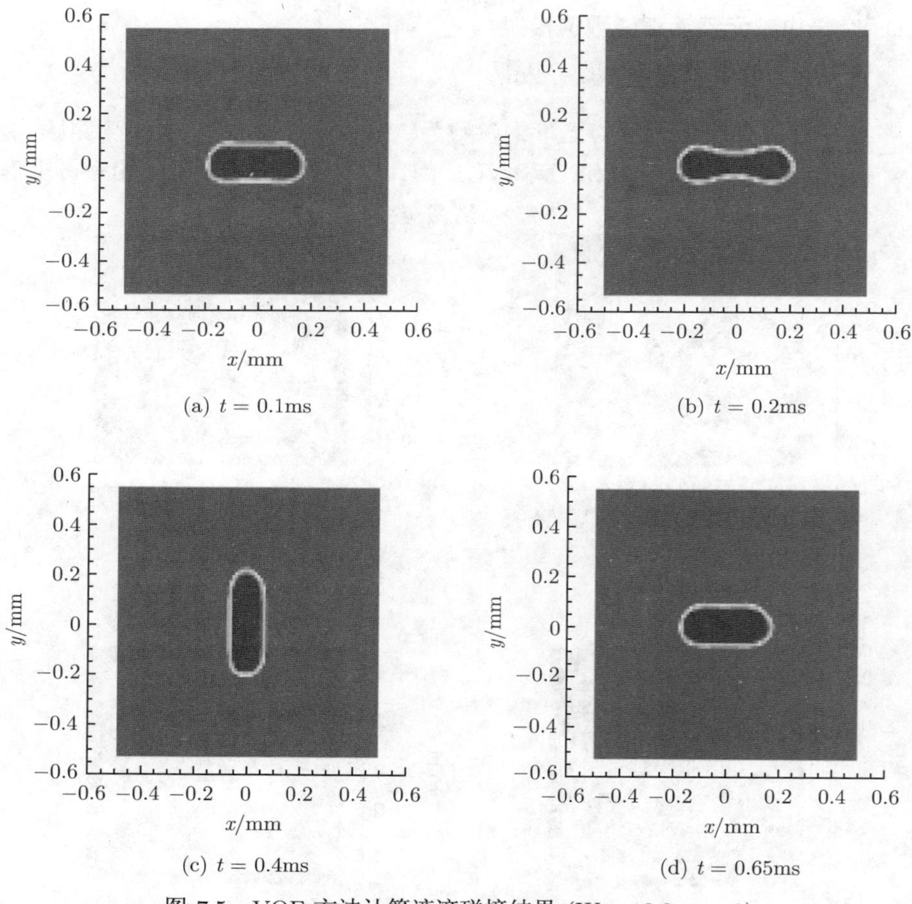

(a) $t = 0.1\text{ms}$　(b) $t = 0.2\text{ms}$

(c) $t = 0.4\text{ms}$　(d) $t = 0.65\text{ms}$

图 7.5 VOF 方法计算液滴碰撞结果 ($\text{We} = 8.8, \chi = 0$)

而从 SPH 方法与 VOF 方法的对比来看，二者在相同的时间步上取得了较为一致的结果，也进一步说明 SPH 算法在工程应用上的可行性。

2. 液滴正碰，相对速度 $v_{\rm rel} = 3{\rm m/s}$

此时，对应有 We $= 19.8, \chi = 0$，结果对比如图 7.6 和图 7.7 所示。在此碰撞条件下，相对速度足够大，两液滴相碰后径向收缩并在另一个方向上拉伸产生韧性带 [图 7.6(b) 和图 7.7(b)]，由于初始碰撞能量足够大，超过了表面能，最终韧性带分离破碎产生细小液滴 [图 7.6(c) 和图 7.7(c)]，两液滴随之分离。如果再增加韦伯数，碰撞能量更大，将会分裂产生更多细小液滴。分离后，两液滴各自具有动能，相互远离，并在表面张力和黏性作用下最终静止形成圆形液滴 [图 7.6(d) 和图 7.7(d)]。

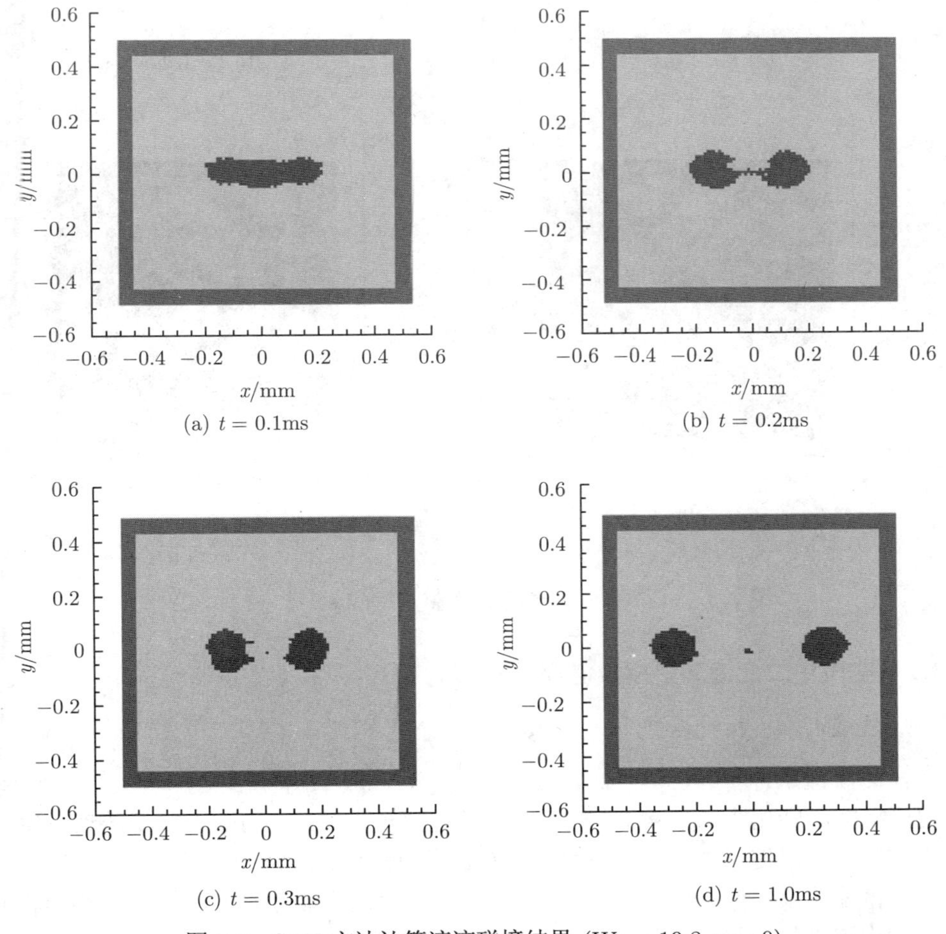

(a) $t = 0.1$ms (b) $t = 0.2$ms

(c) $t = 0.3$ms (d) $t = 1.0$ms

图 7.6 SPH 方法计算液滴碰撞结果 (We $= 19.8, \chi = 0$)

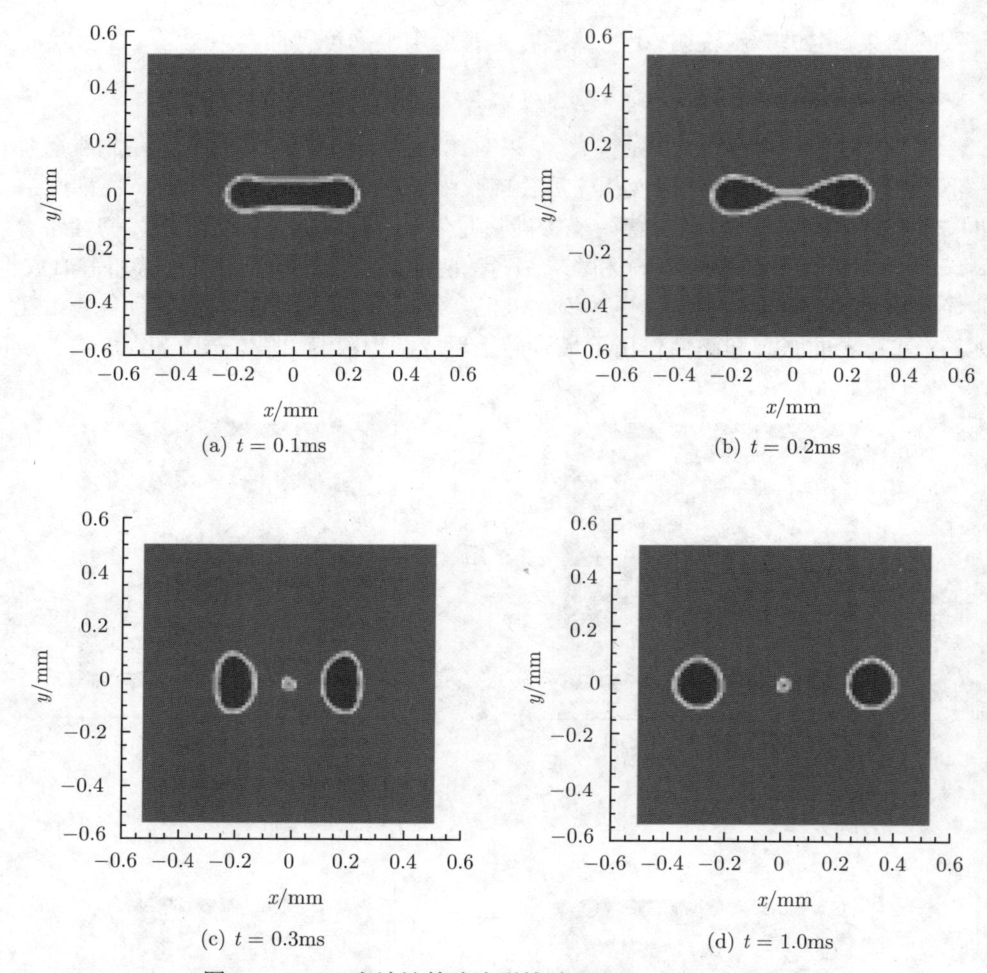

(a) $t = 0.1\text{ms}$　(b) $t = 0.2\text{ms}$

(c) $t = 0.3\text{ms}$　(d) $t = 1.0\text{ms}$

图 7.7　VOF 方法计算液滴碰撞结果 ($\text{We} = 19.8, \chi = 0$)

7.4.2　空气中二元液滴斜碰数值模拟

1. *液滴斜碰，相对速度* $v_{\text{rel}} = 2\text{m/s}$

在此碰撞条件下，$\text{We} = 8.8$，碰撞参数 $\chi = 0.5$，结果如图 7.8 和图 7.9 所示。切向碰撞能量转化为两液滴的转动动能，法向碰撞能量、表面张力以及转动产生的离心力共同作用使得液滴拉伸收缩。两个液滴融合在一起绕中心转动，同时伴随有径向的拉伸收缩，而此时的动能还不足以“克服”表面张力的“束缚”，最终会在黏性耗散作用下趋于稳定，聚合为一个液滴。

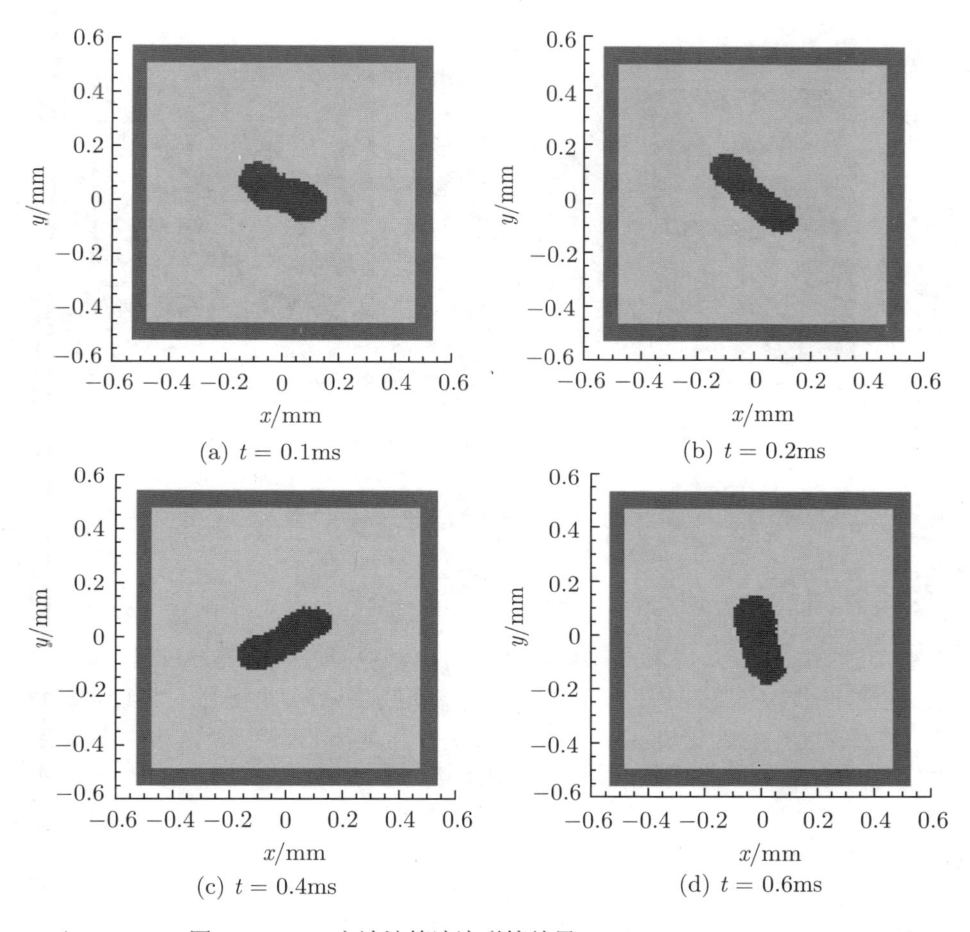

(a) $t = 0.1\text{ms}$ (b) $t = 0.2\text{ms}$

(c) $t = 0.4\text{ms}$ (d) $t = 0.6\text{ms}$

图 7.8 SPH 方法计算液滴碰撞结果 ($\text{We} = 8.8, \chi = 0.5$)

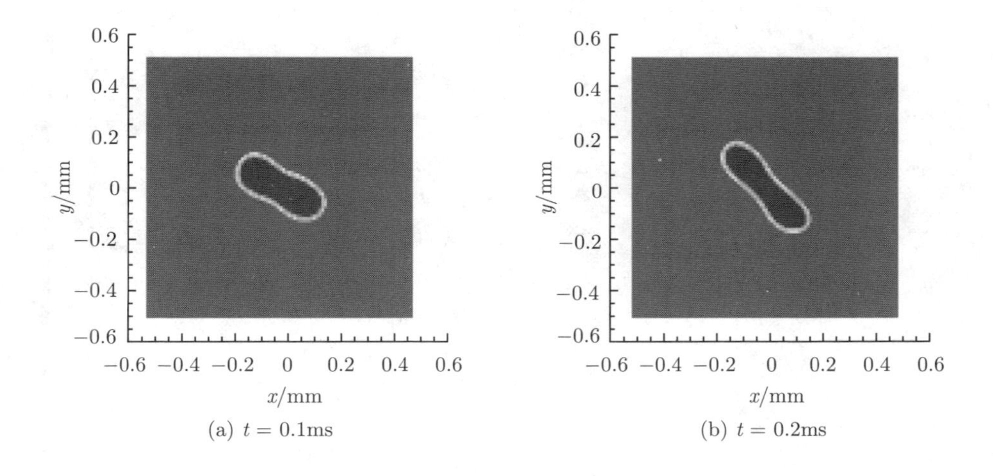

(a) $t = 0.1\text{ms}$ (b) $t = 0.2\text{ms}$

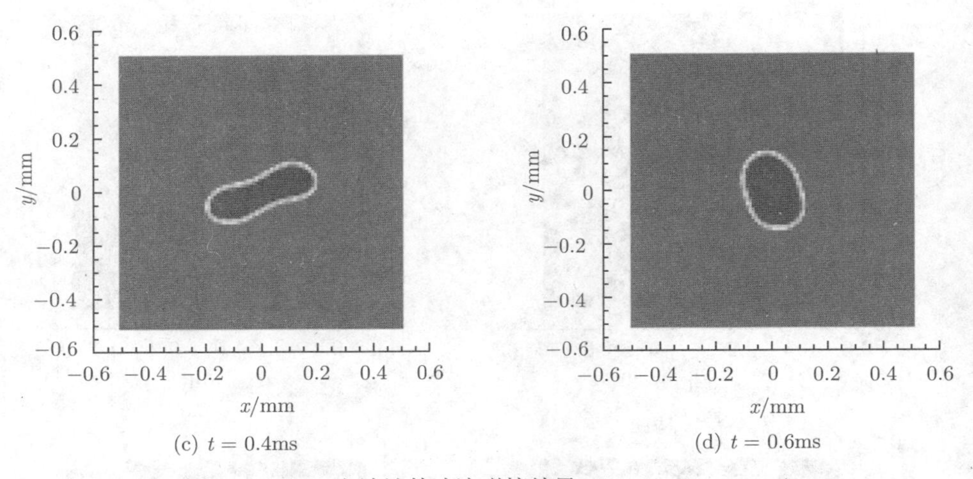

(c) $t = 0.4\text{ms}$　　(d) $t = 0.6\text{ms}$

图 7.9　VOF 方法计算液滴碰撞结果 ($\text{We} = 8.8, \chi = 0.5$)

2. 液滴斜碰，相对速度 $v_{\text{rel}} = 3\text{m/s}$

在 $\text{We} = 19.8, \chi = 0.5$ 的碰撞条件下，法向碰撞动能使得液滴接触部位相互挤压并沿径向收缩 (类似于正碰)，表面张力做负功将法向动能转化为自由表面能，而切向碰撞动能转化为液滴的转动动能，此时产生的离心力足够大，使得碰撞后的液滴沿轴向被进一步拉伸 [图 7.10(b)、图 7.11(b)]，最终颈缩部位破碎分离并产生“子液滴”[图 7.10(c)、图 7.11(c)]，这属于典型的拉伸分离过程，计算结果对比如图 7.10 和图 7.11 所示。

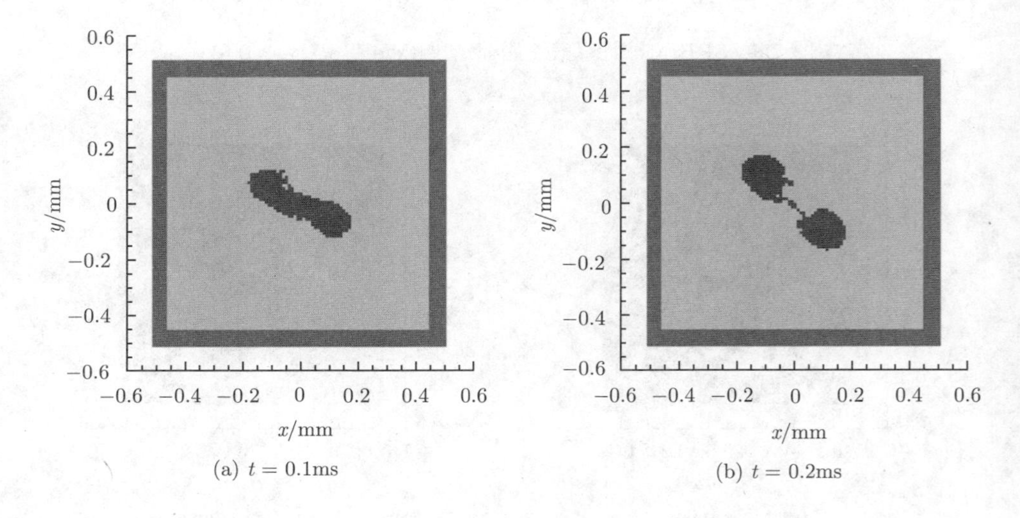

(a) $t = 0.1\text{ms}$　　(b) $t = 0.2\text{ms}$

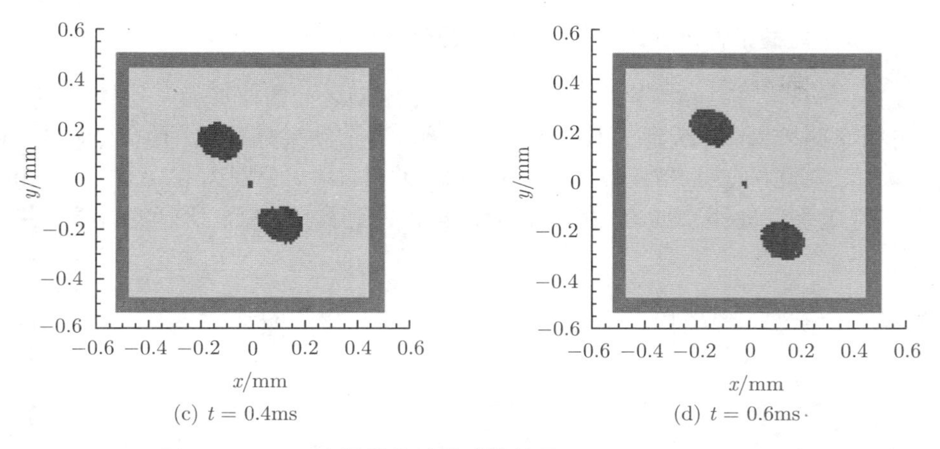

(c) $t = 0.4\text{ms}$ (d) $t = 0.6\text{ms}$

图 7.10 SPH 方法计算液滴碰撞结果 ($\text{We} = 19.8, \chi = 0.5$)

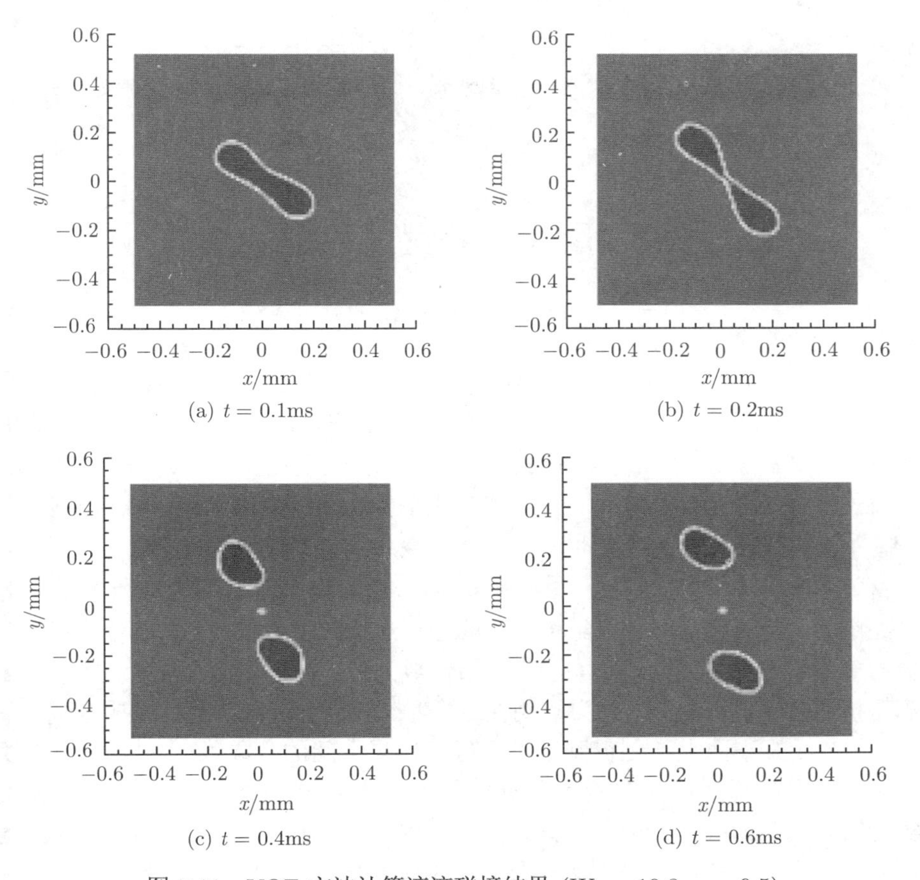

(a) $t = 0.1\text{ms}$ (b) $t = 0.2\text{ms}$

(c) $t = 0.4\text{ms}$ (d) $t = 0.6\text{ms}$

图 7.11 VOF 方法计算液滴碰撞结果 ($\text{We} = 19.8, \chi = 0.5$)

7.4.3　多个碰撞条件下的二元液滴碰撞数值模拟

Qian 等 [21] 在 1997 年对不同条件下两个水滴之间的碰撞做了比较完备的实验，分析了碰撞机理，得到了不同条件下的液滴碰撞结果分布图，具有很强的实践指导意义。在此，应用 SPH 算法尝试对 We 为 9~20，χ 分别为 0、0.25、0.5、0.75 的不同碰撞条件进行二维的 SPH 数值模拟，得到如图 7.12 所示的碰撞结果分布图。

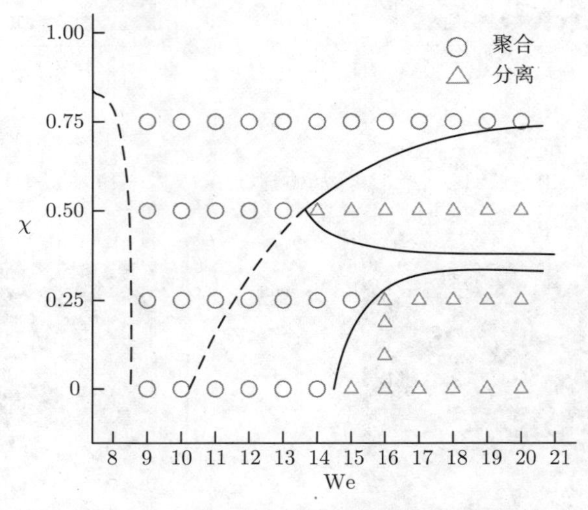

图 7.12　不同条件下的液滴碰撞结果分布图

在图 7.12 中，"△"符号表示碰撞后两液滴分离，"○"表示碰撞后两液滴聚合。从图中可以看出，在碰撞参数为 $\chi = 0.0$，即两液滴正碰时，区分聚合与分离的临界韦伯数在 14 与 15 之间，韦伯数小于 14，碰撞均发生聚合，韦伯数大于 15，碰撞均发生分离；碰撞参数为 0.25 时，临界韦伯数在 15 与 16 之间；碰撞参数为 0.5 时，临界韦伯数在 13 与 14 之间；当碰撞参数为 0.75 时，在韦伯数小于 20 时，碰撞均发生聚合，经过进一步的计算，临界韦伯数在 22 与 23 之间 (图中未标出)。

在图中，对两种不同碰撞结果之间的分界线进行大致描绘，需要注意的是，为了更为确切地绘制二者之间的分界，对韦伯数为 16、碰撞参数分别为 0.1 和 0.2 的液滴碰撞进行了补充计算，结果表明在这两种情况下，液滴碰撞均发生分离。基于此，在 We $-\ \chi$ 平面上绘制得到了不同碰撞结果之间的分界线 (图 7.12 中实线所示)。此图与 Qian 和 Law 实验得到的结果分布图有一定的相似之处，Qian 和 Law 的实验结果简图如图 7.13 所示，具体参见文献 [21]。对比 Qian 和 Law 实验得到的碰撞结果分布图，SPH 计算得到的分布图中没有出现"反弹"这一碰撞结果 (为了便于对比，图中用虚线表示)。通过分析碰撞机理可知：Qian 和 Law 做的是真实三维环境中的实验，而三维的液滴碰撞后在接触区域内会有气体进入，从而形成“气体空穴”，“空穴”内的气体受挤压，压力增大，在气体压力作用下液滴出现反弹分离 [21]；但在二维数值模拟中，由于没有第三维的存在，单纯在碰撞的二维平面上，液滴接触的区域不可能出现所谓的“气体空穴”，因此不会出现“反弹”这一碰撞结果。如果进一步进行三维条件下的数值模拟，很有可能会得到与实验近似一致的结果，这足以说明气液两相 SPH 算法在工程应用上的准确性和可行性。

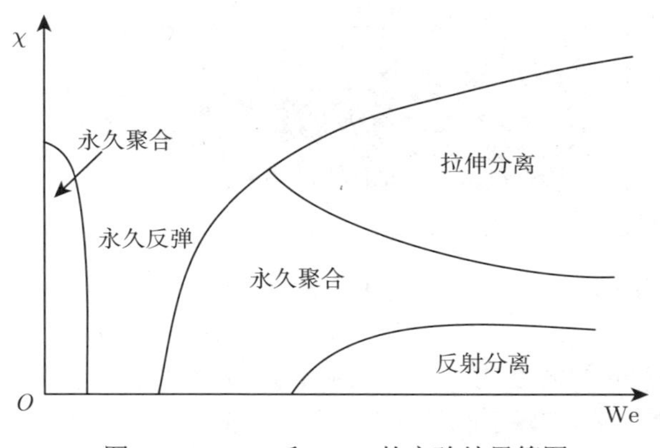

图 7.13 Qian 和 Law 的实验结果简图

7.5 液滴在气相场中二次破碎过程数值模拟

流场中液滴的二次破碎是液体抛撒和雾化过程中非常重要的过程，直接影响最终液滴的尺寸与分布。对于溶液中液滴的二次破碎问题，目前国内外研究仅限于二维的数值计算，而且研究较少，仅有 Han 和 Tryggvason[22,23] 在 1999 年和 2001 年分别运用有限差分与 front-tracking 方法结合的技术对恒定作用力及瞬间激励作用下轴对称液滴的二次破碎进行了模拟研究，对影响破碎的参数分别进行了实验分析；蔡斌等 [24] 应用 VOF 方法和湍流模型对液滴在气流中的破碎过程进行了二维数值研究，刘静等 [25] 应用 SIMPLE 方法结合 Level Set 方法同样对液滴的二次破碎进行了二维数值分析。以上数值算例均无法与实验进行对比验证，液滴二次破碎的二维数值模拟与三维数值模拟存在差异，尤其对于振荡破碎及袋状破碎模式。本节针对液滴的二次破碎进行三维探索性数值实验。

本算例采用的物理模型如图 7.14 所示。液滴的直径 $D = 75\mu m$，置于立方体容器中，容器尺寸为 380μm×155μm×155μm，无滑移边界尺寸为 15μm×15μm，粒子数为 39104 个，液滴粒子数为 1736 个，水溶液粒子数为 46260 个，中心液滴为油滴，参数见表 7.1，We 数、Re 数、密度比γ均在以下各算例中列出。

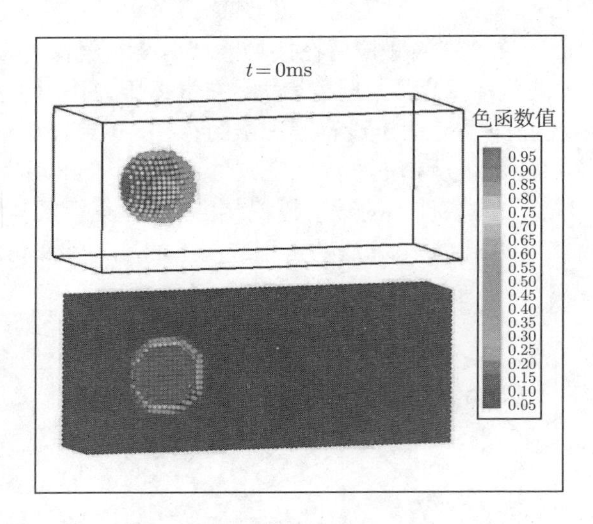

图 7.14　二次雾化中初始时刻液滴及流场形态

本节对改变不同的密度比及不同的液滴速度分别得到了向前袋状破碎、向后袋状破碎以及剪切破碎三种不同的破碎形式，如图 7.15～图 7.17 所示，从模拟结果看符合物理过程。由于目前在相关实验方面数据较少，并且本模型在求解气液两相流时存在一定困难，因此目前本算例尚未与实验结果进行比对，对这一问题的数值模拟仅用于说明该方法适合求解此类问题，有待于进一步实验验证。

算例 1：向前袋状破碎 ($\mathrm{We} = 47.54$，$\mathrm{oh_d} = 0.057$，$\gamma_\rho = 1.638$，$\gamma_\mu = 3.16$)

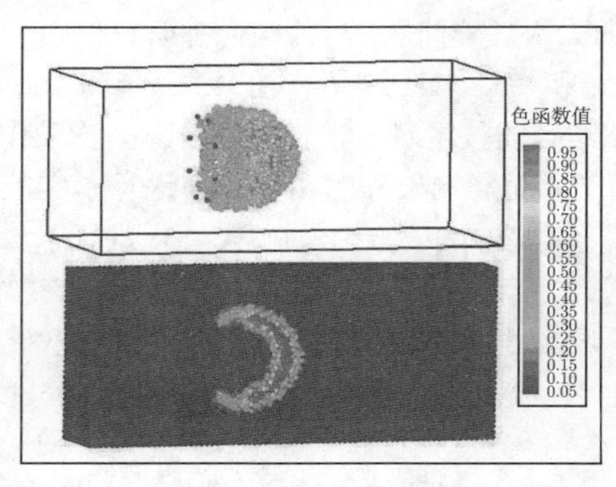

$T = 0.04$ms

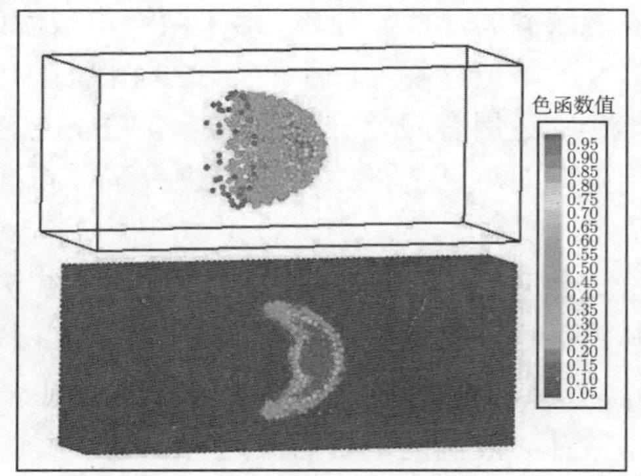

$T = 0.09$ms

图 7.15　液滴向前袋状破碎过程

算例 2：向后袋状破碎 ($\mathrm{We} = 95.09$，$\mathrm{oh_d} = 0.057$，$\gamma_\rho = 0.819$，$\gamma_\mu = 3.16$)

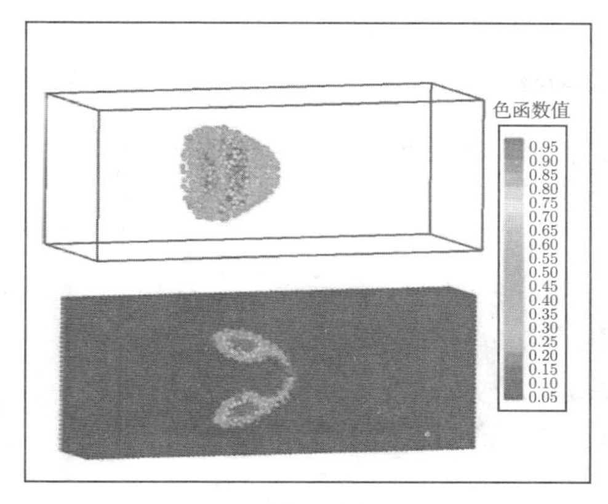

$T = 0.063\text{ms}$

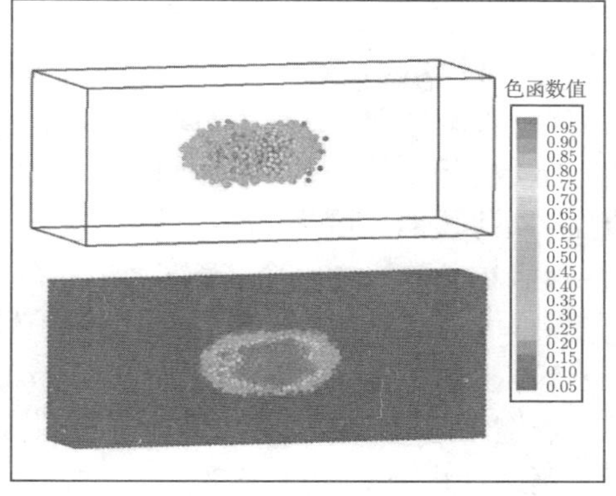

$T = 0.147\text{ms}$

图 7.16 液滴向后袋状破碎过程

算例 3：剪切破碎 ($\mathrm{We} = 27.38$，$\mathrm{oh_d} = 0.057$，$\gamma_\rho = 10$，$\gamma_\mu = 31.6$)

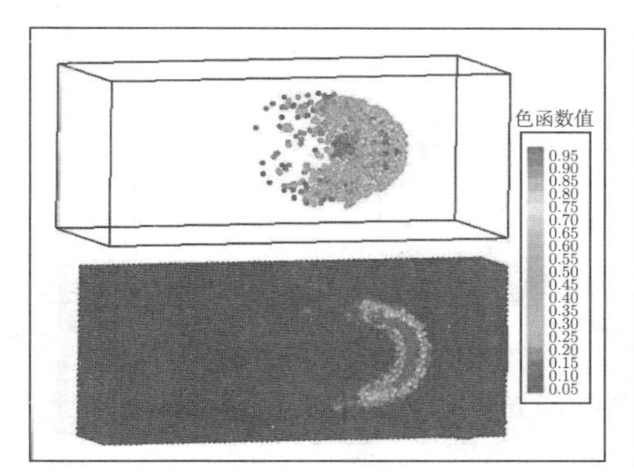

$T = 0.02\text{ms}$

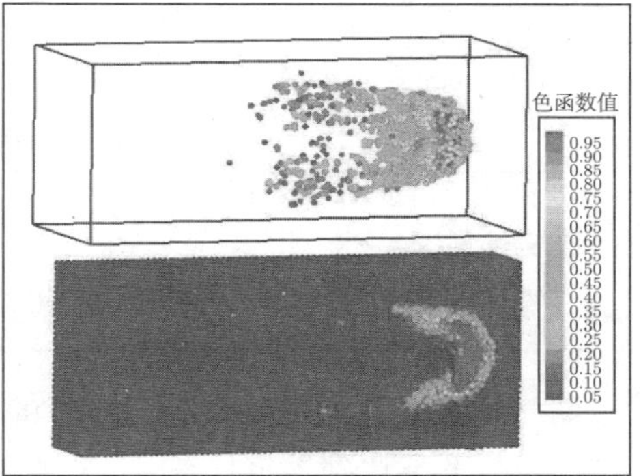

$T = 0.03\text{ms}$

图 7.17 液滴剪切破碎过程

7.6 液滴在气固交界面变形移动过程数值模拟

7.6.1 剪切气流驱动液滴在固体表面变形运动二维数值模拟

剪切气流驱动液滴在固体表面变形运动存在于各种工业领域，Gupta 等 [26] 实验研究了不同液滴在剪切流体作用下在固体表面的变形运动情况，利用 VOF 方法进行了数值模拟，并且与实验进行了对比分析。本节采用 7.2 节提出的含壁面附着力模型的表面张力算法，对剪切流体驱动液滴在固体表面变形运动进行二维模拟研究，模拟过程所采用的物质参数与 Gupta 等实验相同，并将数值模拟结果与其实验数据和 VOF 方法数值模拟结果进行对比分析，检验新的 SPH 表面张力算法在工程应用的可行性。

为了与 Gupta 实验进行对比，本节算例的条件与其实验条件相同，剪切流体为蒸馏水，液滴分别为苯胺和异喹啉溶液，液滴体积有 60μL 和 40μL 两种，物质参数如表 7.2 所示。当液滴体积为 60μL 时，算例尺寸为 40mm×10mm，上、下层为固壁边界，边界层的厚度为 1mm，粒子数为 2000 个；固壁边界中间为蒸馏水溶液和液滴，液滴粒子数为 432 个，蒸馏水溶液粒子数为 9568 个，粒子间距为 0.2mm，光滑长度 $h = 0.3$mm，$H = 0.6$mm。当液滴体积为 40μL 时，算例尺寸为 36mm×9mm，上、下层为固壁边界，边界层的厚度为 0.9mm，粒子数为 2000 个；固壁边界中间层为蒸馏水溶液和液滴，液滴粒子数为 448 个，蒸馏水溶液粒子数为 9552 个。粒子间距为 0.18mm，光滑长度 $h = 0.27$mm，$H = 0.54$mm。当模拟过程为二维时，剪切气流的速度按如下公式计算：

$$V_x = Dy \tag{7.39}$$

式中，V_x 为剪切气流速度；D 为控制气流大小的参数，根据实际需要调整；y 为粒子 y 方向坐标值。气流沿 x 轴负方向并且初始时只给液滴右边部分的气流施加速度。计算过程不涉及物质的重力。

表 7.2　本节算例中的物质参数列表

物质	密度/(kg/m^3)	与蒸馏水之间界面张力系数/(N/m)	黏度系数/(Ns/m^2)
蒸馏水	988.0	—	1.0×10^{-3}
苯胺	1023.5	5.27×10^{-3}	3.4×10^{-3}
异喹啉	1099.0	6.0×10^{-4}	2.9×10^{-3}

图 7.18 和图 7.19 是体积为 60μL 的苯胺和异喹啉液滴在不同速率的剪切流体作用下发生变形达到稳定状态时的图像对比，其中图 (a) 是文献实验图像，图 (b) 是 SPH 方法模拟的结果，图 (c) 是 VOF 方法模拟结果，图中 Q 为实验中剪切流体的流量，Re 和 Ca 分别为雷诺数和毛细管数。根据实验条件，将流量 Q 换算为剪切流体的速度，换算公式为 $V = 0.085Q$m/s，可得到剪切气流最大流速。

从图 7.18 和图 7.19 可以看出，苯胺与壁面的接触角度约为 129°，异喹啉与壁面的接触角度约为 84°。在剪切流体推动力作用下液滴开始变形，前进接触角逐渐增大，后退接触角逐渐减小，接触角度滞后逐渐增加。随着剪切流体速率逐渐增加，接触角度滞后也逐渐增加，当后退接触角即将离开壁面时，液滴从壁面脱落。两种液滴相比，相同点是其润湿、变形以及脱落等力学行为取决于液滴与壁面形成的平衡接触角以及接触角度滞后；不同点如下：①异喹啉液滴的润湿性比苯胺液滴强，因此润湿壁面的长度更长；②苯胺液滴的接触角度滞后更大，导致液滴整体从固体表面脱落，而异喹啉液滴的界面张力系数较小，液滴脱落的时候留下了一条“尾巴”，即分离出了小液滴。对比 VOF 仿真结果与新方法仿真结果，可以得出以下结论：①新方法模拟结果的界面更加清晰，而 VOF 方法在图 7.18 出现的“尾巴”等界面的细节方面模拟不准确；②两种方法的模拟结果有一定差别，与实验相比也各有差距，如图 7.18 用新方法模拟迎流面形态不如 VOF 方法模拟结果好，而图 7.19 用 SPH 方法模拟结果更加接近实验结果。总体来看，SPH 方法模拟结果与实验图像及物理过程基本吻合。

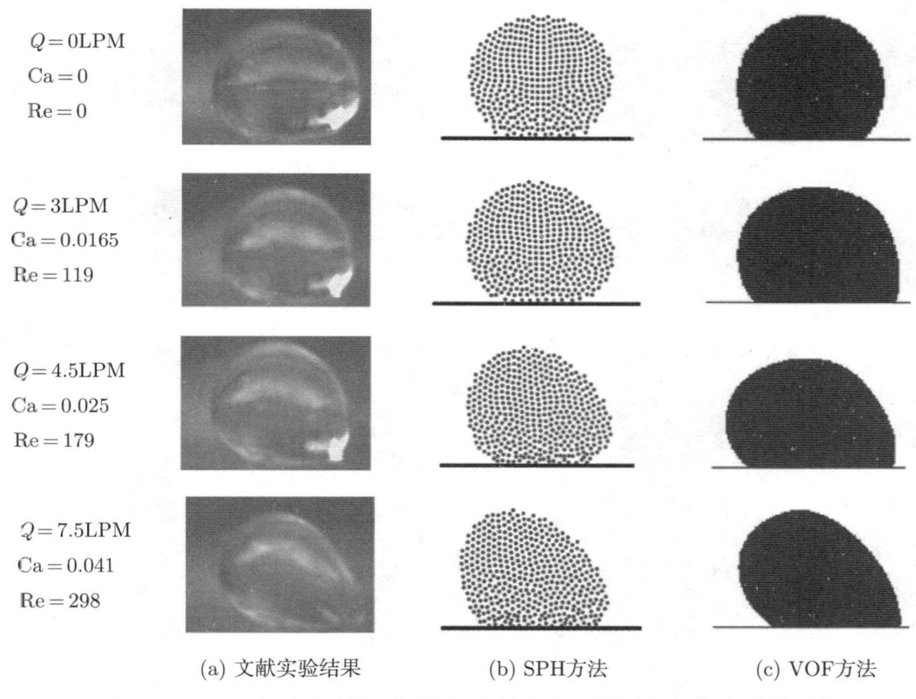

图 7.18 60μL 苯胺液滴在不同剪切流体速率下达到稳定状态时刻图像

图 7.20 和图 7.21 是体积为 40μL 的苯胺和异喹啉液滴在不同速率的剪切流体作用下发生变形达到稳定状态时的图像对比。与图 7.18 和图 7.19 不同，两种液滴与壁面的接触角度都发生了变化，苯胺液滴的接触角度由 129° 变为 122°，而异喹啉液滴的接触角度由 84° 变为 90°，表明液滴与壁面的接触角度与液滴的体积有关；由于体积减小，液滴的迎流面积减小，在相同速率的剪切气流作用下，相比 60μL 的液滴变形程度更小，要达到相同的变形程度，需要更大速率的剪切气流的作用，如图 7.21 所示。两种方法的模拟结果与实验结果相比，VOF 方法的结果误差更大，失真度更高，一些细节已难以捕捉，如图 7.21 液滴出现的“尾巴”。SPH 方法的结果误差更小，细节模拟较为准确。

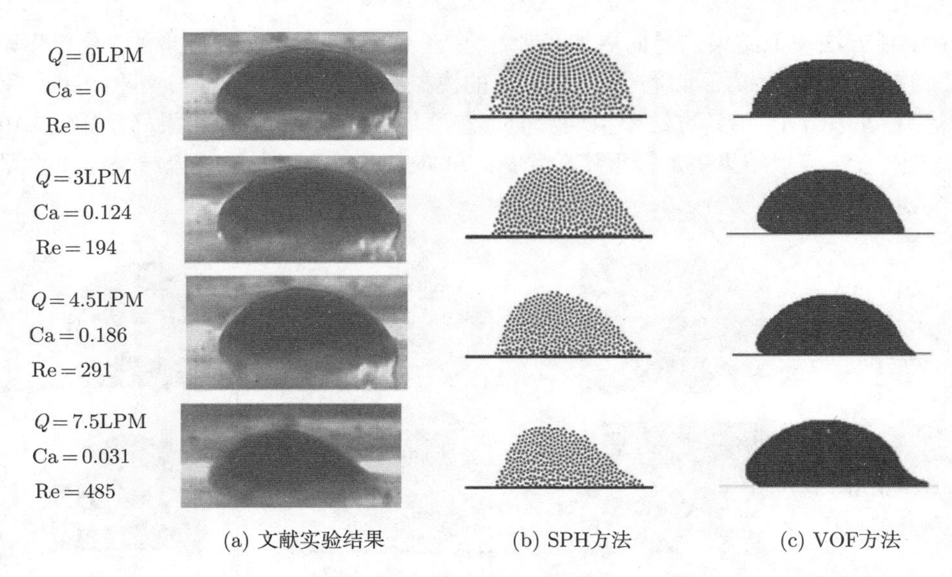

图 7.19　60μL 异喹啉液滴在不同剪切流体速率下达到稳定状态时刻图像

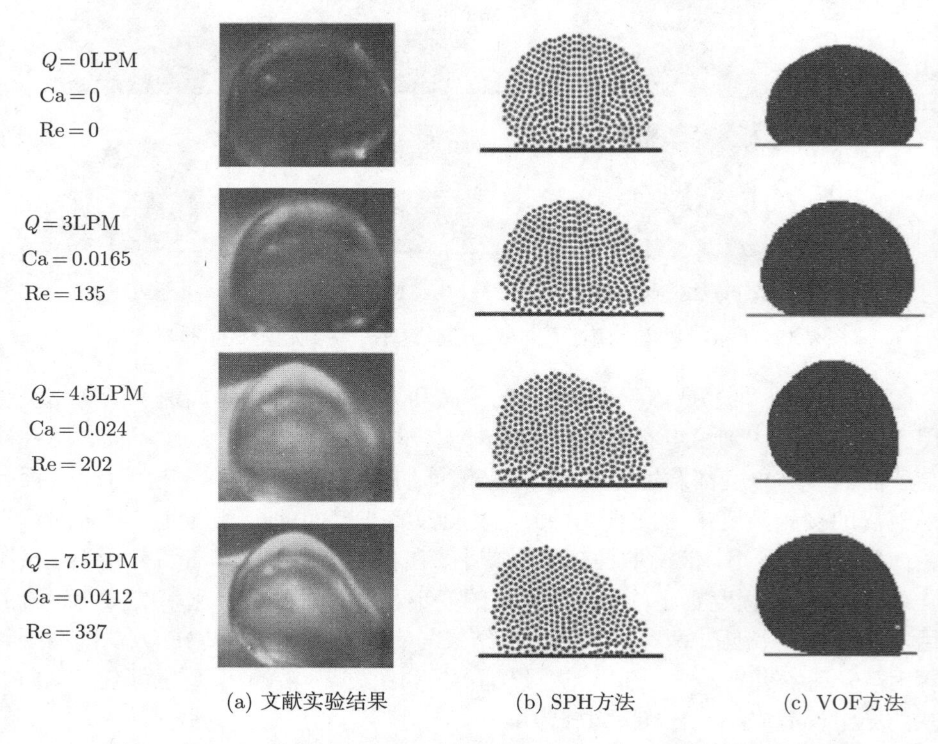

图 7.20　40μL 苯胺液滴在不同剪切流体速率下达到稳定状态时刻图像

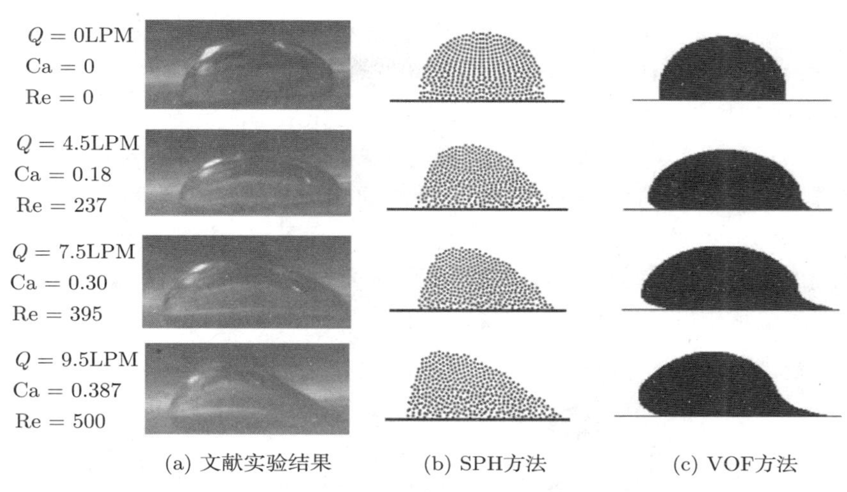

图 7.21 40μL 异喹啉液滴在不同剪切流体速率下达到稳定状态时刻图像

图 7.22 和图 7.23 是体积为 60μL 的苯胺和异喹啉液滴在流量 $Q = 12\text{LPM}$ 的剪切流体作用下其形态随时间变化图像对比。苯胺液滴在剪切气流的作用下，迎流面沿气流方向逐渐倾斜变形，液滴顶部逐渐由钝圆形变尖，由于苯胺的界面张力比较大，所以在剪切气流的作用下整体沿气流方向倾斜，最终整体从固体表面脱落。与

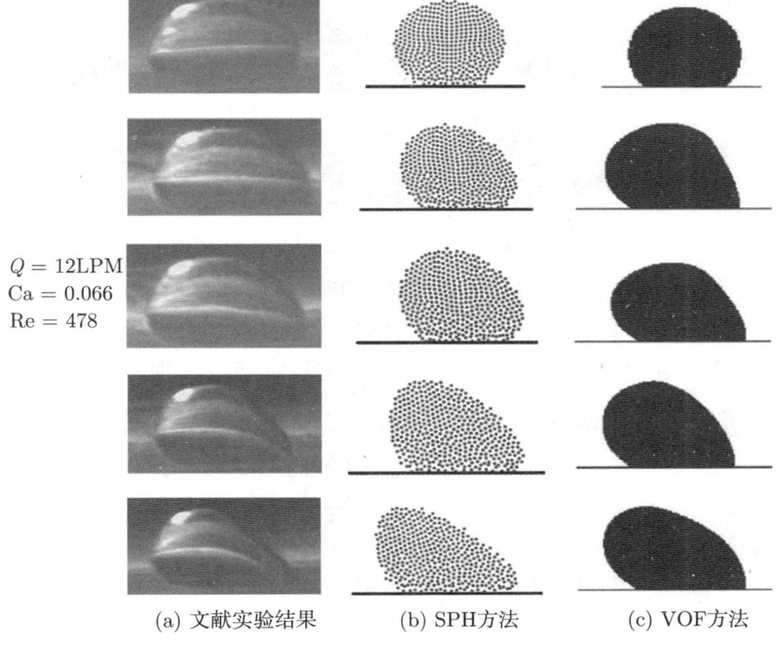

图 7.22 60μL 苯胺液滴在 $Q = 12\text{LPM}$ 的剪切流体作用下形态随时间变化过程

苯胺液滴变化不同，异喹啉液滴在剪切气流的作用下，迎流面沿气流方向呈凹陷状并且顶部脊状隆起，由于界面张力比较小，迎流面逐渐拉长，顶部隆起越来越明显，形成的“尾巴”也越来越长，最终前面部分最先从壁面脱落。从模拟的效果看，通过与实验图像进行对比，VOF 方法模拟结果明显没有新方法模拟结果准确，尤其是图 7.22 的 VOF 方法的模拟结果，液滴的前半部分已脱离壁面，尾部的凹陷过大，这些都已经明显与实验结果和实际物理过程不符，模拟出现明显失真。与图 7.20 和图 7.21 对比看出，剪切气流速率的增加直接导致了接触角度滞后的增大，即液滴变形程度的增大，苯胺液滴被拉长的程度增加，异喹啉液滴的“尾巴”拖得更长。

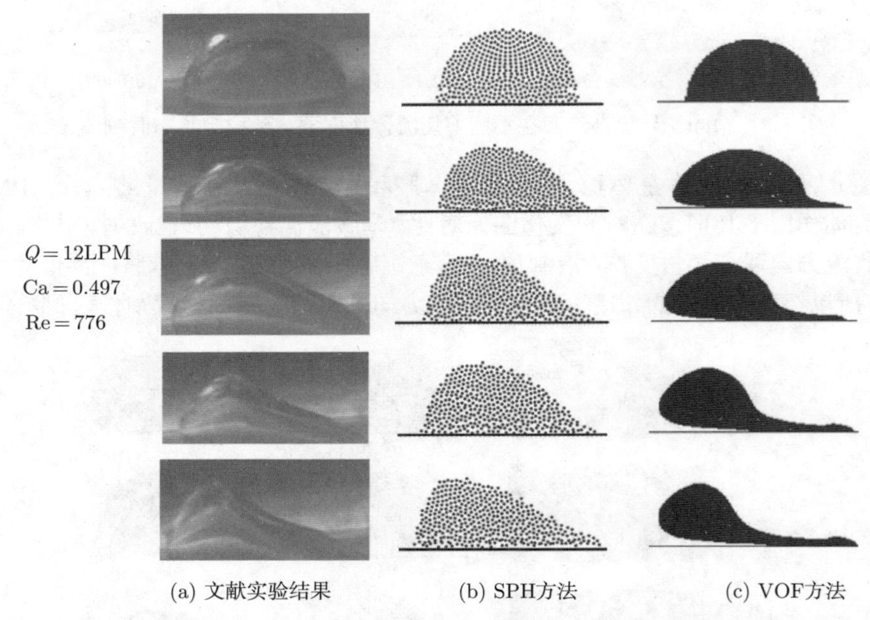

图 7.23 60μL 异喹啉液滴在 $Q = 12$LPM 的剪切流体作用下形态随时间变化过程

7.6.2 剪切气流驱动液滴在固体表面变形运动三维数值模拟

由于算法存在不足或者计算存在困难，以前多数学者对此类问题进行的数值模拟仅限于二维，而宏观实际均为三维，因此只进行二维的模拟分析还不够，需要进行三维的数值模拟分析才能弥补二维模拟存在的不足，才能更加形象、充分地说明问题，为实际工程应用提供帮助。本小节针对液滴在气固交界面变形运动问题进行三维数值模拟，开展探索性数值模拟研究。

本小节算例中的空气用水代替，流体粒子等间距地分布在 $x \in [-0.00019, 0.00014]$，$y \in [-0.0001, 0.0001]$，$z \in [-0.000025, 0.0001]$ 区域内，粒子总数为 79200

个。上下层固体壁面边界厚度为 0.025mm，粒子数为 26400 个，液滴半径为 0.04mm，粒子数为 2176 个，水溶液粒子数为 50624 个，粒子间距为 0.005mm，光滑长度 $h = 0.0075\text{mm}$，$H = 0.015\text{mm}$，模拟液滴物质参数如表 7.3 所示。润湿角是几种模拟物质液滴在涂抹了密度为 955kg/m^3 的硅烷的玻璃表面形成的。剪切气流的速度仍按式 (7.39) 的形式给定，只是坐标值由 y 替换为 z。

表 7.3 本节算例中模拟液滴的物质参数列表

物质	密度/(kg/m^3)	界面张力系数/(N/m)	黏度系数/(Ns/m^2)	在硅烷表面的润湿角/(°)
去离子水	1000.0	7.4×10^{-2}	1.005×10^{-3}	85.5
水与甘油混合物	1120.0	6.8×10^{-2}	6.0×10^{-3}	63.7
纯甘油	1260.0	6.3×10^{-2}	1.41	53.4

图 7.24～ 图 7.26 分别是去离子水液滴、水与甘油混合物液滴、纯甘油液滴在剪切流体作用下在固体表面变形运动过程的三维数值模拟结果。可以看出，液滴首先在表面张力作用下，与壁面达到平衡接触角，而后在剪切流体作用下逐渐变形，直至从壁面脱落。但是比较这三种液滴的变化过程又各有特点。

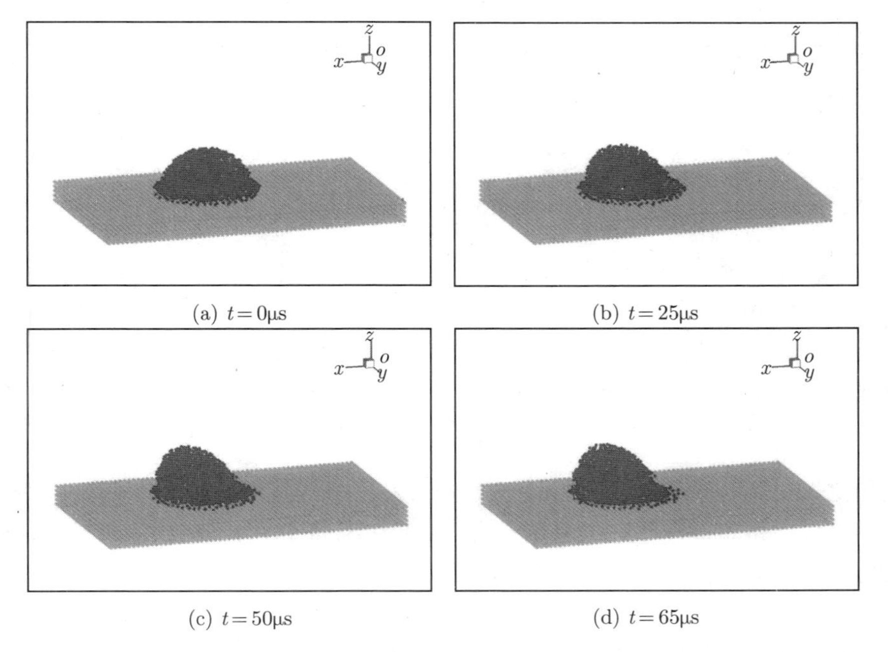

(a) $t = 0\mu\text{s}$　(b) $t = 25\mu\text{s}$　(c) $t = 50\mu\text{s}$　(d) $t = 65\mu\text{s}$

图 7.24 去离子水液滴在剪切流体作用下在固体表面变形运动过程三维数值模拟

图 7.24 中去离子水与壁面形成的接触角最大，表明其润湿能力最差。由于界面张力系数最大，黏度系数最小，在剪切流体作用下，其整体沿剪切流体速度方向

变形倾斜，顶部出现隆起，液滴整体被逐渐拉长，最终整体从壁面脱落，但是在脱落时刻，其前后接触线基本保持近似圆形。其整体变化过程与图 7.22 所示的二维变化过程类似。

相比去离子水，图 7.25 中水与甘油混合物液滴形成的接触角度有所减小，润湿能力有所增强，界面张力系数减小，黏度系数增大，在剪切流体作用下，液滴与壁面接触部分后缘没有随剪切流体作用变形，出现“黏着”现象，形成了一段“尾巴”形状，只有在此以上的液滴沿剪切流体速度方向逐渐倾斜变形，直至脱落。液滴后缘的接触线逐渐由半圆形变成一个“尾巴”形状。其整体变化过程与图 7.21 所示的二维变化过程类似。

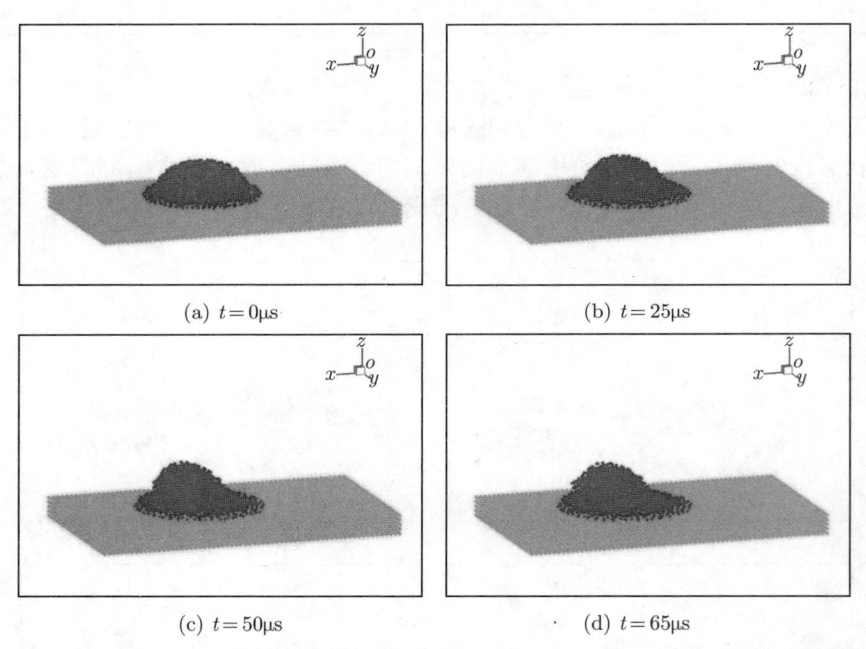

图 7.25 水与甘油混合物液滴在剪切流体作用下在固体表面变形运动过程三维数值模拟

相比以上两种液滴，图 7.26 中纯甘油液滴形成的接触角最小，润湿能力最强。由于界面张力系数最小而黏度系数最大，在剪切流体作用下，相比水与甘油混合物液滴出现的“黏着”现象，纯甘油液滴后缘形成了更长一段“尾巴”，只有在此以上的液滴的一小部分沿剪切流体速度方向逐渐倾斜变形，直至脱落。如果液滴在此后连续运动，液滴后半部分的尾巴将会破碎成为更小的液滴。其整体变化过程与图 7.23 所示的二维变化过程类似。

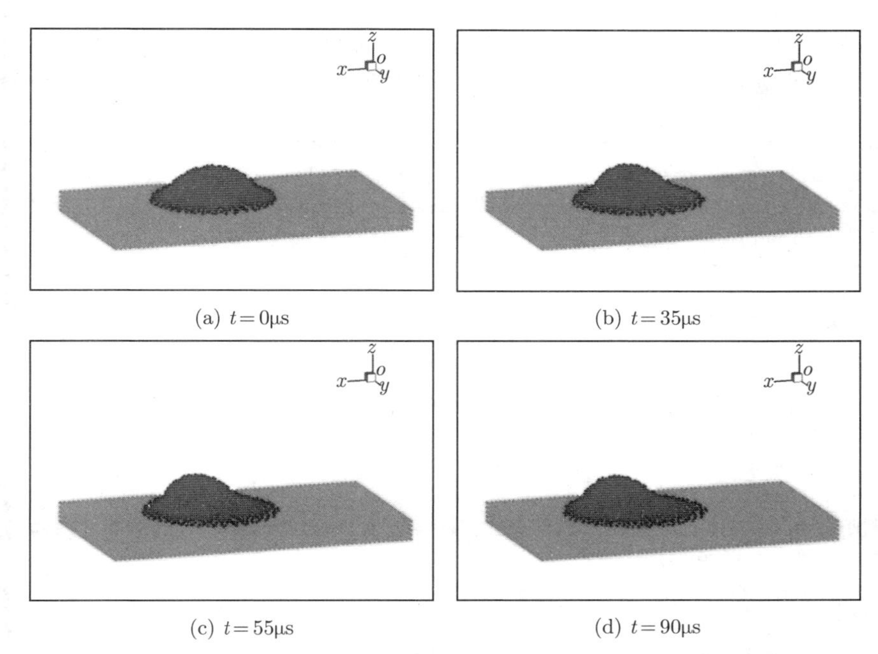

(a) $t=0\mu s$　(b) $t=35\mu s$

(c) $t=55\mu s$　(d) $t=90\mu s$

图 7.26　纯甘油液滴在剪切流体作用下在固体表面变形运动过程三维数值模拟

7.7 小　　结

在气体–液滴两相流问题中，空气中液滴的碰撞涉及表面张力处理以及大密度差问题，液滴在气固交界面变形移动过程涉及复杂的界面处理，而采用传统网格法较难捕捉到液滴变形运动的细节。为了深入认识气体–液滴两相流运动机理，并为第 8 章中建立液滴变形破碎的宏观物理模型打下基础，本章对气液两相流数值模拟进行了论述。由于在这些问题上，传统的 SPH 方法不再适用，所以我们在传统 SPH 基础上提出修正表面张力算法和气–液大密度差 SPH 方法，推导了含壁面附着力边界条件的表面张力算法，并成功地将 SPH 方法应用到上述领域。一方面，拓展了 SPH 方法的应用领域，验证了 SPH 方法在这类问题上应用的可行性和有效性；另一方面，对气体–液滴两相流物理过程进行数值模拟，进一步揭示其机理，从而为实验及工程应用提供一系列指导。

参 考 文 献

[1] RUDMAN M J. Volume tracking methods for interfacial flow calculations [J]. International Journal for Numerical Methods in Fluids, 1997, 24: 671-691.

[2] COLELLA P, WOODWARD P R. The piecewise-parabolic method for gas dynamics simulations[J]. Journal of Computational Physics, 1984, 54: 174-201.

[3] 刘儒勋, 舒其望. 计算流体力学的若干新方法 [M]. 北京: 科学出版社, 2003.

[4] HIRT C W, NICHOLS B D. Volume of fluid methods for the dynamics of free boundaries [J]. Journal of Computational Physics, 1981, 39: 201-225.

[5] BRACKBILL J U, KOTHE D B, ZEMACH C. A continuum method for modeling surface tension [J]. Journal of Computational Physics, 1992, 100: 335-354.

[6] MORRIS J P. Simulating surface tension with smoothed particle hydrodynamics [J]. International Journal for Numerical Methods in Fluids, 2000, 33: 333-353.

[7] MONAGHAN J J. An SPH formulation of surface tension [R]. Applied Mathematics Reports and Preprints, Monash University (95/44), 1995.

[8] CHEN J K, BERAUN J E, CARNEY T C. A corrective smoothed particle method for boundary value problems in heat conduction [J]. International Journal for Numerical Methods in Engineering, 1999, 46(2): 231-252.

[9] CHEN J K, BERAUN J E. A generalized smoothed particle hydrodynamics method for nonlinear dynamic problems[J]. Computer Methods in Applied Mechanics and Engineering, 2000, 190(1-2): 225-239.

[10] 强洪夫, 刘开, 陈福振. 液滴在气固交界面变形移动问题的光滑粒子流体动力学模拟 [J]. 物理学报, 2012, 61(20): 204701(1-12).

[11] 强洪夫, 刘开, 陈福振. 基于 SPH 方法的剪切流驱动液滴在固体表面变形运动数值模拟研究 [J]. 工程力学, 2013, 30(11): 286-292.

[12] 强洪夫, 刘开, 陈福振. 基于无滑移边界条件的 SPH 方法研究 [J]. 计算机应用研究, 2012, 29(11): 4127-4130.

[13] OTT F, SCHNETTER E. A modified SPH approach for fluids with large density differences[J]. arxiv: Physics/0303112, 2003.

[14] ADAMI S, HU X Y, ADAMS N A. A new surface-tension formulation for multi-phase SPH using a reproducing divergence approximation[J]. Journal of Computational Physics, 2010, 229: 5011-5021.

[15] HU X Y, ADAMS N A. An incompressible multi-phase SPH method[J]. Journal of Computational Physics, 2007, 227: 264-278.

[16] 刘开. 液滴在气固交界面变形运动的 SPH 方法数值模拟 [D]. 西安: 第二炮兵工程大学, 2012: 20-21.

[17] MONAGHAN J J. Smoothed particle hydrodynamics[J]. Annual Review of Astronomy and Astrophysics, 1992, 30: 543-574.

[18] MONAGHAN J J. SPH without a tensile instability[J]. Journal of Computational Physics, 2000, 159: 290-311.

[19] GRAY J P, MONAGHAN J J, SWIFT R P. SPH elastic dynamics[J]. Computer Methods in Applied Mechanics and Engineering, 2001, 190: 6641-6662.

[20] CHEN R H. Diesel-diesel and diesel-ethanol drop collisions[J]. Applied Thermal Engineering, 2007, 27: 604-610.

[21] QIAN J, LAW C K. Regimes of coalescence and separation in droplet collision[J]. Journal of Fluid Mechanics, 1997, 331: 59-80.

[22] HAN J H, TRYGGVASON G. Secondary breakup of axi-symmetric liquid drops. II. impulsive acceleration [J]. Physics of Fluids, 2001, 13(6): 1554-1565.

[23] HAN J H, TRYGGVASON G. Secondary breakup of axi-symmetric liquid drops. I. Acceleration by a constant body force [J]. Physics of Fluids, 1999, 11(12): 3650-3667.

[24] 蔡斌, 李磊, 王照林. 液滴在气流中破碎的数值分析 [J]. 工程热物理学报, 2003, 4: 613-616.
[25] LIU J, XU X. Direct numerical simulation of secondary breakup of liquid drops [J]. Chinese Journal of Aeronautics, 2010, 23: 153-161.
[26] GUPTA A K, BASU S. Deformation of an oil droplet on a solid substrate in simple shear flow[J]. Chemical Engineering Science, 2008, 63: 5496-5502.

第 8 章　含颗粒碰撞聚合、破碎过程的 SDPH-FVM 耦合方法

第 7 章采用含表面张力算法的 SPH 方法对液滴的碰撞聚合、反弹及液滴在气流场中的二次破碎过程进行了直接数值模拟研究，虽然可以捕捉物理过程的细节，分析物理机理，但不适合于对工程实际问题的研究，因为通常系统中包含有数万甚至数亿个颗粒，现有计算机硬件远远不能达到要求。群体平衡模型通过引入数值密度的连续形式，建立了描述颗粒间碰撞和颗粒破碎等微观行为及粒径变化的宏观方程式，对颗粒碰撞和破碎过程进行间接描述，适合于大规模工程计算，已成功与 CFD 方法相结合并应用于结晶过程的数值模拟研究。而本书论述的 SDPH-FVM 方法基于 CFD 中的 TFM，同时 SDPH 单粒子增加了粒径分布参数，可以表征颗粒的粒径分布形态。因此，本章在第 4 章和第 5 章建立的 SDPH-FVM 耦合方法的基础上，通过引入群体平衡模型，阐述了计算颗粒多尺寸分布参数的含颗粒碰撞聚合、破碎过程的 SDPH-FVM 耦合新方法，并进行了算例验证。

8.1　液滴碰撞理论

本节对 7.4 节进行的液滴碰撞数值模拟进行总结，为本章建立包含液滴碰撞过程的宏观模型提供理论基础。液滴在气相或液相中相互碰撞，界面将液滴从连续相中分离出来，形成独立的颗粒离散相。液滴碰撞后通过挤压排出中间薄层流体，产生聚合，形成一定形状和尺寸的液滴。薄层排除的速度取决于聚合的速度。图 8.1 为两相同尺寸的液滴碰撞示意图，当两液滴发生碰撞时将产生一些可能的结果，主要取决于碰撞初始动能、碰撞参数、液滴尺寸、流体性质等。这些可归纳为无量纲参数：Reynold 数 (Re)、Weber 数 (We)、碰撞参数 (χ)、液滴尺寸比 (Δ)，以及 Ohnesorge 数 (Oh)，定义如下：

$$\mathrm{Re}=\frac{\rho v_{\mathrm{rel}}D}{\eta},\quad \mathrm{We}=\frac{\rho v_{\mathrm{rel}}^2 D}{\sigma},\quad \chi=\frac{X}{D},\quad \Delta=\frac{D_{\mathrm{S}}}{D_{\mathrm{L}}},\quad \mathrm{Oh}=\frac{\mu}{\sqrt{\rho\sigma D}} \tag{8.1}$$

式中，ρ 为液滴密度；σ 为液滴表面张力系数；D 为液滴直径；v_{rel} 为两液滴之间的相对速度；X 为两液滴的偏心距离；D_{S}、D_{L} 分别为小液滴和大液滴直径；μ 为液滴动力黏度。

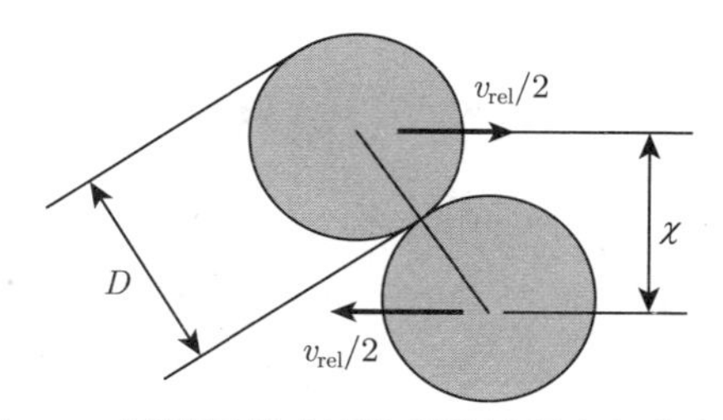

图 8.1 两相同尺寸液滴碰撞过程中部分参数

通过对前人的实验 [1,2] 及课题组的数值模拟结果 [3−5] 进行总结得出，对于液滴的正心碰撞和斜心碰撞会产生四种典型的碰撞结果：永久聚合、永久反弹、反射分离以及拉伸分离。当两个同种相似尺寸的液滴接近正心碰撞时，它们瞬间聚合形成一个圆盘状液滴，随后沿径向逐渐收缩。由于表面张力驱动作用造成液体在径向的流入，而后液体流出圆盘的中心，聚合液滴被拉伸成长柱形，两末端逐渐趋向于球形。随着 We 数的增加，液柱的拉伸动能超越自身的表面张力束缚后，反射分离碰撞模式产生。当 We 数继续增加，液柱将破碎成更多细小的液滴。相应地，当两个液滴在较高的碰撞参数下发生斜心碰撞时，仅有部分区域直接接触，大部分液滴将沿初始运动轨迹继续运动，造成接触的流体部分被拉伸。随着 We 数或碰撞参数 χ 的继续增加，碰撞接触部位的动能与液滴的表面能比值超出临界值时，液滴将产生拉伸分离。假如碰撞参数继续增加，两收缩液滴之间连接的拉伸区域将破碎成一个或多个从属子液滴。无论正碰或斜碰，在较高的相对速度下，都将产生粉碎性的破碎分离，碰撞液滴将破碎成更多细小的液滴。

与同种相溶液滴的碰撞模式不同，在较低韦伯数下，异种难溶液滴的碰撞将产生反弹而不会出现聚合现象；在高韦伯数下，当碰撞参数较小时，两异种难溶液滴短暂聚合后将反射分离；当增大碰撞参数时，不会出现同种液滴碰撞产生的永久聚合现象，而仅能发生拉伸分离；继续增大碰撞参数，液滴将发生反射分离。

液滴碰撞结果分布如图 8.2 所示。

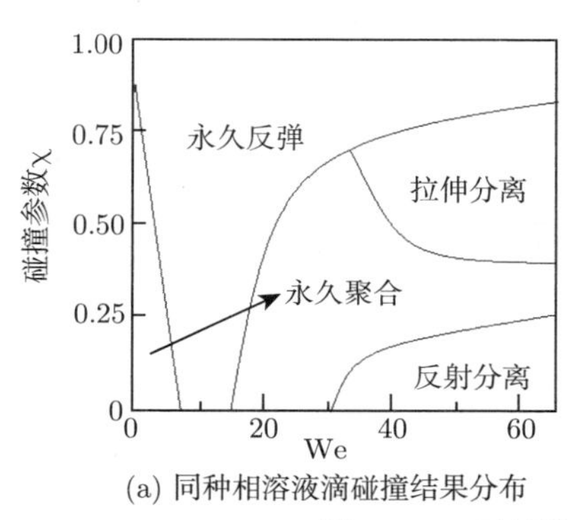

(a) 同种相溶液滴碰撞结果分布

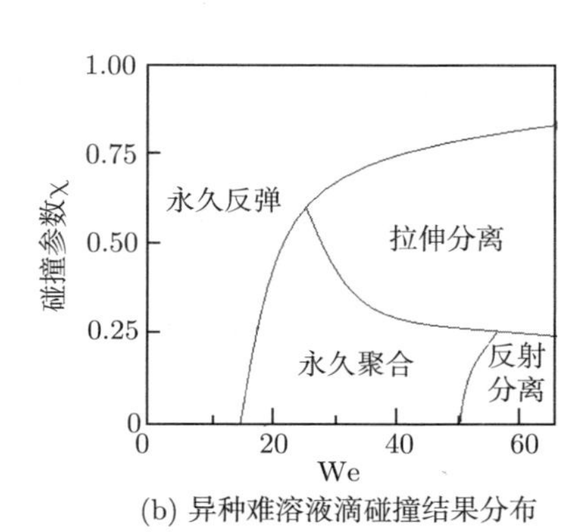

(b) 异种难溶液滴碰撞结果分布

图 8.2 二元液滴碰撞结果分布示意图

8.2 液滴二次破碎理论

如前所述，本节对 7.5 节进行的液滴在气流场中的二次破碎过程进行总结。稳定液滴进入流场中，当受到的流场气动力作用足够大时，将导致液滴变形甚至破碎，这个过程也称为液体二次雾化过程。通过文献实验可以得出，影响液滴二次破碎结果的参数主要为液滴的 We 数、Oh 数、两流体密度比 γ_ρ 及黏度比 γ_μ。We 数与 Oh 数公式如式 (8.1) 所示，γ_ρ 与 γ_μ 公式如下：

$$\gamma_\rho = \frac{\rho_\mathrm{d}}{\rho_\mathrm{o}}, \quad \gamma_\mu = \frac{\mu_\mathrm{d}}{\mu_\mathrm{o}} \tag{8.2}$$

式中，下标 d 和 o 分别表示液滴和外部流体。

同样，通过对前人的实验及数值模拟结果总结可以发现：当 Oh 数较小时，液滴的黏性影响可以忽略，较低 We 数下液滴仅发生变形而不会破裂，随着 We 数的增加，可以观测到四种典型的破碎模式，如图 8.3 所示，具体如下。

(1) 变形及振荡破碎。当球形液滴以较低 We 数进入流场区域时，由于液滴表面非均等压力的作用，液滴由初始形状变为扁平的球状，而同时自身表面张力的作用使其又重新恢复到原状，因此形成一定的振荡。在一些情况下该振荡会使初始液滴破碎成两个或一些较大的液滴。

(2) 袋状破碎。同样在较低 We 数下，变形液滴周围流场的分离导致在滞止点和尾流之间产生一定的正压力差，进而吹动液滴中心物质向下游流动，从而产生袋状结构，边缘形成花环状，在较小的扰动下，较薄的袋状液膜破裂成小液滴，环状部位破裂成大液滴。

(3) 剪切破碎。高于袋状破碎的相对 We 数，液滴在初始变形下，外部气流在其边缘部位会剥离出一薄膜状结构，进一步演变为袋状，进而破碎成一系列小的液滴。

(4) 爆炸性破碎。在非常高的 We 数下，较强表面波的作用使液滴发生无规则爆裂。

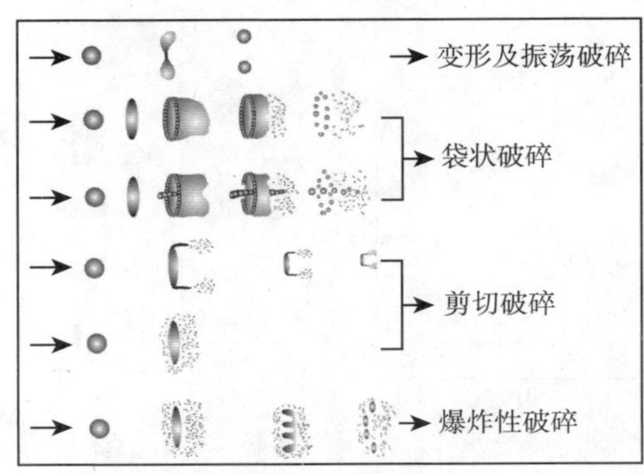

图 8.3 液滴二次破碎模式示意图

8.3 描述颗粒碰撞聚合、破碎的群体平衡模型

群体平衡模型[6] (population balance model, PBM) 最早由 Randolph 等提出[7]，也称为粒数衡算模型或粒数连续性模型 [8]。该模型能够描述工业过程中离散相体系 (鼓泡床、流化床、结晶等反应过程) 的离散相实体的尺度分布及其相间微观行为 (生长、凝聚、破碎和沉降等)，并逐渐和 CFD 耦合来描述离散相系统的有效工具。国内外群体平衡模型已广泛应用于结晶、食品、化学和制药工业等，尤其在结晶学中，利用群体平衡模型研究结晶过程，为结晶动力学研究提供了有效工具，并且研究已经相当成熟，甚至已应用于指导工业生产。

群体平衡方程即粒数密度方程 (number density function，NDF) 的连续性描述，NDF 为离散相的光滑微分均值方程，表述为在点 $\boldsymbol{x} = (x_1; x_2; x_3)$ 附近体积 $\mathrm{d}\boldsymbol{x} = \mathrm{d}x_1\mathrm{d}x_2\mathrm{d}x_3$ 颗粒尺寸 $(L, L+\mathrm{d}L)$ 范围内颗粒单元的数量为

$$n\left(L; \boldsymbol{x}, t\right) \mathrm{d}\boldsymbol{x}\mathrm{d}L \tag{8.3}$$

群体平衡方程可写为

$$\frac{\partial}{\partial \boldsymbol{t}}\left[n\left(L\right)\right] + \nabla \cdot \left[\bar{\boldsymbol{U}}_{\mathrm{d}} n\left(L\right)\right] = \left[B\left(L; \boldsymbol{x}, t\right) - D\left(L; \boldsymbol{x}, t\right)\right] \tag{8.4}$$

式中，$\bar{\boldsymbol{U}}_{\mathrm{d}}$ 为颗粒的平均速度；$B\left(L; \boldsymbol{x}, t\right)$ 和 $D\left(L; \boldsymbol{x}, t\right)$ 分别表征尺寸为 L 的颗粒由于聚合和破碎造成的生函数和死函数。由于破碎造成的生函数项为

$$B^{B}\left(L\right) = \int_{L}^{\infty} b\left(L|\lambda\right) a\left(\lambda\right) n\left(\lambda\right) \mathrm{d}\lambda \tag{8.5}$$

由于聚合作用产生的生函数项为

$$B^{C}\left(L\right) = \frac{1}{2}\int_{0}^{\infty} \beta\left[\left(L^{3} - \lambda^{3}\right)^{1/3}, \lambda\right] n\left[\left(L^{3} - \lambda^{3}\right)^{1/3}\right] n\left(\lambda\right) \mathrm{d}\lambda \tag{8.6}$$

由于破碎和聚合作用造成的颗粒死函数为

$$D^{B}\left(L\right) = a\left(L\right) n\left(L\right) \tag{8.7}$$

$$D^{C}\left(L\right) = \int_{0}^{\infty} \beta\left(L, \lambda\right) n\left(L\right) n\left(\lambda\right) \mathrm{d}\lambda \tag{8.8}$$

式中，聚合核函数 $\beta\left(L, \lambda\right)$ 表征尺寸为 L 和 λ 的两颗粒聚合的频率；$a\left(L\right)$ 为破碎核函数，表征尺寸为 L 的颗粒的破碎频率；$b\left(L|\lambda\right)$ 为尺寸为 λ 的颗粒由于破碎形成的子颗粒的尺寸分布函数。

从上述公式可以看出，群体平衡方程是一个标准的部分微积分方程，虽然群体平衡方程在数学上表达清楚，但该微分方程只有在少数简单数学模型的情况下才能求出解析解。即使采用传统数值技术 (如有限差分法等) 对群体平衡方程直接运算也存在诸多问题，同时将占用巨大的程序运行时间及电脑内存。除此之外，采用群体平衡方程研究具有多离散性质的颗粒系统时，在维数较大的相空间进行微积分同样存在很多较难解决的问题。再者，很多的机理模型对颗粒属性分布规律产生非线性的作用，并且模型不同，作用方式也不同。以上这些问题使得群体平衡方程的求解非常困难。现在应用较为广泛的求解群体平衡方程的数值方法有矩方法 (method of moment，MOM)、蒙特卡罗方法 (Monte Carlo method，MCM) 和分区方法 (class method，CM) 等 [9]。分区方法按颗粒自身属性进行分组，按照不同的组得到一系列离散的偏微分方程，求解量大，不易和通用 CFD 耦合计算实际工程问题。蒙特卡罗方法基于统计思想，为减少误差，需要大量的统计数据，由于颗粒分布的空间异性，计算量同样很大。矩方法通过跟踪颗粒矩的变化表征颗粒的分布，而无需直接跟踪颗粒分布的变化，计算量小，且易与 CFD 耦合，但该方法的封闭问题是其亟待解决的问题。McGraw[10] 通过在颗粒分布函数中引入高斯积分，使矩方法得到了封闭，提出了矩积分方法 (quadrature method of moment，QMOM) 并得到了广泛应用。Marchisio 等 [11] 在 QMOM 的基础上推导出了直接矩积分方法 (direct quadrature method of moment，DQMOM)，计算量更小，精度更高。Fan 等 [12] 随后采用 DQMOM 对气固流化床系统中的颗粒的聚并和破碎过程进行了研究。这里即采用 DQMOM 对群体平衡方程进行求解，应用于 SDPH-FVM 方法中，对颗粒系统中颗粒的碰撞聚合和破碎等微观行为进行模拟。

矩方法为描述颗粒尺度分布函数的矩的演变方程的方法。在矩方法中，通过提出颗粒尺度分布函数矩的方式，把尺度分布的部分积分微分控制方程转化为几个尺度分布的低阶矩的普通差分方程，进而求解模拟出尺度分布矩的变化规律。最后进行矩的变换，从而获取尺度分布的变化规律。

颗粒尺度分布函数的 k 阶矩定义为

$$m_k(t) = \int_0^\infty n(L)L^k \mathrm{d}L \tag{8.9}$$

当 k 取不同值时，颗粒分布矩 m_k 的含义不同，并且低阶矩与表征分布的特定物理性质相关。当 $k=0$ 时，m_0 表征系统颗粒的总数量；当 $k=2$ 时，m_2 与面积形状因子 k_{A} 的乘积表示颗粒的总表面积，即 $A_{\mathrm{f}} = k_{\mathrm{A}} m_2(t)$；当 $k=3$ 时，m_3 与体积形状因子 k_{V} 的乘积表示颗粒的总体积，即 $V_{\mathrm{t}} = k_{\mathrm{V}} m_3(t)$。

多组分系统中通常使用索特平均直径 d_{32} 进行运算，为颗粒总体积与总表面积的比值：

$$d_{32}=\frac{\displaystyle\int_0^{\infty} Ln\,(L)k_{\rm V}L^2{\rm d}L}{\displaystyle\int_0^{\infty} n\,(L)k_{\rm A}L^2{\rm d}L}=\frac{m_3}{m_2} \tag{8.10}$$

选择不同的数值密度函数将得到不同的矩方法，为降低计算量，本书对数值密度函数采用如下连续 Dirac Delta 函数加权的形式：

$$n\,(L,t)=\sum_{i=0}^{N-1}\omega_i\,(t)\delta\,(L-L_i) \tag{8.11}$$

式中，N 为积分点的个数；$\delta\,(L)$ 为 Dirac Delta 函数；ω_i 为 Dirac Delta 函数权值，随时间变化；L_i 为颗粒的特征尺寸，为避免出现负特征长度及病态矩阵问题，在求解之前需要对 L_i 进行初始设置。将方程 (8.11) 代入式 (8.9) 得

$$m_k\,(t)=\sum_{i=0}^{N-1}\omega_i\,(t)L_i^k \tag{8.12}$$

求解时，利用方程 (8.12) 计算得到权值 ω_i。取 $k=0,\cdots,N-1$，方程 (8.12) 写成矩阵形式为

$$\begin{bmatrix} 1 & 1 & \cdots & 1 \\ L_0 & L_1 & \cdots & L_{N-1} \\ \vdots & \vdots & & \vdots \\ L_0^{N-1} & L_1^{N-1} & \cdots & L_{N-1}^{N-1} \end{bmatrix}\begin{bmatrix} \omega_0\,(t) \\ \omega_1\,(t) \\ \vdots \\ \omega_{N-1}\,(t) \end{bmatrix}=\begin{bmatrix} m_0\,(t) \\ m_1\,(t) \\ \vdots \\ m_{N-1}\,(t) \end{bmatrix} \tag{8.13}$$

方程 (8.13) 为 Vandermonde 方程，这里采用文献 [13] 中针对 Vandermonde 线性系统的求解算法，无需构造 Vandermonde 系数矩阵，避免了矩阵本身病态性对方程求解的影响，可以实现任意数目矩的计算。本书论述的算法需事先确定 L_i 的值，为实现较高的数值精度，L_i 取值采用 $[0,\infty]$ 上的拉盖尔高斯点。

将矩量 (8.9) 代入式 (8.4) 可得矩量输运方程：

$$\frac{\partial \boldsymbol{m}_k}{\partial \boldsymbol{t}}+\nabla\cdot\left[\bar{\boldsymbol{U}}_{\rm d}^k\boldsymbol{m}_k\right]=\left[\bar{B}_k-\bar{D}_k\right] \tag{8.14}$$

式中，$\bar{\boldsymbol{U}}_{\rm d}^k$ 为 k 阶矩的速度，它对于颗粒尺度分布的各阶矩理论上不同。本书论述的工作中仅计算一种颗粒速度分布，因此 $\bar{\boldsymbol{U}}_{\rm d}^k$ 对于各阶矩均相同，并且与采用式 (2.10) 计算得到的颗粒相速度相同。

对颗粒聚合破碎的描述针对不同的颗粒类型有不同的模型，物理机理也不同，本章验证算例为气化流化床内颗粒的流动行为，描述的是固体颗粒的碰撞聚合和

破碎过程，因此此处重点阐述固体颗粒的聚合和破碎模型 [12]，其他模型可参考文献 [14]。

方程 (8.4) 右端聚合与破碎源项写成矩量形式为

$$S(\boldsymbol{x},t)=B(\boldsymbol{x},t)-D(\boldsymbol{x},t)=B_k^a(\boldsymbol{x},t)-D_k^a(\boldsymbol{x},t)+B_k^b(\boldsymbol{x},t)-D_k^b(\boldsymbol{x},t) \tag{8.15}$$

同时对式 (8.5)~ 式 (8.8) 生死函数采用矩量表示为

$$B_k^a(\boldsymbol{x},t)=\frac{1}{2}\int_0^{\infty}\int_0^{\infty}\beta(L,\lambda)\left(L^3+\lambda^3\right)^{k/3}n(\lambda;\boldsymbol{x},t)\,n(\lambda;\boldsymbol{x},t)\,\mathrm{d}\lambda\mathrm{d}L \tag{8.16}$$

$$D_k^a(\boldsymbol{x},t)=\int_0^{\infty}\int_0^{\infty}L^k\beta(L,\lambda)\,n(\lambda;\boldsymbol{x},t)\,n(L;\boldsymbol{x},t)\,\mathrm{d}\lambda\mathrm{d}L \tag{8.17}$$

$$B_k^b(\boldsymbol{x},t)=\int_0^{\infty}\int_0^{\infty}L^k a(\lambda)\,b(L|\lambda)\,n(\lambda;\boldsymbol{x},t)\,\mathrm{d}\lambda\mathrm{d}L \tag{8.18}$$

$$D_k^b(\boldsymbol{x},t)=\int_0^{\infty}L^k a(L)\,n(L;\boldsymbol{x},t)\mathrm{d}L \tag{8.19}$$

直接矩积分方法基于式 (8.11) 得到

$$\begin{aligned}S_k^{(N)}(\boldsymbol{x},t)=&\frac{1}{2}\sum_{\alpha=1}^{N}\sum_{\gamma=1}^{N}\omega_\alpha\omega_\gamma\left(L_\alpha^3+L_\gamma^3\right)^{k/3}\beta_{\alpha\gamma}-\sum_{\alpha=1}^{N}\sum_{\gamma=1}^{N}\omega_\alpha\omega_\gamma L_\alpha^k\beta_{\alpha\gamma}\\&+\sum_{\alpha=1}^{N}\omega_\alpha a_b^* b_\alpha^{(k)}-\sum_{\alpha=1}^{N}\omega_\alpha L_\alpha^k a_\alpha^*\end{aligned} \tag{8.20}$$

式中，

$$\beta_{\alpha\gamma}=\beta(L_\alpha,L_\gamma),\quad a_\alpha^*=a(L_\alpha),\quad b_\alpha^{(k)}=\int_0^{\infty}L^k b(L|L_\alpha)\mathrm{d}L \tag{8.21}$$

当涉及子颗粒的分布函数时，使用以下公式：

$$b_\alpha^{(k)}=L_\alpha^k\frac{m^{k/3}+n^{k/3}}{(m+n)^{k/3}} \tag{8.22}$$

式中，m 和 n 表征两个破碎颗粒间的质量比的关系。如果 $m=1$，$n=1$，表示两个破碎颗粒具有相同的体积，因此考虑为对称破碎形式；如果 $m\neq n$，破碎非对称，特定情况如 m 远大于 n (或 n 远大于 m)，则为通常所熟知的侵蚀破碎。在本书中，仅考虑对称破碎过程，即 $m=n=1$。

采用颗粒动力学理论推导颗粒聚合和破碎核表达式，单位体积和时间内发生颗粒碰撞的次数可写为

$$N_{\alpha\gamma}=\pi\omega_\alpha\omega_\gamma\sigma_{\alpha\gamma}^3 g_{\alpha\gamma}\left[\frac{4}{\sigma_{\alpha\gamma}}\left(\frac{\theta_p}{\pi}\frac{m_\alpha+m_\gamma}{2m_\alpha m_\gamma}\right)^{1/2}-\frac{2}{3}(\nabla\cdot\boldsymbol{u}_p)\right] \tag{8.23}$$

式中，m_α 和 m_γ 分别为尺寸为 L_α 和 L_γ 的颗粒的质量；$\sigma_{\alpha\gamma}$ 和 θ_p 分别为颗粒平均尺寸和颗粒的平均拟温度值；$g_{\alpha\gamma}$ 为混合相的径向分布函数。由此，聚合核可表示为

$$\beta_{\alpha\gamma}=\psi_a\pi\sigma_{\alpha\gamma}^3 g_{\alpha\gamma}\left[\frac{4}{\sigma_{\alpha\gamma}}\left(\frac{\theta_p}{\pi}\frac{m_\alpha+m_\gamma}{2m_\alpha m_\gamma}\right)^{1/2}-\frac{2}{3}(\nabla\cdot\boldsymbol{u}_p)\right] \tag{8.24}$$

式中，ψ_a 为聚合过程发生系数，通常为颗粒温度、颗粒速度和颗粒位置的函数。同样地，破碎核由颗粒动力学理论可得

$$a_\alpha^*=\psi_b\sum_{\gamma=1}^{N}\frac{N_{\alpha\gamma}}{\omega_\alpha} \tag{8.25}$$

式中，ψ_b 为破碎过程的发生系数，为了简化计算，ψ_a 和 ψ_b 均设为常数。

如果忽略颗粒速度场的发散，假定颗粒具有均一密度，方程式 (8.24) 可写为另一种形式：

$$\beta_{\alpha\gamma}=\psi_a g_{\alpha\gamma}\left(\frac{3\theta_p}{\rho_s}\right)^{1/2}(L_\alpha+L_\gamma)^2\left(\frac{1}{L_\alpha^3}+\frac{1}{L_r^3}\right)^{1/2} \tag{8.26}$$

同样地，方程式 (8.25) 也可写为

$$a_\alpha^*=\psi_b\sum_{\gamma=1}^{N}\omega_\gamma g_{\alpha\gamma}\left(\frac{3\theta_s}{\rho_s}\right)^{/2}(L_\alpha+L_\gamma)^2\left(\frac{1}{L_\alpha^3}+\frac{1}{L_\gamma^3}\right)^{1/2} \tag{8.27}$$

采用直接矩积分方法求解群体平衡模型的算法流程如下：

(1) 根据系统中颗粒的初始分布，采用方程式 (8.9) 计算出前 N 阶矩；

(2) 选取 $[0,\infty]$ 上 N 个拉盖尔–高斯点，将值赋予 L_i，$i=0,\cdots,N-1$；

(3) 采用 Vandermonde 算法求解方程式 (8.13) 得到权值 ω_i，$i=0,\cdots,N-1$；

(4) 由权值 ω_i、特征长度 L_i 及聚合破碎源项 (8.15) 求解方程式 (8.14) 的右端项；

(5) 求解矩量输运方程式 (8.14)，得到下一时刻各个矩量值，转到步骤 (3)，循环计算，直至模拟结束。

采用直接矩方法求解群体平衡方程加入 SDPH-FVM 耦合方法中，处理颗粒的聚合、破碎等微观行为，具体过程见 8.4 节。

8.4 含颗粒碰撞聚合、破碎过程的 SDPH-FVM 耦合方法流程

通过 8.3 节对现有计算颗粒碰撞聚合、破碎等微观行为的模型介绍可以看出，群体平衡模型不仅可以计算出颗粒的具体分布，同时采用矩方法进行求解，还可

以得到表征特定物理属性的低阶矩量值的变化，该特性对于本书所论述的 SDPH-FVM 耦合方法具有重要的意义。因为粒数密度的 0 阶矩量 m_0 表征某一位置处颗粒的总数量，2 阶矩量 m_2 与面积形状因子 k_{A} 的乘积表征颗粒的总表面积，3 阶矩量 m_3 与体积形状因子 k_{V} 的乘积表征颗粒的总体积，进一步可以得到颗粒的平均索特直径 $d_{32}=m_3/m_2$，而第 4 章建立的适用于离散颗粒相求解的 SDPH 方法中，SDPH 单粒子代表具有一定分布形态的颗粒群，颗粒群的粒径均值、方差及颗粒数量由 SDPH 粒子计算表征，建立了 SDPH 粒子与真实颗粒间的一一对应关系。进一步分析可以发现，粒数密度的低阶矩量与 SDPH 粒子所表征的颗粒的粒径参量间同样可以建立对应关系，如假设颗粒的初始分布为对数正态分布，则颗粒数密度可写为

$$n\left(L,\boldsymbol{x},t\right)=f_1\left(\bar{L},\sigma,N\right) \tag{8.28}$$

式中，f_1 为颗粒数密度与均值粒径、方差及颗粒数量的函数关系。

再由颗粒尺度分布函数 k 阶矩定义

$$m_k\left(t\right)=\int_0^{\infty}n\left(L\right)L^k\mathrm{d}L \tag{8.29}$$

可以得到颗粒尺度分布 k 阶矩为粒径均值 $\bar{L}$、粒径方差 σ 和总颗粒数 N 的函数：

$$m_k\left(t\right)=f_2\left(\bar{L},\sigma,N,k\right) \tag{8.30}$$

最后由对数正态方程的性质可以求得粒径均值 $\bar{L}$、粒径方差 σ 和总颗粒数 N 为 k 阶矩 $m_k\left(t\right)$ 的函数关系：

$$\bar{L}=f_3\left(m_k\right),\ \sigma=f_4\left(m_k\right),\ N=f_5\left(m_k\right),\ k=0,\cdots N-1 \tag{8.31}$$

进而由各阶矩量输运方程求解出 $\bar{L}$、σ 及 N 的数值，这样便实现了采用 SDPH 方法计算出颗粒具体分布的目标。本节即采用直接矩积分方法求解群体平衡方程，引入 SDPH-FVM 耦合方法中，实现对颗粒碰撞聚合、破碎等微观过程的模拟。这里属于对新方法的探索研究，采用的聚合破碎模型为文献中成熟的模型，8.5 节验证算例为针对固体颗粒间的碰撞和破碎问题进行的数值验证，9.3 节与 9.4 节为采用液滴的碰撞和破碎模型进行的相关问题的计算。下一步将重点对各种物理数学模型展开深入研究，尤其对液滴间的碰撞聚合破碎问题，在前期进行的二元液滴碰撞及单液滴破碎直接数值模拟的基础上，探索建立新的更为准确且更为实用的物理模型，采用新方法进行模拟计算，利用前人实验及计算结论进行验证。

图 8.4 为所建立的考虑颗粒碰撞聚合、破碎过程的 SDPH-FVM 耦合算法流程。具体求解过程如下：

(1) 对问题建模和初始化，首先进行网格离散和初始化设置，而后对 SDPH 模块进行粒子离散和初始化设置；

(2) 根据系统的初始分布，利用方程式 (8.9) 求解出初始分布矩，并根据方程式 (8.13) 确定初始分布的权值 ω_i，利用方程式 (8.31) 计算初始平均粒径沿空间分布；

(3) 将网格中心点的信息以粒子的形式进行存储，包括位置、速度、体积分数、气场压力、湍流耗散等，然后开始 SDPH 程序计算，进行临近粒子搜索和核函数计算，及 FVM 等待；

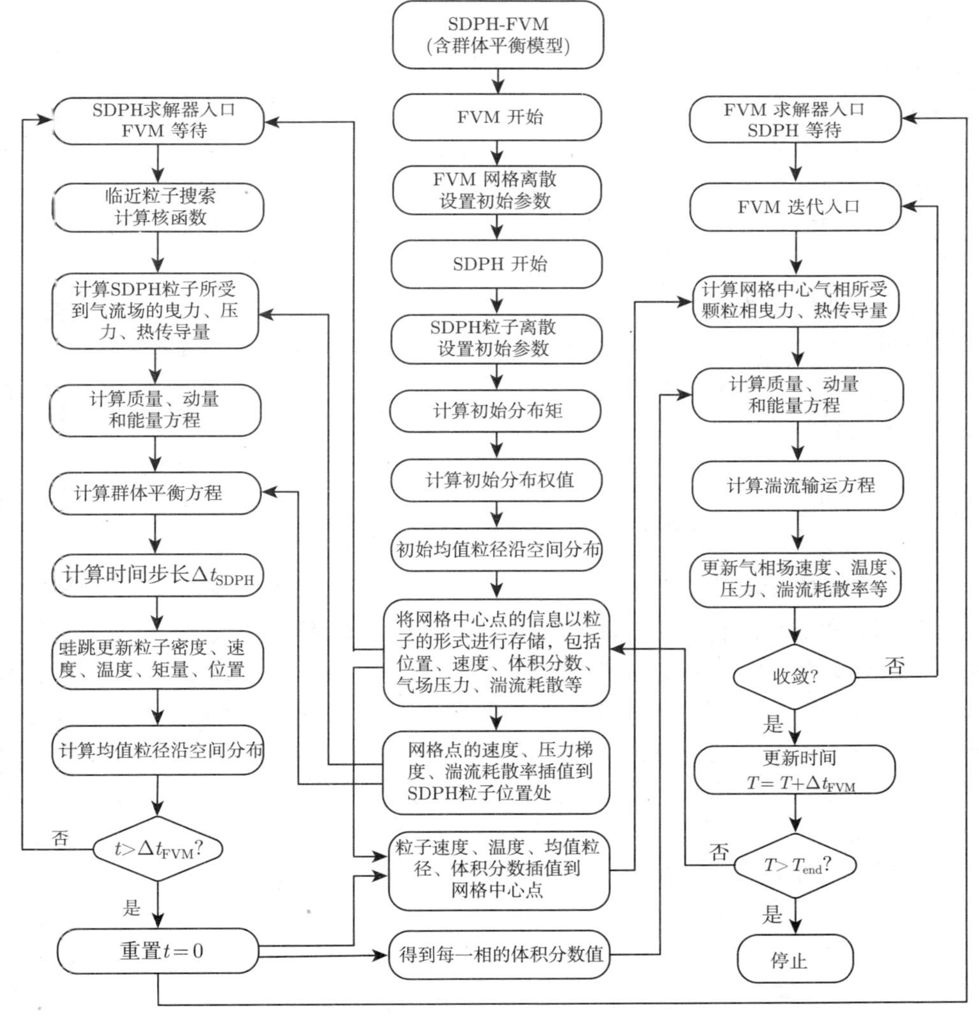

图 8.4　考虑颗粒碰撞聚合、破碎过程的 SDPH-FVM 耦合方法流程

(4) 将以粒子形式存储的网格中心处的信息以核函数插值的方式插值到 SDPH 粒子点位置处，计算 SDPH 粒子所受到气相曳力、压力、热传导量等，作为源项添加到 SDPH 输运方程中，进而计算 SDPH 质量、动量和能量守恒方程；

(5) 利用步骤 (4) 插值到 SDPH 粒子处的两相体积分数、气相速度以及湍流耗散值，求解群体平衡方程；

(6) 由 CEL 条件计算 SDPH 下一步的时间步长，采用蛙跳更新 SDPH 粒子的密度、速度、温度、矩量以及位置等信息，根据确定的矩量，利用方程 (8.31) 确定该时刻平均粒径沿空间分布；

(7) 判定 SDPH 计算的时间 t 是否超出 FVM 时间步长 Δt_{FVM}，假如未超出，则转到步骤 (3) 循环计算，直至计算总时间大于 Δt_{FVM}；

(8) 重置 SDPH 计算的时间 $t=0$，更新两相的体积分数值，将 SDPH 粒子信息同样采用核函数反插值到网格中心位置处，开始 FVM 程序计算，SDPH 等待；

(9) FVM 利用插值到网格位置处的信息和自身网格数据，计算气相受到颗粒相的曳力及热传导量，作为源项添加到 FVM 输运方程中，同时结合 SDPH 计算得到的颗粒相粒径分布及各相体积分数值，计算 FVM 质量、动量、能量和湍流输运方程；

(10) 更新气相速度、温度、压力、湍流耗散等参量，判定 FVM 计算是否收敛，收敛则更新 FVM 计算总时间，未收敛则转到步骤 (8) 循环计算，直至收敛；

(11) 由 FVM 计算总时间判定是否完成计算，未完成计算则转到步骤 (3) 更新以粒子形式存储的网格信息，开始 SDPH 计算，若完成计算则停止所有程序计算。

8.5 气化流化床颗粒尺寸分布数值模拟

气化流化床反应器具有为气–粒或流–粒间提供诸如组分间化学反应一样的非常强烈的热和能量的传递特性，因此得到了广泛应用，包括在大量的化学、石油、医药、农业、食品以及生化等工业领域的操作单元中都可以发现这类反应器的存在。根据流动速率、颗粒属性和流体类型的不同，可以得到一系列不同的流化状态。图 8.5 描述了不同流速下流体通过稠密颗粒床体向上运动的情形。第一种为固定式流化床反应器，流体仅通过颗粒间的空隙运动，床体自然保持固定状态；当气体或液体流速增大时，床体体积开始碰撞，颗粒逐渐呈现一种近似流体的状态；随着进一步增加气体或液体的流速，液体–颗粒系统的流化床反应器呈现出与气体–颗粒流体系统不同的状态。前者床体缓慢膨胀，保持相对均匀的状态，颗粒的浓度未发生较大的波动；而后者中，过量的气体开始在床体中形成多个气流通道和较多气泡。在床底部气体入口附近形成的气泡通过床体向上升起，最终到达床体表面后爆破。这些气泡在向上运动和与其他气泡碰撞或破碎成小气泡的过程中，在尺寸和形状上都将发生改变。在极大的气流速度下，气体–颗粒流动系统中的床体颗粒自然转变为我们所熟知的湍流流化状态。这时，床体的表面高度将无法预知，气泡的形状变得更加无规则，最终形成一种极其复杂的以颗粒链或颗粒团存在的近似湍流运动的状态。

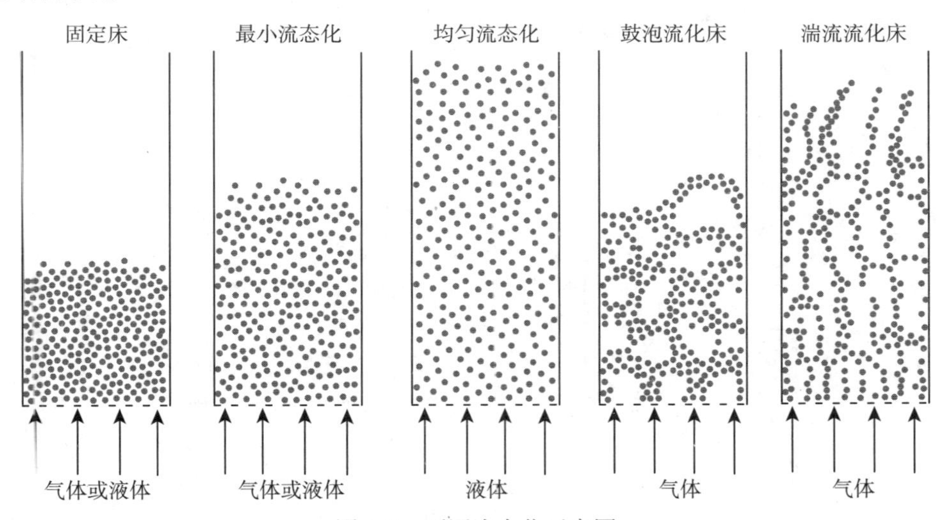

图 8.5　不同流态化示意图

在较多实际问题中，固体颗粒尺寸呈现出随着外部压强的改变而发生连续性变化的分布状态，如 Fan 等 [12] 所描述的聚烯烃流化床反应器。在气体分配器的上部入口点充入较小的催化剂颗粒 ($20 \sim 80\mu m$)，当这些颗粒暴露于包含单体颗粒的气流场中时，在催化剂的作用下，单体颗粒间开始发生聚合现象。在前期阶段，催化剂颗粒将破碎成大量更为细小的颗粒，而后这些细小颗粒很快被新形成的多聚物包裹在一起，开始逐渐生长，可达到 $200 \sim 3000\mu m$。完全长大的聚合物颗粒逐渐向反应器底部运动，随后由反应器移除。较小的尚未聚合的颗粒和新的催化剂颗粒将向反应器顶部迁移，并且与各单体之间发生反应。一方面，在特定的不恰当的操作条件下，聚合物颗粒可以与其他颗粒黏附在一起形成大的附聚物，造成烧结和非流化现象的产生，尤其当反应器在接近聚合物软化温度的操作条件下；另一方面，如果床体温度非常低，颗粒将变得更加易碎，在气体的净化过程中破碎成更细小的碎体。为了精确地描述颗粒相关的物理化学现象，必须耦合群体平衡方程与气–粒两相守恒方程一起去解决此类问题。

本算例对气化流化床进行数值模拟，假定流化床内部为无化学反应的等温流动，颗粒的尺寸分布受聚合和破碎的影响。流化床二维结构如图 8.6 所示，参数设置在图右方列出。容器宽为 10.1cm，总高度为 50.0cm，总的网格单元数为 15×50，单元宽度为 0.67cm，高度为 1.0cm，初始静态床体高为 15.9cm。气体以 20cm/s 的速度从底部充入床体中。气体采用室温下空气的密度和黏度。颗粒的物理参数为：密度 $\rho_p = 2530\text{kg/m}^3$，床体最大承载颗粒的体积分数为 $\alpha_p^c = 0.38$。计算中时间步长取为 10^{-5}s。直接矩积分节点数取为 3。初始颗粒直径为 $d_p = 174\mu\text{m}$，体积分数为 $\alpha_p = 0.196$，初始矩量设为 $m_0 = 32050.825$，$m_1 = 670.285$，$m_2 = 15.245$，$m_3 = 0.385$，$m_4 = 1.09 \times 10^{-2}$，$m_5 = 3.43 \times 10^{-4}$，$m_6 = 1.18 \times 10^{-5}$，$m_7 = 4.28 \times 10^{-7}$。

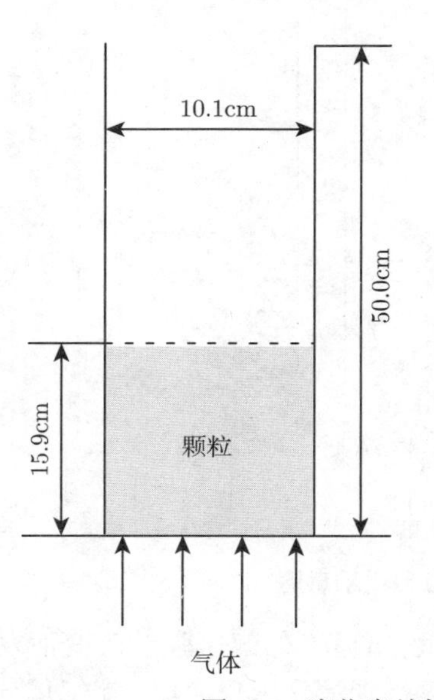

颗粒直径 $d_p = 174\mu\text{m}$
颗粒密度 $\rho_p = 2530\text{kg/m}^3$
气体密度 $\rho_p = 1.225\text{kg/m}^3$
气体黏度 $\mu_g = 1.7985 \times 10^{-5}\text{Pa·s}$
初始气体速度 $V_{g,0} = 0.2\text{m/s}$
颗粒体积分数 $\alpha_p = 0.196$
最大承载体积分数 $\alpha_p = 0.38$
x 方向网格间距 $\Delta x_{\text{FVM}} = 0.0067\text{m}$
y 方向网格间距 $\Delta y_{\text{FVM}} = 0.0067\text{m}$
SDPH粒子间距 $\Delta r_{\text{SDPH}} = 0.00335\text{m}$
SDPH粒子密度 $\rho_{\text{SDPH}} = 495.88\text{kg/m}^3$
SDPH单粒子表征颗粒数量 $n = 72.65$
SDPH光滑长度 $h_s = 1.5\Delta r_{\text{SDPH}}$
FVM时间步长 $\Delta t = 10^{-5}\text{s}$

图 8.6 流化床结构示意图及参数设置

为了检验群体平衡方程与 SDPH-FVM 耦合求解颗粒聚合、破碎问题的可行性，同时检验直接矩积分方法在预测颗粒尺寸分布中的有效性，本算例采用与 Fan 等 [12] 采用的相同的方法进行数值模拟，以便进行对比分析。首先对恒定聚合和破碎核函数下颗粒粒径的变化过程进行计算，设定了两个算例条件，算例 1 中聚合核函数设为 $1 \times 10^{-5}\text{m}^3 \cdot \text{s}^{-1}$，破碎核函数设为 0.1s^{-1}。算例 2 中聚合核函数设为 $1 \times 10^{-5}\text{m}^3 \cdot \text{s}^{-1}$，破碎核函数设为 1.0s^{-1}。算例 1 中聚合过程为主要过程，算例 2 中破碎过程为主要过程。图 8.7 展示了算例 1 和算例 2 两种不同工况下，流化床中心处颗粒的体积平均直径随时间变化情况，这里平均直径采用索特直径 d_{32} 表示。可以看出，对于聚合过程占主要的算例，小的颗粒聚合形成了较大的颗粒，颗粒的平均直径明显增加。对于破碎过程占主要的算例，由于破碎，颗粒尺寸开始变小，最终由于过多的破碎而产生了较多较小的颗粒，颗粒的平均直径较小。同时与文献中采用 TFM 方法计算得到的结果进行对比，两者基本吻合，SDPH-FVM 方法数值计算更加稳定。图 8.8 为算例 2 计算得到的不同时刻颗粒的平均索太尔直径 d_{32} 等值线分布图。可以看出，在床体内当颗粒聚集时发生强烈的破碎现象。大的颗粒向床体底部运动，小的颗粒向顶部运动，当床体底部颗粒聚集到一定程度时，颗粒不再流化。由于聚合和破碎核函数设为定值，处于非流化状态之后，颗粒仍保持生长，这种人为因素采用下述的颗粒动力学理论模型即可避免。

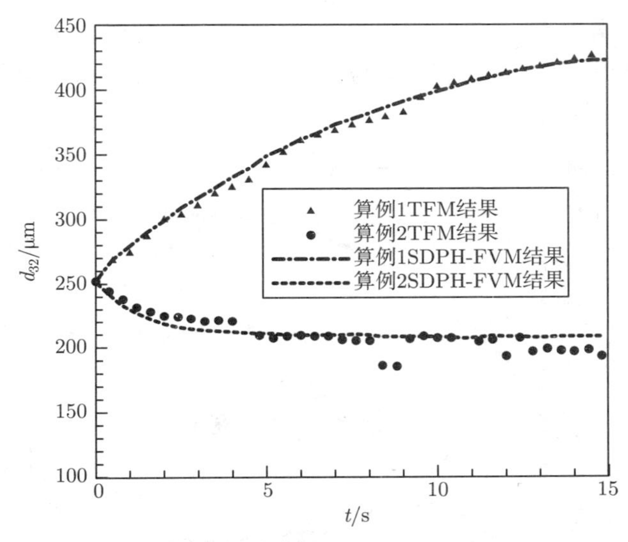

图 8.7 算例 1 和 2 索特直径 d_{32} 随时间变化曲线

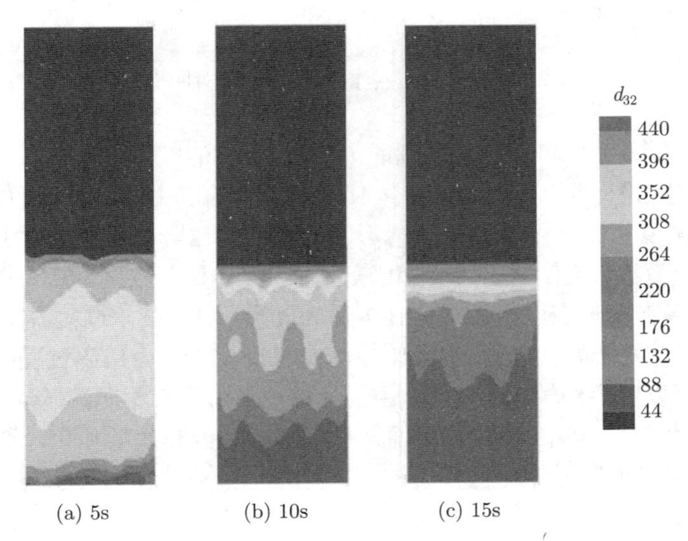

图 8.8 算例 2 中不同时刻索特直径 d_{32} 等值线分布图

对采用方程式 (8.15) 描述颗粒的聚合和破碎，同样采用两个算例进行计算。算例 3 中聚合过程占主要，算例 4 中破碎过程占主要。算例 3 中，聚合参数和破碎参数分别设为 0.001 和 0.0001。算例 4 中，聚合参数和破碎参数均设为 0.001。图 8.9 为算例 3 和 4 计算得到的颗粒平均直径随时间变化曲线。对于算例 3，初始时刻颗粒开始聚合，尺寸逐渐增大，开始向床底部迁移，位于床底部的颗粒继续聚合直至非流化现象的产生，而对于算例 4 则与算例 2 相似，破碎产生越来越多细小的颗粒，颗粒平均直径逐渐减小。与 TFM 计算结果对比符合较好，四个不同算例相对误差均在 2%之内。

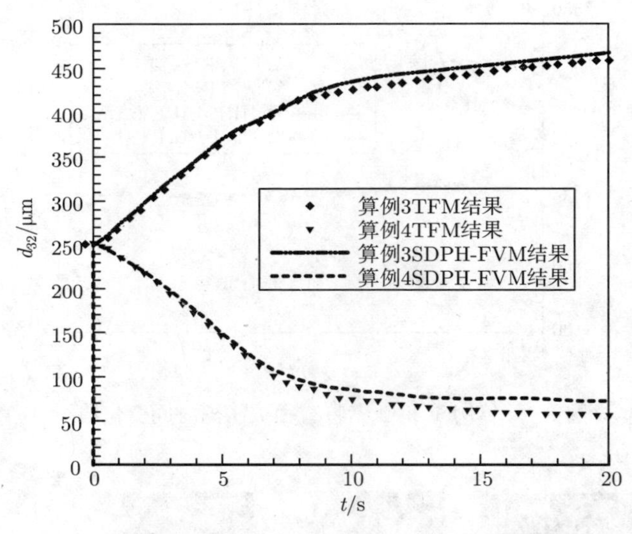

图 8.9 算例 3 和 4 索特直径 d_{32} 随时间变化曲线

图 8.10 为算例 3 和 4 计算得到的 6s 时刻颗粒的空间分布状态与无聚合和破碎情况下的对比图。可以清晰地看出，伴随着聚合的产生，流化床开始出现非流化现象，床体高度相比无聚合和破碎情形下的高度相比降低很多。由于高程度的聚合，颗粒逐渐变大，流化床逐渐变为填充床 (空隙体积分数接近最大填充状态的体积分数值)，仅在床体表面附近观察到少量的气泡。对于破碎过程占主要的算例中，颗粒变得更小，处于非常好的混合状态，床体高度比无聚合破碎过程的高度膨胀了很多，同时可以观察到较大的气泡。由于计算中考虑了气相湍流脉动、颗粒自身脉动、颗粒尺寸的差异以及颗粒与壁面及颗粒间的相互作用等原因，造成颗粒在流态化的过程中出现明显的非对称结构 (图 8.8 和图 8.10)，这与相关流化床实验观测到的现象相符。数值结果表明，采用 SDPH-FVM 新方法捕捉到了颗粒流动的细节，同时对颗粒聚合破碎微观行为采用矩方法求解的群体平衡模型准确可靠，可进一步应用于工程实际中。

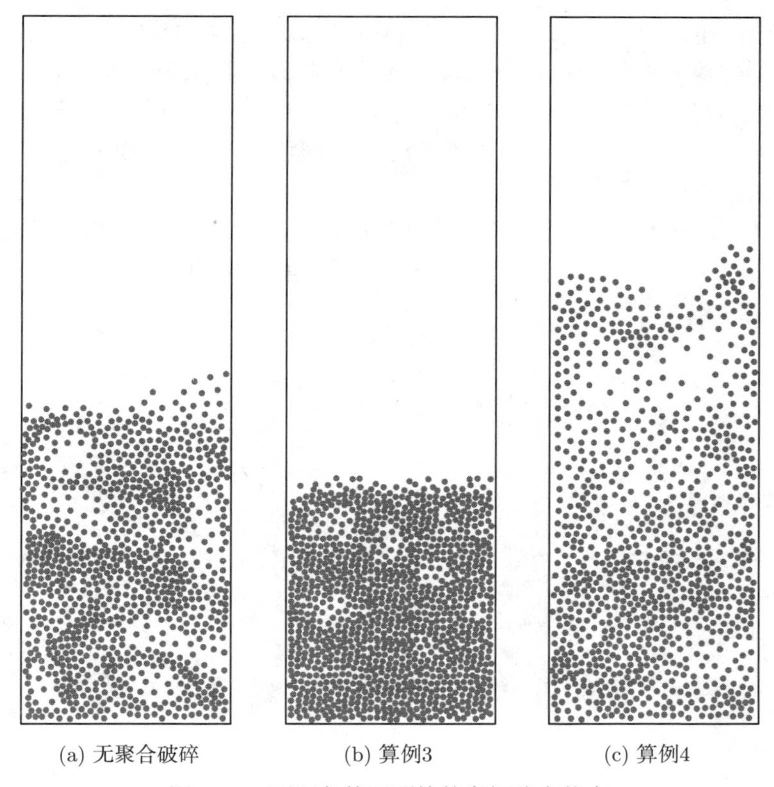

(a) 无聚合破碎 (b) 算例3 (c) 算例4

图 8.10 不同条件下颗粒的空间分布状态

8.6 小 结

颗粒的碰撞及单颗粒的破碎过程可采用两种方法进行模拟计算：一种为对单一碰撞及破碎过程的直接数值模拟，真实再现物理过程，分析颗粒碰撞及破碎机理，但不适合于工程应用；另一种为基于宏观连续介质模型，对颗粒碰撞和破碎过程进行间接描述，适合于大规模工程计算，但其建立在颗粒碰撞及破碎机理上，基于颗粒碰撞及破碎分析数据。因此，应从两个方面对颗粒的碰撞及破碎问题进行研究。

由于传统网格法求解诸如聚合与破碎等大变形问题时，面临着复杂的网格重分以及界面重构问题，SPH 作为拉格朗日粒子方法，具有自适应性，适合求解大变形和自由表面流动问题。第 7 章阐述了前期采用修正表面张力的 SPH 方法对液滴的碰撞聚合、反弹及液滴在气流场中的二次破碎过程进行了直接数值模拟研究，并与实验及其他数值模拟结果进行对比，揭示了液滴碰撞聚合、破碎机理。

在对液滴碰撞聚合、破碎及单颗粒破碎直接数值模拟的基础上，本章引入结晶动力学中的群体平衡模型描述颗粒间碰撞聚合与破碎等微观行为，采用直接矩积分方法进行求解，建立了粒数分布矩量与 SDPH 所表征的颗粒粒径分布参量间的对应关系，并引入 SDPH-FVM 算法流程中，实现了群体平衡模型与 SDPH-FVM 方法的耦合。通过对气–粒流化床算例进行模拟并与 TFM 计算结果对比，相对误差在 2% 以内，表明群体平衡模型对气–粒两相系统计算有效。同时颗粒的粒径分布特性通过 SDPH 粒子表征，更加形象地再现真实的物理过程。

参 考 文 献

[1] CHEN R, CHEN C. Collision between immiscible drops with large surface tension difference: diesel oil and water[J]. Experiments in Fluids, 2006, 41(3): 453-461.

[2] CHEN R. Diesel-diesel and diesel-ethanol drop collisions[J]. Applied Thermal Engineering, 2007, 27(2-3): 604-610.

[3] 陈福振. 含表面张力算法的 SPH 方法及其应用 [D]. 西安: 第二炮兵工程学院, 2010.

[4] 强洪夫, 陈福振, 高巍然. 基于 SPH 方法的低韦伯数下三维液滴碰撞聚合与反弹数值模拟研究 [J]. 工程力学, 2012, 29(2): 21-28.

[5] 强洪夫, 陈福振, 高巍然. 修正表面张力算法的 SPH 方法及其实现 [J]. 计算物理, 2011, 28(3): 375-384.

[6] 段欣悦, 厉彦忠, 孙孜博, 等. 两种群体平衡模型在大规模多粒径泡状流中的应用研究 [J]. 西安交通大学学报, 2011, 45(12): 92-98.

[7] RANDOLPH A D, LARSON M A. Theory of particulate process[M]. New York: Academic Press, 1971.

[8] 陆杰, 王静康. 采用粒数衡算模型研究沉淀过程中粒子的聚结和破裂 [J]. 化工学报, 1999, 50(3): 303-308.

[9] 赵海波. 离散系统动力学演变过程的颗粒群平衡模型 [M]. 北京: 科学出版社, 2008.

[10] MCGRAW R. Description of aerosol dynamics by the quadrature method of moments[J]. Aerosol Science and Technology, 1997, 27(2): 255-265.

[11] MARCHISIO D L, VIGIL R D, FOX R O. Implementation of the quadrature method of moments in CFD codes for aggregation-breakage problems[J]. Chemical Engineering Science, 2003, 58(15): 3337-3351.

[12] FAN R, MARCHISIO D L, FOX R O. Application of the direct quadrature method of moments to polydisperse gas-solid fluidized beds[J]. Powder Technology, 2004, 139(1): 7-20.

[13] GOLUB G H, LOAN C F V. Matrix computations[M]. Baltimore: Johns Hopkins University Press, 1996.

[14] YEOH G H, CHEUNG C P, TU J. Multiphase Flow Anaysis Using Population Banlance Modeling-Bubbles, Drops and Particles[M]. Oxford: Butterworth-Heinemann, 2014.

第 9 章 SDPH-FVM 耦合方法在航天领域中的应用

航天技术作为到目前为止人类认识和改造自然进程中最活跃、最具影响力的科学技术领域，集成了科学技术的众多新成就，它的作用不仅在于科学技术本身，同时对政治、经济、军事乃至人类社会生活都将产生广泛而深远的影响。气–粒两相流作为一个基础前沿问题，广泛存在于航天领域中的很多过程中，如前面章节中提到的航天动力系统中液体火箭发动机内的喷注雾化、固体火箭发动机内的颗粒燃烧，运输系统中物质的输运、飞行器再入返回，安全系统中空间碎片的防护以及武器系统中战斗部的末端毁伤等。对这些问题展开研究将对航天领域的发展产生极大的促进作用。

本书针对现有求解气–粒两相流数值方法存在的缺陷，阐述了全新的数值计算方法 ——SDPH-FVM 耦合方法，同时第 6 和第 8 章分别针对颗粒的蒸发燃烧和颗粒在碰撞和破碎过程中的变粒径问题提出了含颗粒蒸发、燃烧过程和含颗粒碰撞聚合、破碎过程的 SDPH-FVM 耦合新方法。本章在它们的基础上，选取了航天动力系统和武器系统领域中的几个典型问题进行数值模拟，分析典型的气–粒两相流动过程，并与相关实验结果和其他数值方法得到的结果进行对比，验证了新方法的准确性及其应用的可行性，同时揭示相关物理机理，为相关问题研究提供指导。

9.1 固体火箭发动机喷管内气–粒两相流数值模拟

固体发动机内铝颗粒燃烧形成大量的三氧化二铝，这些颗粒与燃气混合形成气固两相流，会引起推力的损失，同时高温颗粒在喷管中运动会对喷管喉部表面造成冲刷和磨损，因此研究喷管中的气–固两相流动问题对于喷管的设计及热防护具有重要的意义。国内外很多学者对该问题进行了研究 [1−4]。本章对国外喷气推进实验室 (jet propulsion laboratory，JPL) 喷管中单相流动和两相流动过程进行了数值模拟，验证算法的准确性。喷嘴的几何构型如图 9.1 所示，模拟中参数如表 9.1 所示，入口处气流为亚音速，给定气流的总压、总温、马赫数及气流方向角。初始时流场区域中不加入颗粒，首先由 FVM 计算得到流场稳态解，然后在喷管入口处加入颗粒进行非稳态过程的计算。加入颗粒的方法为：入口边界外部预设一定数量的颗粒，颗粒以一定速度进入气体场中，总颗粒数量为 19050，入口速度为 10m/s;

出口处的气流为超声速，如果颗粒在计算过程中移出流动区域，该颗粒只作为惯性粒子运动而不参与其他量的计算。在固壁边界处，对于气体相施加无滑移边界条件，对于颗粒相施加刚性边界条件。

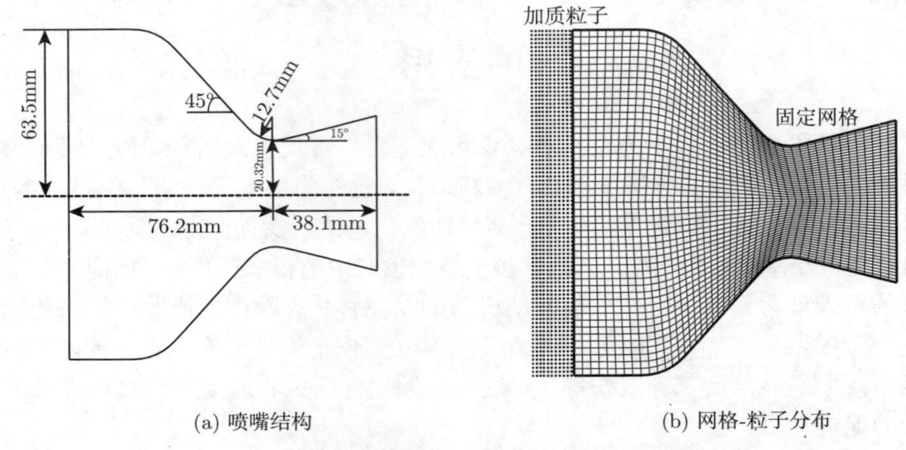

(a) 喷嘴结构　　(b) 网格-粒子分布

图 9.1　喷嘴结构及初始网格–粒子分布

表 9.1　颗粒与流体参数

参数	描述	值
$\rho_g/(\mathrm{kg/m^3})$	气体密度	1.225
$\mu_g/(\mathrm{Pa\cdot s})$	气体黏度	1.7895×10^{-5}
$\rho_p/(\mathrm{kg/m^3})$	颗粒密度	4004.62
d_p/mm	颗粒直径	0.01
α_m	颗粒的初始质量分数	0.3
P_0/MPa	入口总压	1.0342
T_0/K	入口总温	500
$\theta/(^\circ)$	入口气体方向角	0
n	单个 SPH 粒子表征颗粒数目	1.48
$\Delta x_{\mathrm{SPH}}/\mathrm{mm}$	SPH 粒子间距	1.27
h/mm	SPH 粒子光滑长度	1.905
$\rho_{\mathrm{SPH}}/(\mathrm{kg/m^3})$	SPH 粒子密度	0.3675
$\Delta T_{\mathrm{FVM}}/\mathrm{s}$	FVM 时间步长	5×10^{-3}

图 9.2 为纯气相条件下沿喷管轴线方向气相压力场的分布，与 JPL 喷管实验结果进行对比，完全吻合，验证了 FVM 数值方法的准确性。图 9.3 为纯气相条件和加入颗粒后流场温度沿喷管轴线方向的分布，由于颗粒体的速度滞后造成对于

气体的阻力，导致两相流动情况下的气相温度高于纯气相。图 9.4 给出了沿轴线方向气相马赫数分布图，图 9.5 为沿 x 轴方向速度等值线图。可以看出相同位置纯气相马赫数大于两相情形下气相的马赫数，同样纯气相马赫数分布与 JPL 喷管实验值进行对比，吻合性较好。

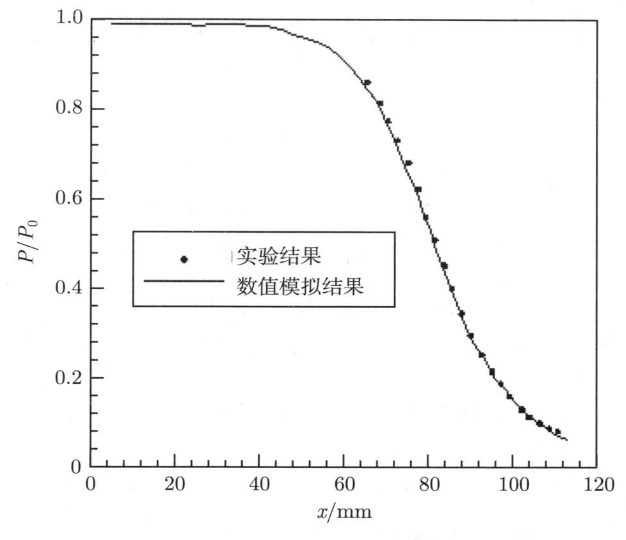

图 9.2 单相情形下压强对比

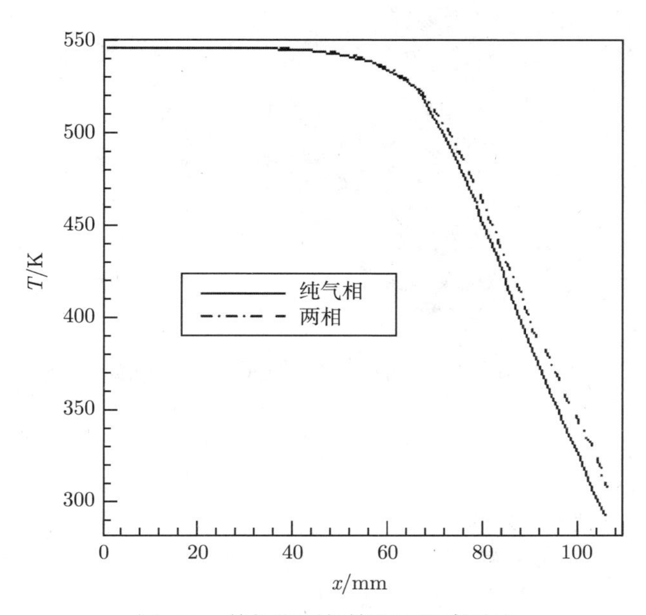

图 9.3 单相和两相情形下温度对比

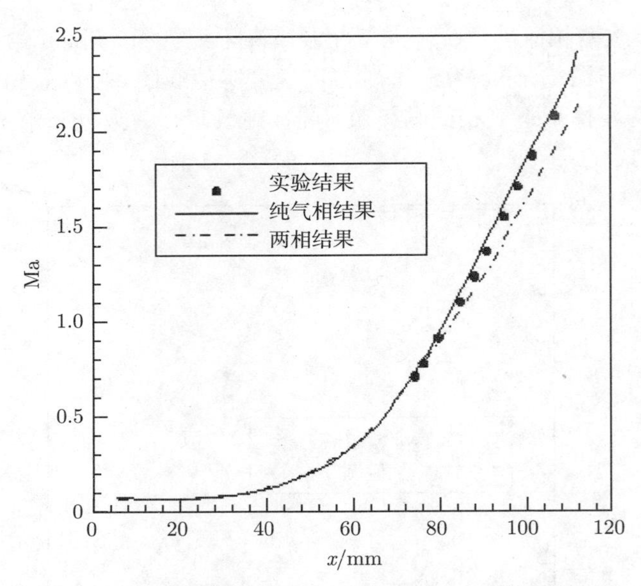

图 9.4 沿喷嘴中心轴线方向马赫数 (Ma 数) 对比

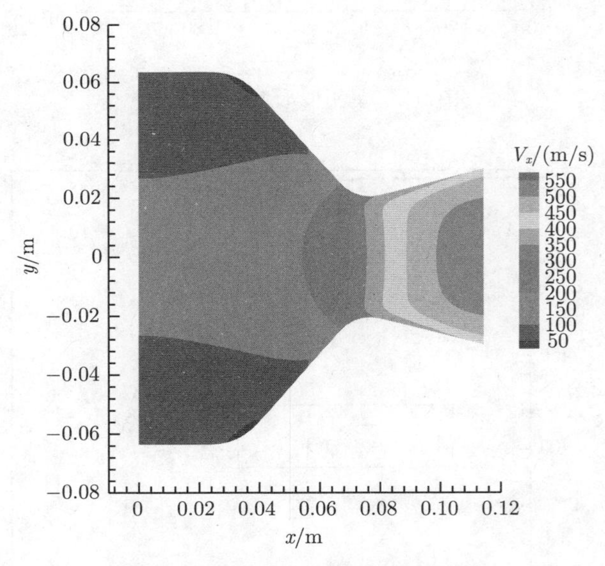

图 9.5 沿 x 轴方向速度等值线图

图 9.6 为流场中颗粒分布图，图 9.7 为 JPL 喷管中颗粒的运动轨迹，并与传统 DPM 方法进行对比，可以看出，在喷管下游近壁面处存在一个颗粒无法到达的区域，称为无粒子区。两种方法得到的结果基本一致。

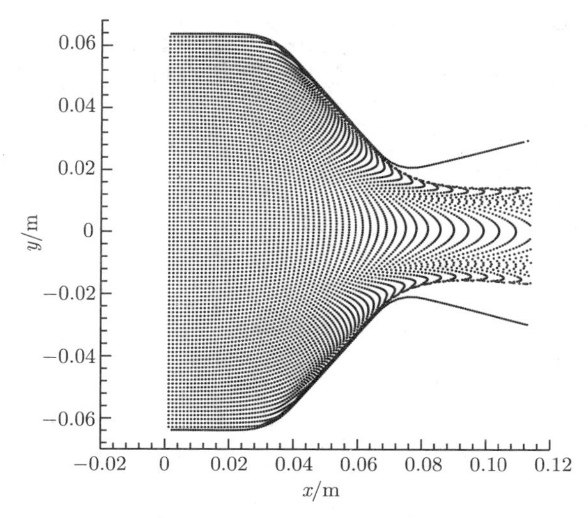

图 9.6 流场中颗粒分布

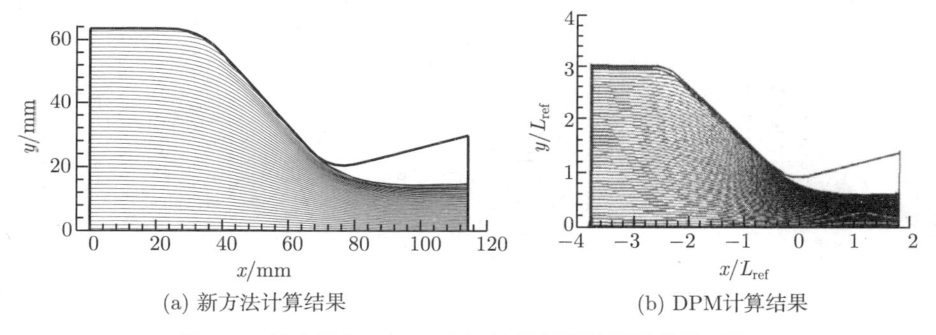

(a) 新方法计算结果 (b) DPM计算结果

图 9.7 新方法与 DPM 方法计算得到的颗粒轨迹对比

9.2 过载条件下发动机燃烧室内气–粒两相流数值模拟

固体火箭发动机在工作过程中不可避免地会出现过载情形，如火箭或导弹武器系统处于起飞加速、高速机动等过程时。横向过载较高，会对火箭发动机内流场及装药燃烧产生较大的影响，造成发动机内绝热层防护功能的失效。为验证本书论述新方法在固体火箭发动机内流场计算中的可行性，同时为下一步开展发动机全流域全过程的仿真计算打下基础，这里选取 Φ315mm 实验发动机为研究对象，对纵、横向加速度载荷下两相流动过程进行数值模拟计算。发动机几何结构及初始网格–粒子分布如图 9.8 所示，所取参数与表 9.1 相同。横向载荷与纵向载荷均为 $30g$(g 为重力加速度)，颗粒在纵向加速度载荷下将快速向燃烧室后部抛撒，而在横向加速度载荷下将向燃烧室侧壁面流动造成发动机内部结构的冲刷。入口及固壁边界外部预设一定数量的颗粒，颗粒以一定速度进入气体场中，总颗粒数量为 9850，入口速度为 5m/s。

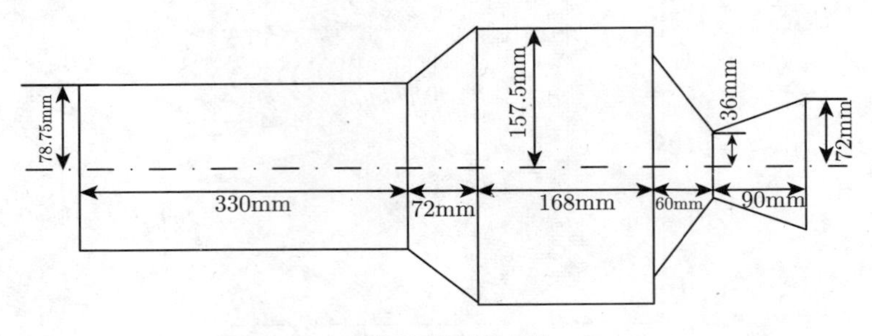

(a) 测试用发动机结构

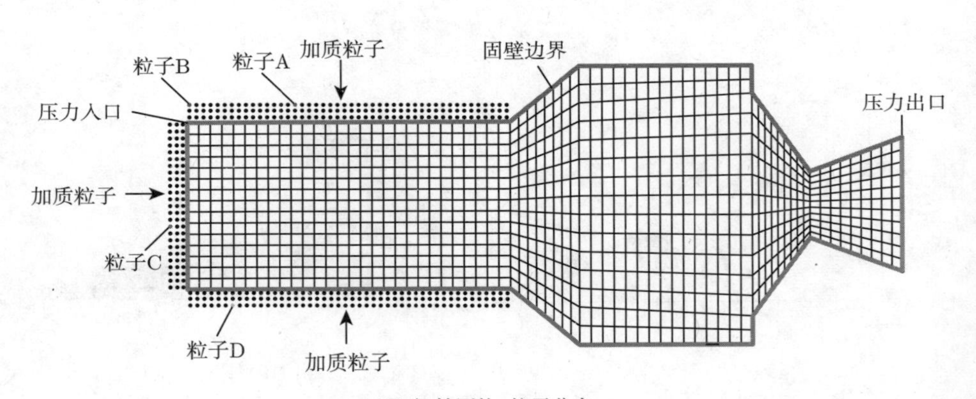

(b) 初始网格-粒子分布

图 9.8 测试发动机结构及初始网格–粒子分布

图 9.9 为计算获得的四个不同位置处粒子的运动轨迹 (四个粒子的初始位置如图 9.8(b) 所示)，发现粒子在轴、横向载荷的作用下发生明显的运动偏移，部分粒子落在发动机内壁面绝热层上，对绝热层表面造成冲蚀，其余大部分粒子沿装药表面抛落在绝热层表面，随后沿绝热层表面从发动机喷管排出。图 9.10 为流动稳定后在燃烧室底部沉积的颗粒分布状态，图 9.11 为颗粒在燃烧室内质量密度分布图，图 9.12 为发动机承载一侧粒子浓度沿轴线方向分布图。从图中可以看出在承载方向药柱通道出口处推进剂表面粒子聚集浓度最大，可以达到 80kg/m^3，这会造成对于侧壁面绝热层的冲刷，导致最大密度点处绝热层烧蚀严重，影响发动机的工作性能。计算结果与发动机相关实验及其他方法的数值模拟结果趋势 [5-7] 较为一致。

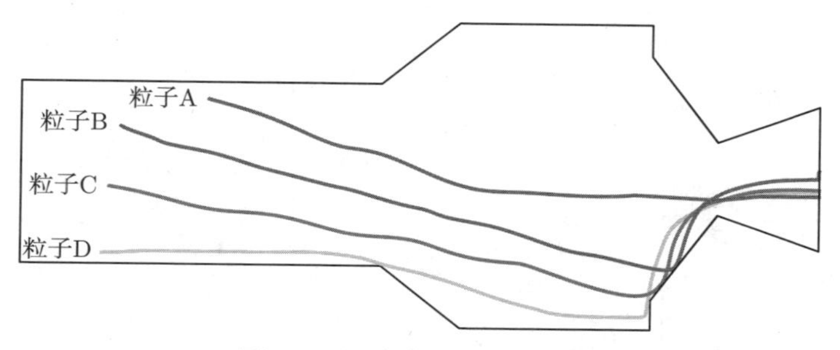

图 9.9 四个典型颗粒的轨迹

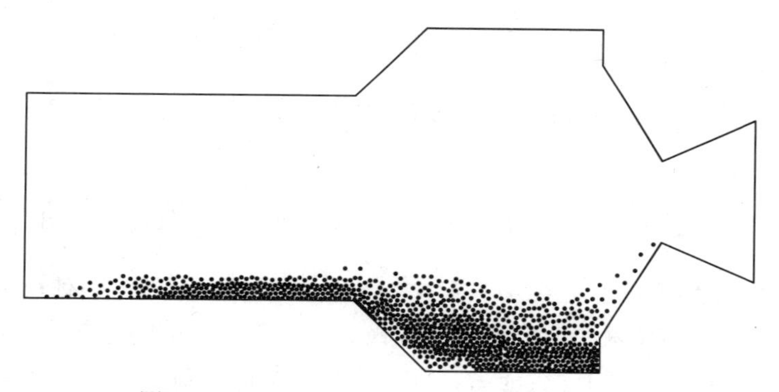

图 9.10 流动稳定后燃烧室沉积的颗粒分布

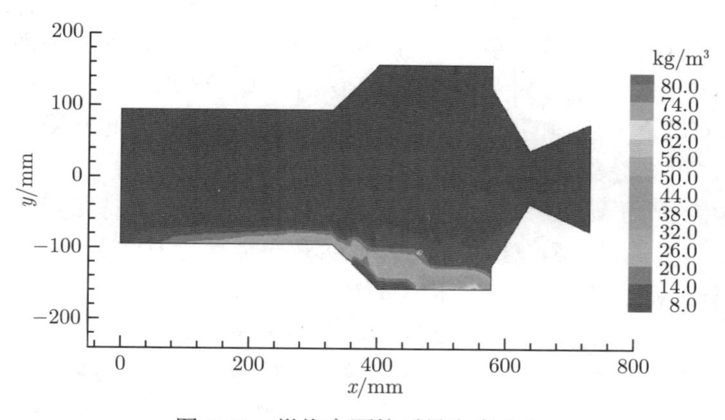

图 9.11 燃烧室颗粒质量密度分布

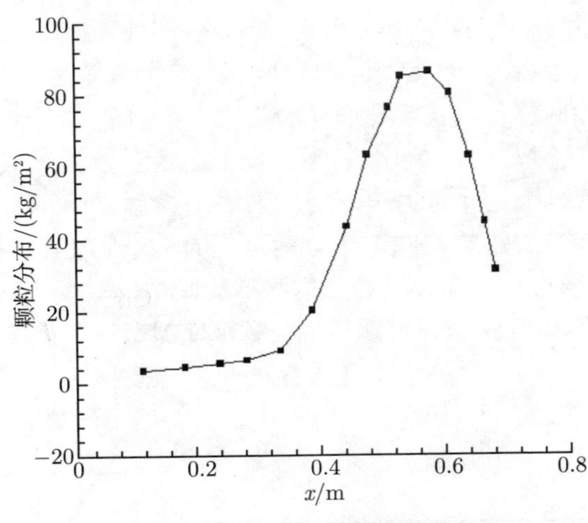

图 9.12 沿轴线方向粒子浓度分布

9.3 大型固体火箭发动机内颗粒燃烧流动数值模拟

随着我国战略重点的推进和探索空间需求的增长，大推力固体火箭发动机技术逐步提上日程。该技术的突破不仅可以极大地改善我军战略导弹系统的性能，更可大幅度地提高我国空间运载能力。目前，大型固体火箭发动机多采用含铝复合推进剂和潜入式喷管。这种设计带来的优势是：极大地提高了推进剂的能量、密度以及抑制不稳定燃烧，同时缩短了发动机长度，实现了推力矢量控制。但该设计同时存在一些弊端：推进剂在燃烧时存在气–粒两相流能量损失，较大的铝凝团燃烧不充分，这些都降低了比冲效率，并且凝相产物颗粒会在气流作用下进入潜入段背壁，形成熔渣沉积，影响后封头绝热层烧蚀和柔性喷管的正常摆动，熔渣的晃动和排出还将引起燃烧室压强的波动以及发动机质心的偏移。因此开展大型固体火箭发动机内颗粒的燃烧流动数值模拟研究紧迫而必要。

目前国内外对于该问题或者借助近距摄影、激光纹影、高速摄影以及激光全息等实验方法 [8–11]，对铝粉在推进剂中的凝聚和燃烧行为进行观测，研究铝粉的凝聚特性，铝粉燃烧过程中的晶体结构，残渣中铝与三氧化二铝的含量及颗粒的粒度分布等；或者采用理论及数值模拟的方法，对熔渣沉积过程建立数学模型，获取熔渣沉积现象及预测沉积量。但受设备及环境条件所限，更多的实验停留在推进剂材料和试验用模型发动机研究方面。数值计算虽然突破了实验条件的限制，但受数值方法的制约，目前的研究基于较多假设，不能将燃面推移、颗粒凝聚、颗粒燃烧、产物生成及流动等因素考虑在内，仅能得到预先设定的惯性颗粒的运动轨迹，计算结果较为粗糙。本节在前面章节提出的 SDPH-FVM 耦合新方法的基础上，对铝粉在大型固体火箭发动机燃烧室中的燃烧流动行为进行研究，进一步认识潜入式喷管背壁熔渣的沉积机理及规律，为发动机燃烧室内流场规律的把握及发动机的结构优化提供指导。

对于铝粉的燃烧过程，国内外进行了大量的试验与理论研究 [12−14]。普遍认为，铝粉颗粒的燃烧伴随着固体推进剂的燃烧过程进行：首先固体黏结剂受热分解，中间产物及熔化物在推进剂表面形成一层很薄的熔融反应层，温度为 600 ~ 900K，铝颗粒在该反应层内逐渐被加热。随着药柱燃面的推移，铝颗粒逐渐露出熔融反应层，暴露在燃烧室高温环境下，升温速度进一步提高。当温度达到自身熔点时，铝颗粒开始熔化。熔融态的铝颗粒在外部气流的作用下，与其他颗粒相互碰撞后发生聚集，形成大的铝液滴。铝液滴进一步外露处于高温的火焰区时，将开始点火燃烧。具体过程如图 9.13 所示。

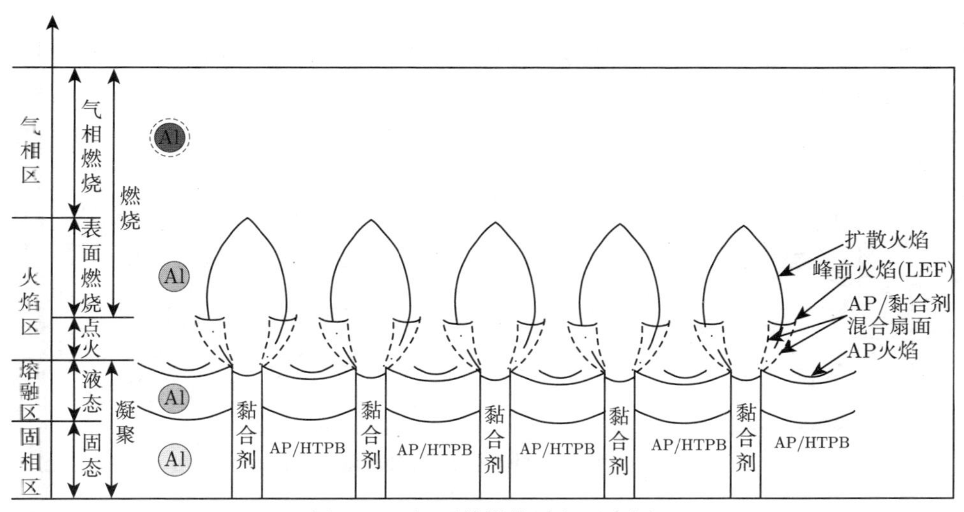

图 9.13 铝颗粒燃烧过程示意图

固体推进剂中铝粉的燃烧是一个以凝聚相和气相化学反应为基础的复杂多阶段过程，涉及气相燃烧和凝聚相燃烧两种化学反应机理 [15−17]。假定铝粉燃烧服从蒸气相扩散燃烧模型，该模型假设铝颗粒为球形液滴，在外部高温作用下，铝颗粒在其表面蒸发，形成的铝蒸气与氧化物在远离颗粒表面的气相空间中氧化燃烧，形成直径小于 2μm 的 Al_2O_3 烟雾。除蒸发的铝蒸气，另一部分铝颗粒仍保持液态，与扩散到颗粒表面的氧组分发生异相氧化燃烧反应，生成的 Al_2O_3 由于与 Al 不相溶而凝聚于铝液滴的下侧，形成氧化物收缩区，这样生成的 Al_2O_3 残渣粒度较大，约为几十到几百 μm。前人通过对实验收集到的残渣进行分析，得到生成的 Al_2O_3 粒径分布呈双峰型 [18,19]，验证了假设的合理性。

针对某大型固体火箭发动机进行研究，所建立的模型几何构型如图 9.14 所示。

初始时刻为 0 时刻，推进剂表面保持原始状态。在该时刻给定点火条件，推进剂开始燃烧，燃面开始推移，铝颗粒随着燃面的推移，逐渐暴露于燃烧室内部，开始发生聚集和燃烧，直至推进剂全部燃烧完毕。该算例重点对铝颗粒在燃烧室中的聚集、燃烧、流动以及燃烧产物的流动等过程进行研究，暂不考虑固体推进剂的燃烧过程，通过给定入口和出口边界条件计算得到内流场的状态，等价于内流场在推进剂燃烧后所达到的状态。同时由于燃面形状对于这些过程具有重要的影响，因此考虑推进剂燃面的推移，这里采用动网格技术实现。燃面推移速度为 0.01m/s。在燃面推移的过程中，选定四个特定时刻进行讨论分析，分别为 0 时刻，$t = 10$s，$t = 20$s 以及最终燃烧完毕之后的 $t = 67.5$s，如图 9.14 所示，图中曲线表征推进剂药柱在发动机工作过程中不同时刻燃面的形状。由于铝颗粒在初始推进剂中为固态，在推进剂燃烧一定时间后加热到液态，该算例暂不考虑铝粉的相变，直接加入流场中的为铝液滴，因此，将加入铝液滴的时间设定在第 5s 时刻。在实际中，药柱初始为前后双翼状，这里重点考察颗粒的燃烧及燃烧后喷管背壁熔渣沉积现象，前翼的影响较小，这里暂且忽略。

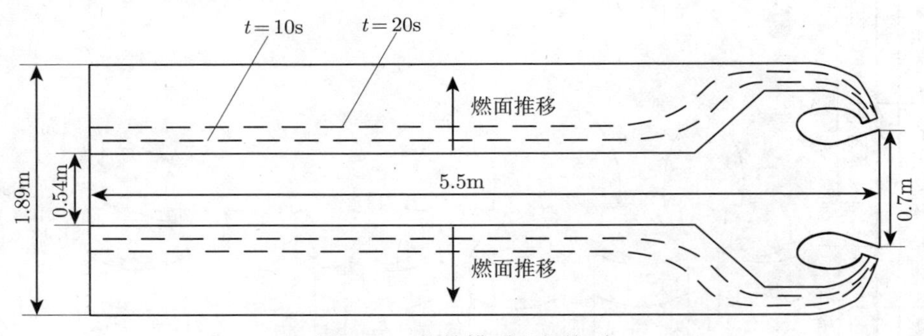

图 9.14　计算模型几何构型

该算例中，铝颗粒的燃烧按照假定的气相燃烧和表面燃烧两种模式进行计算，采用第 6 章描述的液滴蒸发模型、气相燃烧模型以及颗粒表面燃烧模型加入 SDPH-FVM 方法中实施。将铝蒸气燃烧生成的 Al_2O_3 颗粒等效为 TFM 中的颗粒拟流体，采用 FVM 进行计算，Al_2O_3 微小颗粒直径设定为 2μm；铝颗粒的表面燃烧采用 SDPH 方法计算，生成的 Al_2O_3 假定直接附着在铝颗粒的表面，按照质量的增加及其密度关系，更新铝颗粒的粒径。另外考虑液滴的聚并行为，采用第 8 章的群体平衡模型及液滴碰撞聚合与破碎宏观物理模型，更新液滴粒径的变化。

计算中，FVM 网格采用三角形网格，便于喷管背壁区流场的计算，同时便于动网格的重新划分。在后翼及背壁区进行网格加密，初始网格总数为 9552，如图 9.15 所示。设定入口为压力入口，压强为 8MPa，温度为 3500K；出口为压力出口，压强为 0.1MPa，温度为 300K。铝颗粒以液态的方式，从 $t = 5$s 时刻开始，自上下两端壁面处加入流场中，初始入射速度为燃面推移速度 0.01m/s。初始铝颗粒直径为 0.039mm，SDPH 粒子直径为 15mm，颗粒初始质量分数为 17%。FVM 时间步长设定为 10^{-5}s。

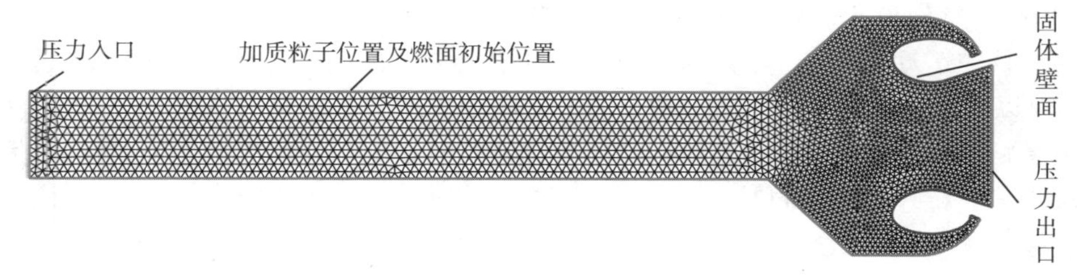

图 9.15 模型网格划分

首先在 $t = 0$s 时刻，给定入口和出口条件，设定好各化学反应模型开始计算，燃面按预设速度向上下两边推移。图 9.16 和图 9.17 分别为在 $t = 10$s 时刻计算得到的流场的速度与压力分布云图。由于颗粒加入的时间较晚，在该时刻颗粒对气流场的影响作用不明显，此时得到的流场为近似稳定状态下的流场形态。可以看出，由于燃烧室处于高压和高温的环境，在流场中大部分区域气流速度均较高，在喷管处达到最大值，而在潜入式喷管的背壁区，由于受壁面的阻碍作用，压力最大但速度最小，形成漩涡流动，该流动速度对于熔渣沉积具有直接的作用。

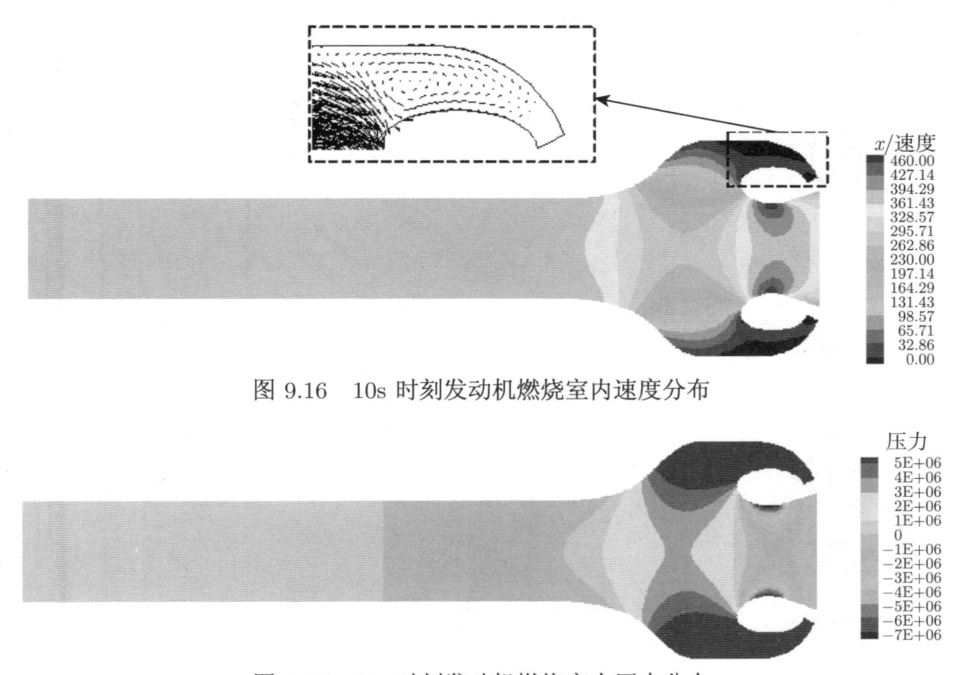

图 9.16 10s 时刻发动机燃烧室内速度分布

图 9.17 10s 时刻发动机燃烧室内压力分布

图 9.18 为 10s 时刻发动机燃烧室内颗粒的分布状态。实际中，铝颗粒将在推进剂表面燃烧一定时间后发生相变，成为熔融态的铝液滴，而这时暴露于边界层上的铝液滴由于气流的作用，与其他颗粒相撞将产生凝聚现象。因此，本算例虽然不考虑颗粒的相变，但将颗粒延迟一定的时间以液态射入流场中，在入射后较短的时间内，颗粒运动离开边界的距离较短，这时熔融态的铝液滴同样主要是以凝聚为主，可以准确地描述铝液滴的凝聚特性。从图中颗粒的分布可以看出，该时刻颗粒主要是贴于壁面进行运动，随着颗粒向喷管方向的聚集，在燃烧室的后端颗粒沉积逐渐增多，粒径较大。同时在接近壁面处颗粒较密集，远离边界处颗粒密度稀疏，这也是造成壁面处颗粒粒径较大的原因。图 9.19 为计算得到的该时刻颗粒平均直径与壁面之间相对距离的关系曲线，证明了壁面处颗粒粒径较大的结论，与颗粒分布状态相符。

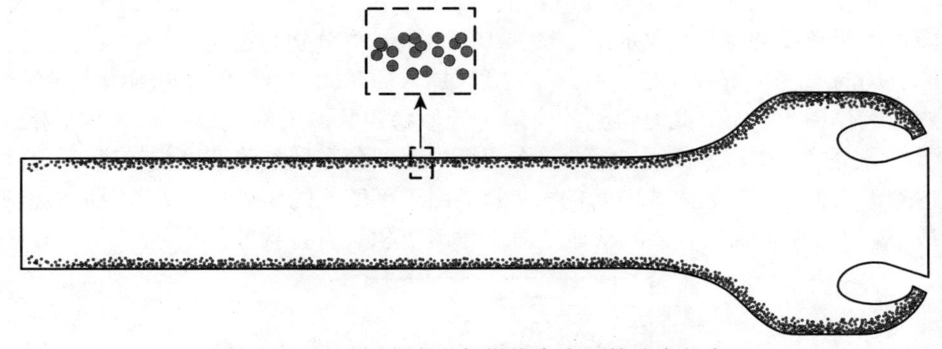

图 9.18　10s 时刻发动机燃烧室内颗粒分布状态

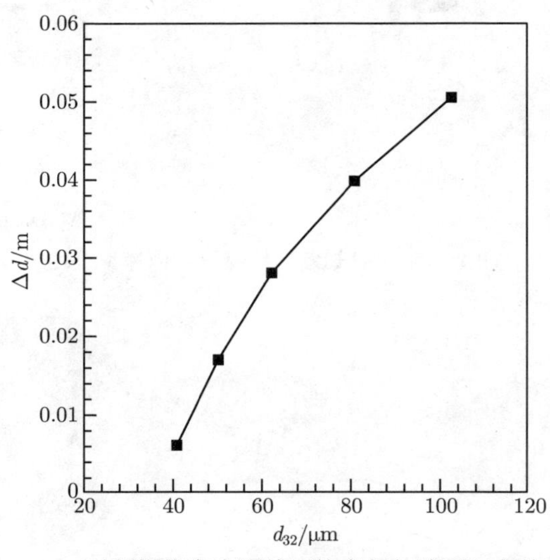

图 9.19　10s 时刻燃烧室内颗粒平均直径与壁面距离关系曲线

图 9.20 为 20s 时刻发动机燃烧室内颗粒的分布状态。可以看出，随着时间的推进，燃烧室内部颗粒逐渐增多，颗粒不再紧贴于壁面运动，而是随着颗粒逐渐偏向燃烧室中心区域，颗粒受到的气流吹动力将增加，同时由于颗粒蒸发造成自身质量减少，颗粒运动更加剧烈，较多的颗粒在高速撞击到潜入式喷管壁面后发生反弹，后又与推进剂表面发生碰撞再次反弹，极大地改变了颗粒的运动轨迹。不仅在背壁区可以发现较多的沉积颗粒，在接近喷管的上游区域同样存在较多的颗粒。图 9.21 为 20s 时刻燃烧室中铝蒸气含量分布图。可以看出，铝蒸气大多分布于壁面附近且含量较少，分析原因为，熔融态的铝在推进剂表面受热即可蒸发，形成的铝蒸气在外部高温作用下，停留很短的时间便与空气中的氧发生反应生成 Al_2O_3 细小颗粒，大部分铝蒸气仅作为一种过渡状态存在，因此燃烧室中较少见到铝蒸气的存在。图 9.22 为相同时刻铝蒸气进行气相反应后得到的 Al_2O_3 浓度分布。较多细小的 Al_2O_3 颗粒沉积在了背壁区域，在背壁区颗粒浓度达到一定程度后，多余的颗粒由于尺寸较小，沿着气流方向顺畅地流出喷管。图 9.23 为相同时刻参与表面反应生成的 Al_2O_3 颗粒的浓度分布图。可以看出与气相反应不同，铝颗粒的表面反应伴随着自身的运动在其表面进行，其生成的 Al_2O_3 含量分布位置与铝颗粒的分布位置相同，同时由于在自身表面上吸收氧分子而成为 Al_2O_3，其自身体积必然增大，而尺寸较大的颗粒不易流出燃烧室，大部分沉积在了喷管背壁区域。

图 9.20　20s 时刻发动机燃烧室内颗粒分布状态

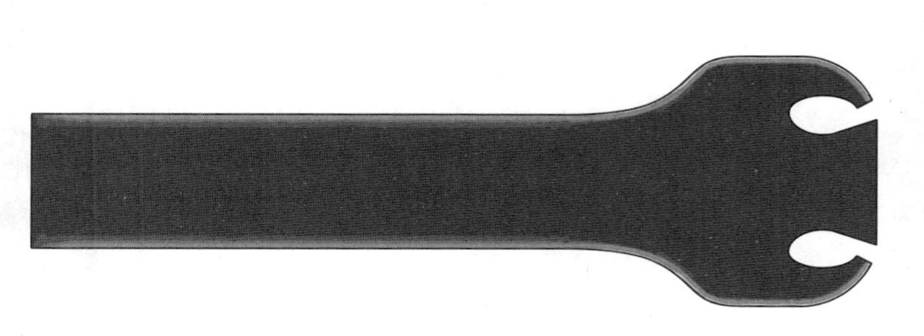

图 9.21　20s 时刻燃烧室内铝蒸气含量分布图

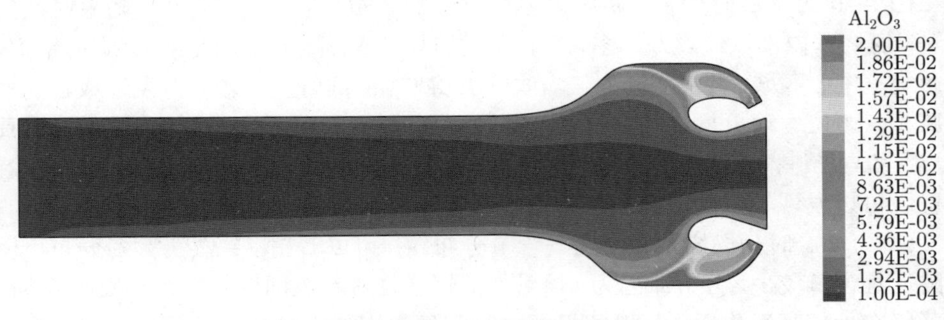

图 9.22　20s 时刻燃烧室内气相反应生成的 Al_2O_3 浓度分布

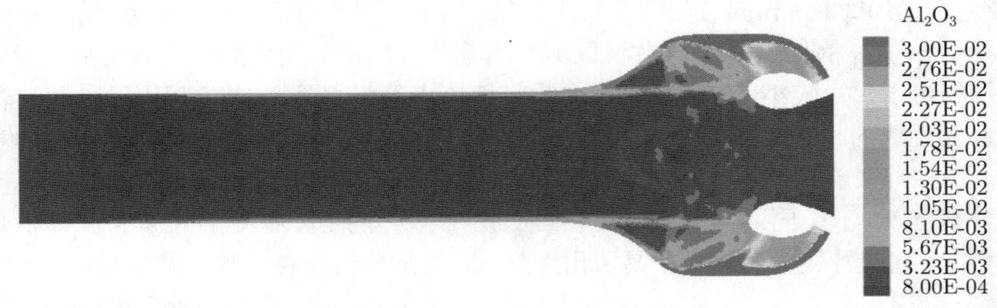

图 9.23　20s 时刻燃烧室内参与表面反应生成的 Al_2O_3 浓度分布

图 9.24 为 67.5s 时刻即推进剂燃烧完全之后燃烧室内颗粒的分布。可以看出，伴随着推进剂的完全燃烧，大部分颗粒流出了燃烧室，仅在壁面处及喷管背壁区存在有残渣，背壁区残渣沉积量较多。图 9.25 和图 9.26 分别展示了推进剂燃烧完全后参与气相反应和表面反应生成的 Al_2O_3 浓度的分布，与颗粒的空间分布状态基本相同。通过对背壁区域参加表面反应及气相反应的生成物进行积分运算，得到总的沉积量为 42.529kg，与相应地面热试车试验结果进行对比，试验结果为 48kg，相对误差为 11.4%。这就有效验证了新方法在求解大型固体火箭发动机内流场问题中的适用性。通过本算例的数值模拟，再现了发动机内颗粒聚集、燃烧、流动及燃烧产物的流动、沉积等复杂物理化学过程，为进一步认识铝粉在固体发动机燃烧室中的燃烧行为及其影响因素，从而改进发动机喷管设计提供指导。由于这里采用的计算模型为二维，同时所采用的液滴聚合、破碎模型及颗粒的燃烧化学反应模型均为文献中的通用模型，其对于特定问题的适用性需进一步提高，因此数值结果与实验结果还存在一定的差距，这将在下一步的研究中进一步完善和提高。

图 9.24 67.5s 时刻燃烧室内颗粒分布状态

图 9.25 67.5s 时刻燃烧室内气相反应生成的 Al_2O_3 浓度分布

图 9.26 67.5s 时刻燃烧室内参与表面反应生成的 Al_2O_3 浓度分布

9.4 剪切气流驱动液滴流动、蒸发过程数值模拟

高速气流中，燃料横向喷射雾化是许多发动机的主要喷射雾化方式，如超燃冲压发动机、航空发动机加力燃烧室、亚燃冲压发动机等。燃料以一定速度和角度喷入燃烧室后，在高速气流的作用下，会经历一次雾化、二次雾化、蒸发、掺混和燃

烧等过程，最终燃烧效率决定了发动机的工作性能。假如燃料在高速气流中喷射雾化较好，雾化后的液滴直径小而且均匀，将极大地利于燃料与空气的掺混，进而提高蒸发速率，最终提升燃烧的效率，因此良好的雾化是实现高效率燃烧的前提。国内外对于燃料横向喷射雾化进行了较多的研究。Wu 等 [20,21] 对亚声速横向气流中射流的雾化进行了大量的实验研究，对比了不同来流马赫数、喷射角度、射流动量比、不同液体物性等条件对射流雾化的影响。Lin 等 [22] 对超声速横向气流中射流雾化进行了系统的实验研究，分析了不同液体物性、气液动压比、喷射角度、喷嘴尺寸等因素对雾化效果的影响。杨顺华等 [23] 通过发展液滴破碎混合模型，对来流 $\mathrm{Ma} = 1.94$ 的超声速气流中水射流雾化进行了数值模拟。刘静等 [24] 通过对横向气流中燃料雾化的数值模拟，分析了 TAB(Taylor analogy breakup) 模型和 Reitz 波不稳定性模型等两类雾化模型中的经验参数对模拟结果的影响。这些数值模拟均采用的是拉格朗日颗粒轨道模型，对于液滴的聚合破碎处理属于直接模拟，需对每一液滴施加特定物理模型。本节采用含颗粒聚合、破碎、蒸发、燃烧等复杂过程的 SDPH-FVM 耦合方法对横向气流中液滴的碰撞聚合、破碎、流动以及蒸发过程进行数值模拟研究，验证本书论述的新方法的可靠性，同时为今后深入研究实际工况下超燃冲压发动机燃烧室的燃料雾化及燃烧全过程奠定基础。

本算例采用与 Wu 等 [20] 的实验相同的数据，所得计算结果方便与实验值对比验证。二维矩形区域尺寸为 $L_1 \times L_2 = 440\mathrm{mm} \times 120\mathrm{mm}$，区域底部设置一个直流式喷注器入口，喷口直径 $d = 0.5\mathrm{mm}$，来流速度 $v_{\mathrm{gas}} = 103\mathrm{m/s}$，液体初始注入速度 $v_{\mathrm{jet}} = 19.3\mathrm{m/s}$，流场初始静温 $T_{\mathrm{gas},0} = 293\mathrm{K}$，静压 $P_0 = 140\mathrm{kPa}$，工质为水，温度保持室温。射流颗粒初始分布服从一次雾化结果，这里采用 Reitz 提出的 Blob 模型 [25]，液滴尺寸与喷注器出口直径相同。FVM 初始化矩形网格尺寸为 0.5mm×0.5mm，SDPH 粒子直径为 0.25mm，颗粒体积分数为 0.8，该算例采用考虑液滴碰撞聚合、反弹、破碎以及单颗粒破碎在内的基于颗粒动力学的宏观数学模型进行计算，数学模型详见参考文献 [20]，加入 SDPH-FVM 耦合方法中。

图 9.27 为计算得到的不同时刻液滴空间分布状态。可以看出，射流喷出喷注器后在横向剪切气流的作用下运动方向发生改变，同时发生二次雾化过程，液滴发生破碎，逐渐吹散开，分布于贴近壁面的下游区域，与实验观测到的现象相似。穿透深度指液雾最外围距离下壁面的垂直距离，其作为描述横向气流喷射雾化效果的重要参数，文献 [20], [21] 均采用该数值与实验对比，验证模型的准确性。这里同样得到了该数值，并与实验进行了对比，如图 9.28 所示。通过对比可以看出，计算得到的穿透深度与实验拟合曲线吻合较好，在射流发生偏析区域计算值略高于实验值，这与文献 [21] 结论一致。

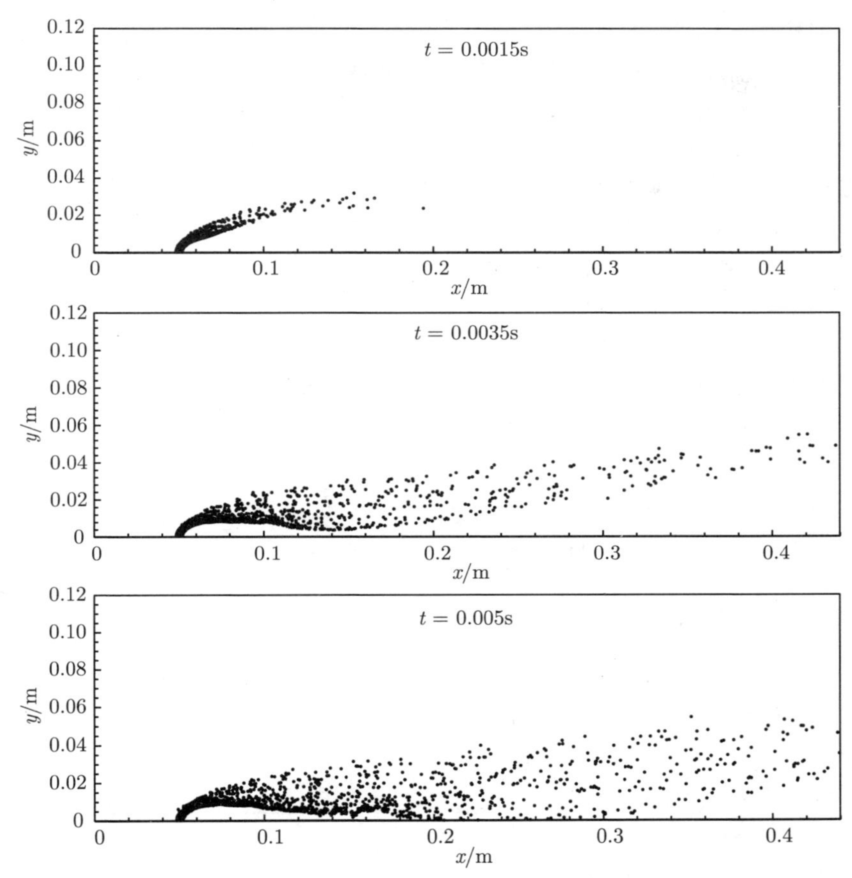

图 9.27 不同时刻液滴空间分布

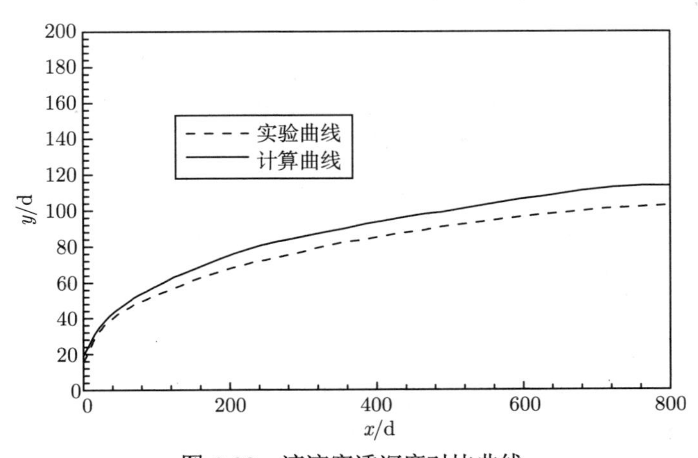

图 9.28 液滴穿透深度对比曲线

为描述液滴在横向气流作用下二次雾化的效果，同时与实验值进行对比，对 $x/d = 300$ 位置处液滴的平均索特直径和液滴速度分布进行了选取分析，如图 9.29 和图 9.30 所示。可以看出，液滴 d_{32} 分布沿垂直方向由小到大，越贴近壁面液滴尺寸越小，主要由于液体发生表面破碎，小的液滴被剥离出液体表面，该分布趋势与实验测量值相同，同时该特性对于在壁面处施加点火源来说，有利于快速将燃料点燃。另外，液滴在雾化后，随气流向下游运动，处于不断加速状态，在 $x/d = 300$ 位置处液滴的速度达到 80m/s 左右，计算值与之基本相符，验证了加入液滴碰撞聚合、破碎的宏观计算模型后 SDPH-FVM 方法同样计算有效，为该类问题的研究提供了一种新的模拟思路。但不可否认的是，数值结果与实验还存在少量偏差，主要由于此处使用的液滴聚合破碎模型为现有文献中的模型，其求解精度和对

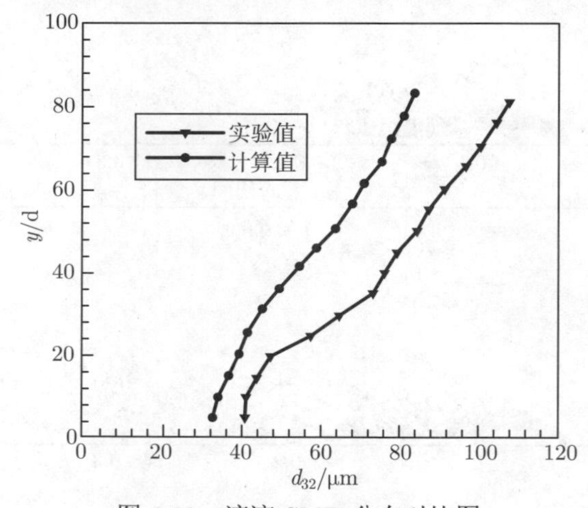

图 9.29 液滴 SMD 分布对比图

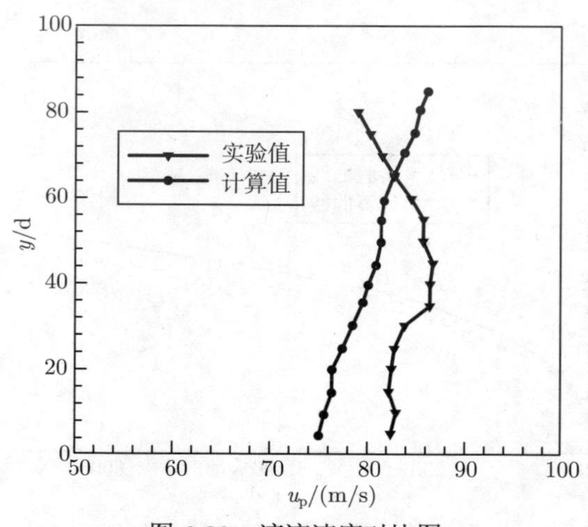

图 9.30 液滴速度对比图

特定问题的适用性还有待进一步深入研究。

燃料射流在发生一次雾化和二次雾化时，同样发生着蒸发进而燃烧的过程。在上述获得的颗粒二次雾化的基础上，改变初始气流场的温度 $T_{\text{gas},0} = 350\text{K}$，液体初始温度 $T_{\text{jet},0} = 300\text{K}$，蒸发温度假定为 $T_{\text{vap}} = 340\text{K}$，采用第 4 章提出的含颗粒蒸发、燃烧过程的 SDPH-FVM 耦合方法，对喷射液滴的蒸发过程进行了模拟，得到了液体气化后组分分布状态，如图 9.31 所示。可以看出，射流喷射后，在剪切气流的作用下，首先发生液滴的破碎，同时液体在外部高温环境下吸热温度升高，破碎成小液滴后，由于与外部接触面积进一步增大，温度升高进一步加快，很快达到蒸发温度开始蒸发，在 0.005s 之后，蒸气组分占据了大部分下游区域，检验了新方法在计算含颗粒碰撞聚合、破碎、蒸发、燃烧等多过程中的可行性，为下一步开展超燃冲压发动机燃烧室的燃料雾化及燃烧全过程研究奠定了基础。

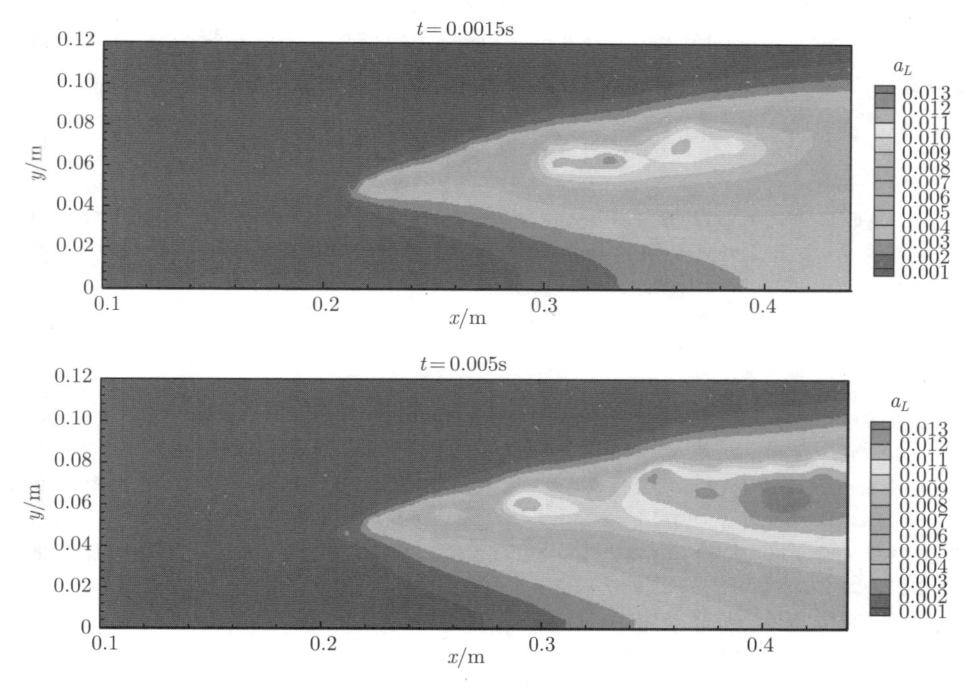

图 9.31　液体蒸发组分浓度分布

9.5　小　　结

本章在前面所建立的一系列 SDPH-FVM 耦合方法的基础上，选取了航天领域内的典型问题进行了数值模拟，分析了气–粒两相流动过程，揭示了相关物理机理，得到了重要结论，为指导相关研究提供了理论依据。具体模拟过程包括：

(1) 模拟了固体火箭发动机 JPL 喷管中气–粒两相流动过程，得到了气相和颗粒相的参数分布规律。针对 Φ315mm 实验发动机结构特点和工作状态，对过载条件下发动机燃烧室内的气–粒两相流动问题进行了数值模拟，分析了外部加速度载荷对发动机燃烧室内粒子场和聚集带的影响，对数值结果均进行了相关验证。

(2) 针对大型固体火箭发动机铝粉的不完全燃烧和残渣沉积现象，运用 SDPH-FVM 耦合方法进行了数值模拟，研究了不同时刻不同燃面的情况下燃烧室内颗粒的分布状态、铝粉蒸气含量、铝蒸气气相反应生成的 Al_2O_3 含量、参与颗粒表面反应生成的 Al_2O_3 浓度分布等，通过与地面热试车试验结果对比，验证了新方法对于大型固体发动机复杂内流场计算的可行性。

(3) 采用含颗粒聚合、破碎、蒸发、燃烧等复杂过程的 SDPH-FVM 耦合方法对横向气流中液滴的碰撞聚合、破碎、流动以及蒸发过程进行了数值模拟研究，得到了不同时刻液滴空间分布状态，同时得到的穿透深度、平均索特直径和液滴速度均与实验结果吻合较好，最后对喷射液滴的蒸发过程进行了模拟。

参 考 文 献

[1] GOLAFSHANI M, LOH H T. Computation of two-phase viscous flow in solid rocket motors using a flux-split Eulerian-Larangian technique[C]. Proceedings of the AIAA Joint Propulsion Conference, California, 1989.

[2] 曾卓雄, 姜培正. 可压稀相两相流场的数值模拟 [J]. 推进技术, 2002, (2): 154-157.

[3] 于勇, 刘淑艳, 张世军, 等. 固体火箭发动机喷管气固两相流动的数值模拟 [J]. 航空动力学报, 2009, 24(4): 931-937.

[4] 吴限德, 张斌, 陈卫东, 等. 固体火箭发动机喷管内气粒两相流动的 CFD-DSMC 模拟 [J]. 固体火箭技术, 2011, 34(6): 707-710.

[5] 何国强, 王国辉, 蔡体敏, 等. 高过载条件下固体发动机内流场及绝热层冲蚀研究 [J]. 固体火箭技术, 2001, 24(4): 4-8.

[6] 李越森, 叶定友. 高过载下固体发动机内 Al_2O_3 粒子运动状况的数值模拟 [J]. 固体火箭技术, 2008, 31(1): 24-27.

[7] 刘洋. 高过载固体发动机内流场模拟试验技术 [D]. 西安: 西北工业大学, 2004.

[8] 李疏芬, 詹湖强. 推进剂中铝燃烧的研究 [J]. 固体火箭技术, 1988, 6(1): 69-76.

[9] 刘洋, 何国强, 李江, 等. 聚集状态下凝相颗粒的收集与测量 [J]. 推进技术, 2005, 6(5): 478-480.

[10] 张少悦, 何国强, 刘佩进, 等. 聚集状态下燃烧室凝相粒子粒度特性实验 [J]. 推进技术, 2011, 32(1): 54-58.

[11] 李强, 甘晓松, 刘佩进, 等. 大型固体发动机潜入式喷管背壁区域熔渣沉积数值模拟 [J]. 固体火箭技术, 2010, 33(2): 148-151.

[12] GLASSMAN I. Metal combustion processes[M]. New York: American Rocket Society Preprint, 1959.

[13] LAW C K. A simplified theoretical model for the vapor-phase combustion of metal particles[J]. Combustion Science and Technology, 2007, 7(5): 197-212.

[14] LIANG Y, BECKSTEAD M. Numerical simulation of quasi-steady, single aluminum particle combustion in air[C]. 36th AIAA Aerospace Sciences Meeting and Exhibit, Reno, NV, 1998.

[15] 郭申, 李疏芬. 推进剂中燃烧铝滴直径分布和聚集状态的研究 [J]. 宇航学报, 1988,(2): 47-52.

[16] 李疏芬, 詹湖强. 双级配氧化剂粒度对推进剂中铝燃烧的影响 [J]. 航空动力学报, 1987, 2(4): 342-349.

[17] 张超才, 孙绪全. 含铝固体复合推进剂燃气中 Al_2O_3 颗粒收集与测量的实验研究 [J]. 推进技术, 1986, 12(4): 56-62.

[18] SALITA M. Predicated slag deposition histories in eight solid rocket motor using the CFD "ETV"[C]. 30th AIAA Aerospace Sciences Meeting and Exhibit, Reno, NV, 1992.

[19] 魏超, 侯晓. 潜入喷管背壁区域熔渣沉积的机理分析和数值模拟 [J]. 航空动力学报, 2006, 21(6): 1109-1114.

[20] WU P K, KIRKENDALL K A, FULLER R P, et al. Breakup processes of liquid jets in subsonic crossflows[J]. Journal of Propulsion and Power, 1997, 13(1): 64-73.

[21] WU P K, KIRKENDALL K A, FULLER R P, et al. Spray structures of liquid jets atomized in subsonic crossflows[J]. Journal of Propulsion and Power, 1998, 14(2): 173-182.

[22] LIN K C, KENNEDY P, JACKSON T. Structures of water jets in a Mach 1.94 supersonic crossflow[C]. 42nd AIAA Aerospace Sciences Meeting and Exhibit, Reno, NV, 2004.

[23] 杨顺华, 乐嘉陵. 超声速气流中液体燃料雾化数值模拟 [J]. 推进技术, 2008, 29(5): 519-522.

[24] 刘静, 徐旭. 两种雾化模型在横向流雾化数值模拟中的应用 [J]. 航空动力学报, 2013, 28(7): 1441-1448.

[25] REITZ R, DIWAKAR R. Structure of high-pressure fuel sprays [J]. SAE Technical Paper 870598, 1987, 5: 98-118.

第 10 章　SDPH-FVM 耦合方法在其他领域中的应用

气–粒两相流动系统渗透在人们的日常生活、工业过程、生态环境等各方面，它与提高人类生活水平、发展国民经济密切相关。气–粒两相流动系统的研究涉及与物质转化过程相关的所有工程领域以及数学、力学、物理等诸多领域，属于跨学科、跨领域的研究范畴。然而，鉴于气–粒两相流动系统的复杂性及其实验手段的局限性，目前计算机模拟已成为气–粒两相流动系统研究的有力工具，并在相关领域的模拟仿真中发挥着举足轻重的作用。

针对现有数值模拟方法存在的缺陷，本书论述了一种利用无网格方法在处理复杂形状流场、大变形、复杂界面追踪、物质单点追踪等方面的优势，同时结合传统网格方法在求解流体湍流运动、激波大变形、化学反应等问题上的专长，建立适用于气–粒两相流求解的 SDPH-FVM 耦合方法。第 6 和第 8 章分别针对颗粒的蒸发燃烧和颗粒在碰撞和破碎过程中的变粒径问题提出了含颗粒蒸发、燃烧过程和含颗粒碰撞聚合、破碎过程的 SDPH-FVM 耦合新方法。第 9 章将新方法成功应用于航天领域中。本章在它们的基础上选取了其他不同领域中的典型问题进行了数值模拟，分析了典型的气–粒两相流动过程，并与相关实验结果和其他数值方法得到的结果进行对比，进一步验证了新方法的准确性及其应用的可行性，同时揭示相关物理机理，为相关问题研究提供指导。

10.1　SDPH-FVM 耦合方法在武器研发领域中的应用

10.1.1　燃料空气炸药爆炸抛撒成雾过程数值模拟

燃料空气炸药 (fuel air explosive，FAE) 作为一种多用途、高效能的新型爆炸能源，广泛应用于飞机、火箭炮、大口径身管炮、中远程弹道导弹、巡航导弹等投射打击目标，既可以用来杀伤有生力量，又可以用来毁伤设备和摧毁工事等，故而被形象地称为“云爆弹”。FAE 爆轰属两相不均匀爆轰，先由引信引爆中心抛撒药柱，利用中心抛撒药柱爆轰所产生的高温高压气体产物将装填在战斗部内的燃料迅速向四周抛撒出去，燃料与空气混合形成可爆性云团，经适当延时后由云雾起爆引信引爆 FAE 云团，利用云雾区爆炸冲击波和燃烧消耗氧气形成的低氧环境对目标实施毁伤。因此，可将该过程分为燃料爆炸抛撒成雾及其燃烧爆炸两个过程。

现有用于 FAE 数值模拟或采用传统的气–液、气–粒两相流方法，或采用有限元方法，均为基于网格的数值方法，在对云雾团中颗粒进行追踪时存在困难，计算的效果不理想。同时，由于燃料的燃烧爆炸不仅涉及化学反应，同时涉及冲击波的形成与传播，求解过程复杂，现有数值方法较难解决，因此考虑 FAE 云雾形成及其爆炸过程的数值模拟尚未见报道。本节尝试采用新型 SDPH-FVM 方法对燃料的抛撒成雾过程进行数值模拟，同时在此基础上对燃料的爆燃过程进行探索性研究，为下一步开展 FAE 燃料以及装置的设计研究提供一种非常有效的数值方法。

对于云雾的组成，选用液体燃料作为研究对象，同时假定初始云爆剂为颗粒状，颗粒的尺寸统一为 0.3mm，这里重点研究形成云雾的形态参数。FAE 模型结构如图 10.1 所示，为二次起爆型燃料空气炸药战斗部，由中心抛撒装药、燃料、战斗部壳体以及上下端盖组成，尺寸如图 10.1(a) 所示。燃料选用环氧丙烷液体，分子式为 C_3H_6O，密度为 $830kg/m^3$。炸药起爆为瞬时全起爆的方式。初始化后，网格–粒子分布如图 10.1(b) 所示。数值模拟中所取参数如表 10.1 所示。

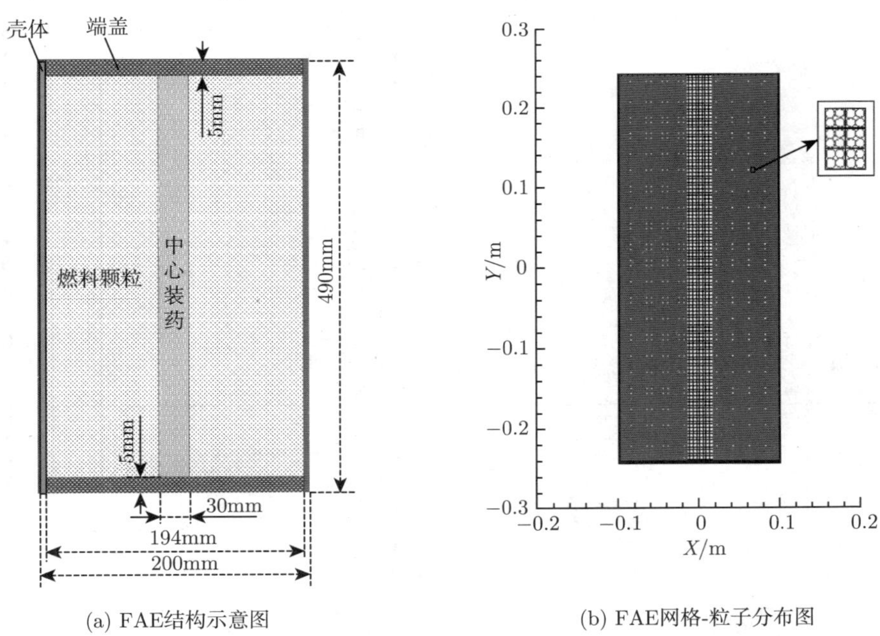

(a) FAE结构示意图　　(b) FAE网格-粒子分布图

图 10.1　FAE 结构示意图及初始化网格–粒子分布图

图 10.2 为计算得到的两个不同时刻燃料抛撒所形成的云雾形态，可以看到燃料抛撒过程中典型的径向运动和湍流运动状态，有一部分燃料直接飞向弹体正下方地面和正上方空中，燃料的云团扩散速度较快，使得云雾空洞尺寸增大，云雾区燃料浓度偏低，而在云雾的边缘浓度较高。在燃料抛撒的前阶段，主要受初始爆炸驱动载荷的作用，云团持续做加速运动，呈现集中运动的情形，云团边缘颗粒分布

规则，而在云团中心部位的顶端逐渐开始出现波动现象，开始有由整体分解为分散微团的趋势，如 4ms 时刻云团分布；随着时间的发展，燃料受到的驱动力逐渐减小，空气阻力逐渐起到主导作用，燃料逐渐被驱散开，沿着曲线轨迹做湍流运动，燃料分散更加均匀，云团边缘颗粒浓度逐渐减小，如 50ms 时刻云团分布形态。同时可以看出，由于上下两端燃料在炸药的驱动下可以向上下两端运动，分散能量，而中心部位的燃料只在水平方向进行运动，炸药驱动能量完全用于水平方向速度的增加，如图 10.3 所示 5ms 时刻燃料颗粒速度场分布，中心部位燃料横向速度最大，最终形成的云雾呈现典型的扁球型。而从燃料分散的角度考虑，在满足设计要求的前提下，应尽量使燃料抛散速度的最大值出现在 FAE 装置的中部，形成半径尽可能大的扁平状云雾。图 10.2 左上方图像为李席等 [1] 的实验结果图像，可以看出数值结果与实验结果符合较好，云雾的形态吻合度较高。

表 10.1 颗粒相与气体相参数列表

参数	描述	值
$\rho_s/(\mathrm{kg/m^3})$	燃料密度	830
d_p/mm	燃料颗粒直径	0.3
$\mathrm{Cp}_p/[\mathrm{J/(kg{\cdot}K)}]$	颗粒相比热容	1950
$k_p/(\mathrm{W/mK})$	颗粒相热传导系数	0.0454
α_s	初始颗粒相体积分数	0.6
$\rho_g/(\mathrm{kg/m^3})$	气体密度	1.225
$\mu_g/(\mathrm{Pa{\cdot}s})$	气体黏性	1.7895×10^{-5}
$k_g/(\mathrm{W/mK})$	气体相热传导系数	0.0242
$\mathrm{Cp}_g/[\mathrm{J/(kg{\cdot}K)}]$	气体相比热容	1006.43
N	SPH 粒子数量	19680
$\Delta x/\mathrm{mm}$	SPH 粒子间距	2.0
h/mm	SPH 光滑长度	3.0
$\rho_{\mathrm{SPH}}/(\mathrm{kg/m^3})$	SPH 粒子密度	498
$\Delta x\times\Delta y/(\mathrm{mm\times mm})$	FVM 网格间距	4×4
$\Delta T_{\mathrm{FVM}}/\mathrm{s}$	FVM 时间步长	1×10^{-6}

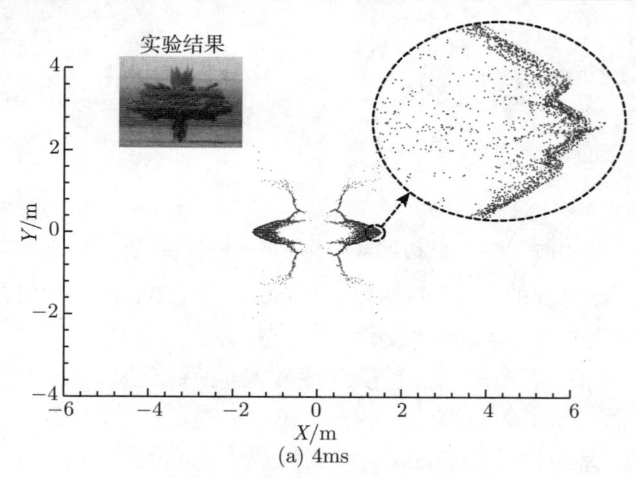

(a) 4ms

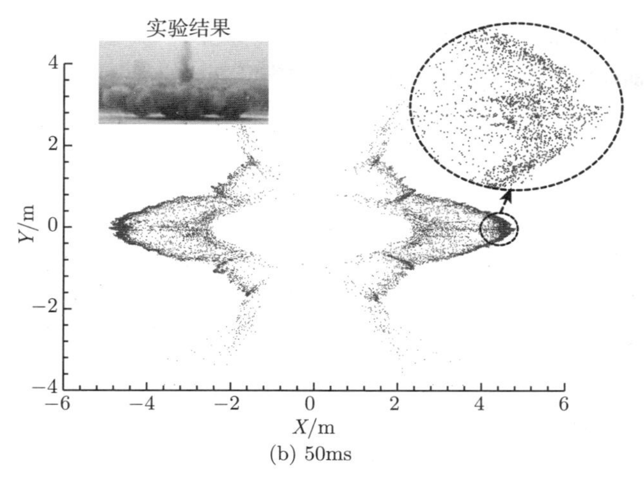

(b) 50ms

图 10.2 燃料抛撒过程数值模拟结果

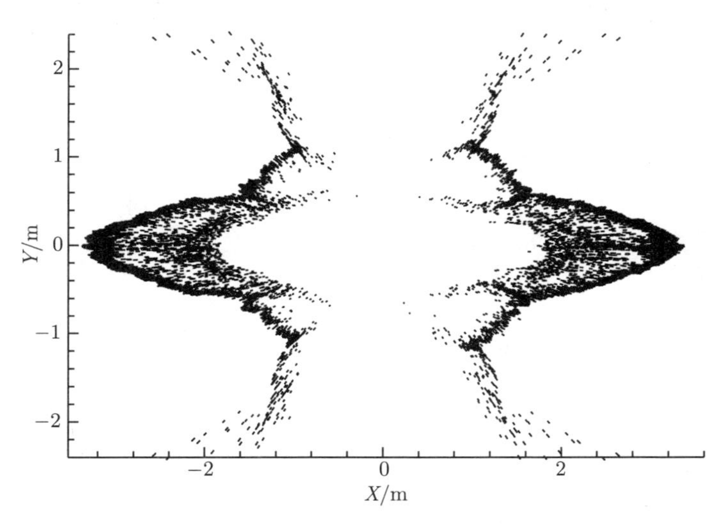

图 10.3 5ms 时刻燃料颗粒速度场分布

图 10.4 为燃料抛撒云雾直径随时间变化曲线，图 10.5 为计算得到的边缘处燃料的分散速度与实验结果对比图。可以看到，燃料扩散直径随时间单调增加，燃料分散速度随时间呈现先增加后减小的趋势。10ms 之前燃料云团在爆炸驱动压力的持续作用下加速扩散，云雾直径增长很快；10ms 之后由于燃料受到空气阻力作用，燃料的分散速度开始减小，云雾直径增加缓慢；大约 50ms 之后云雾直径不再有明显的增长，燃料颗粒仅在较小的区域范围内做波动运动。数值模拟结果与实验结果较为一致，数值解略低于实验值，分析原因为实验所处的环境场地较为空旷，受压

缩的气体迅速向外扩散，导致空气对抛撒燃料的阻力降低。其次为本算例所采用的液滴颗粒直径为统一直径分布，比实际云雾颗粒直径稍大，因此受到的阻力偏大。

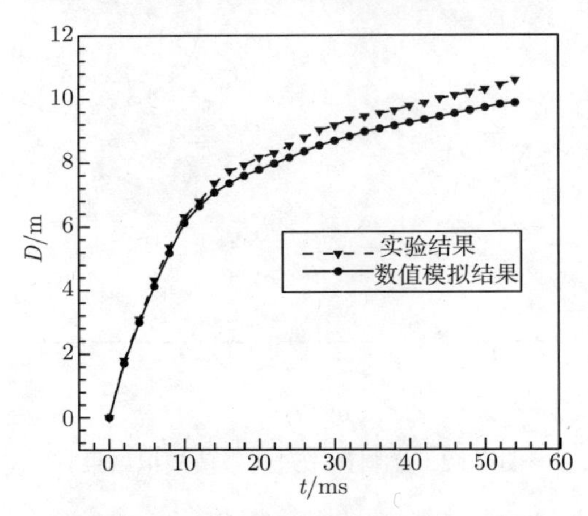

图 10.4　燃料抛撒云雾直径随时间变化曲线

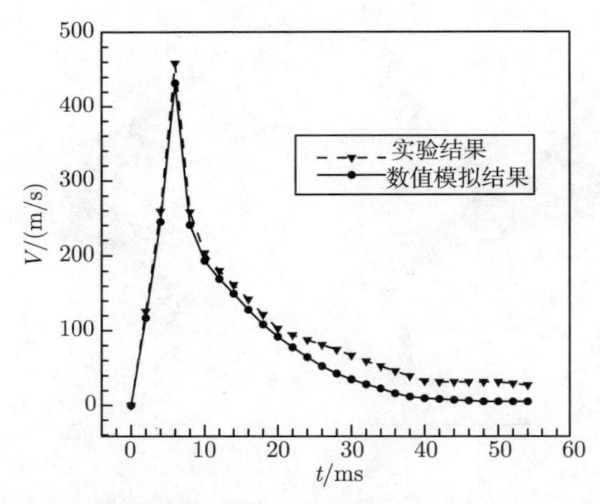

图 10.5　边缘处燃料分散速度随时间变化曲线

由文献 [2] 分析可知，炸药的起爆方式对炸药能量的释放具有较大的影响，进而会影响云雾的形态。为了深入研究燃料爆炸抛撒成雾的影响因素，这里对另一种起爆方式——点起爆下云雾的形成过程进行了模拟计算。FAE 装置结构参数与上述全起爆方式下的结构参数基本相同，为保证形成的云雾在中心部位避免空洞的存在，在燃料的下方增加 10mm 厚的燃料填充区，同时改变起爆位置，如图 10.6 所示。

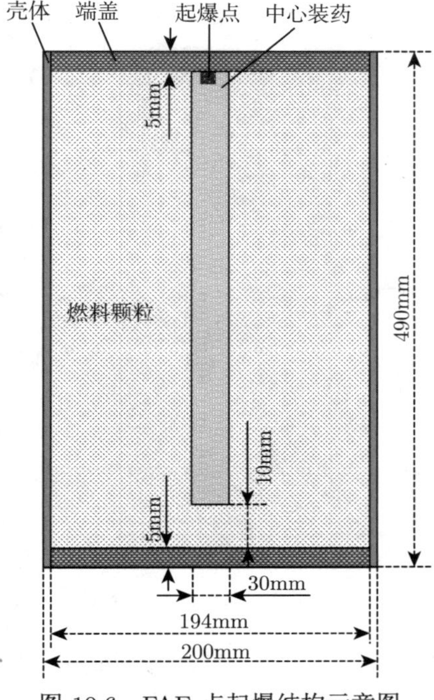

图 10.6 FAE 点起爆结构示意图

图 10.7 为计算得到的不同时刻燃料云雾形态。与全起爆方式完全不同，点起爆云雾成上大下小的圆台状。5ms 时刻由于上部炸药先起爆，其爆轰作用时间首

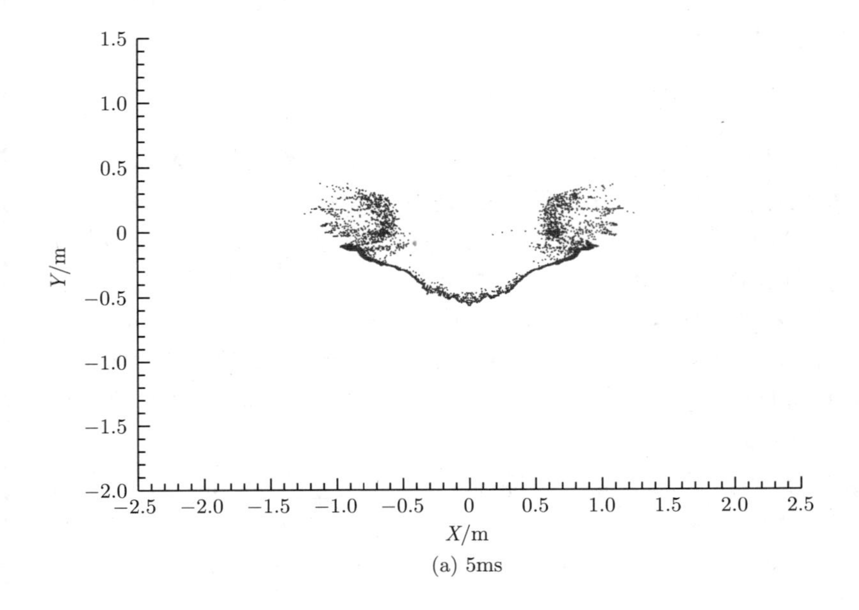

(a) 5ms

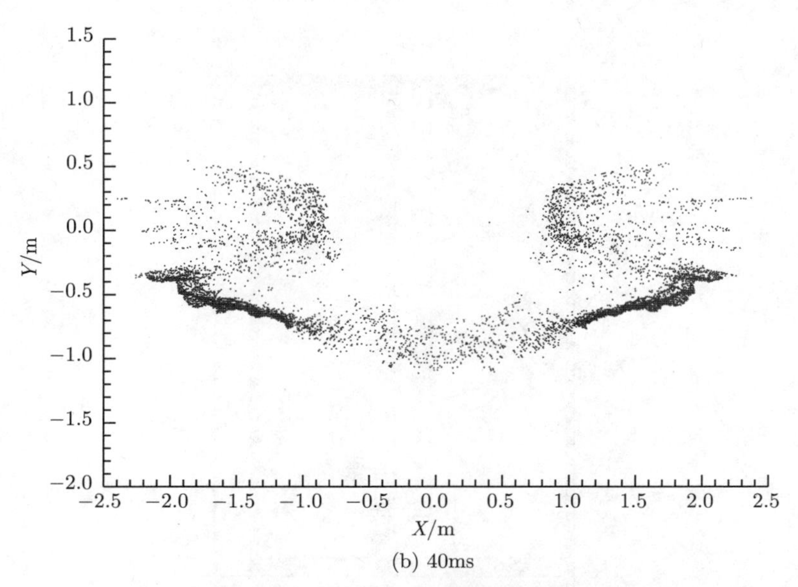

(b) 40ms

图 10.7　炸药点起爆下燃料抛撒过程数值模拟结果

先撤销，空气阻力起主要作用，云雾在上部两端开始出现颗粒分散状态，颗粒分布逐渐趋于均匀，而下部主要受炸药驱动力作用继续向下方运动，在 40ms 后，云团尺寸基本保持不变。由此可知采用点起爆方式时，由于炸药能量释放的不集中，同时燃料运动方向发生了改变，燃料抛撒形成的云雾尺寸与全起爆方式相比较小，而且形成的云雾均匀性较全起爆方式差，因此不建议采用该方式起爆。该计算结果与文献 [2] 得到的结果基本相符。

10.1.2　云雾团燃烧爆炸过程数值模拟

在前面计算燃料抛撒形成云雾的基础上，加入液滴蒸发模型及气相燃烧模型对云雾团的燃烧爆炸过程进行数值模拟研究，验证新方法在该领域中应用的通用性。设定云雾团爆炸的外部区域为 10m×7m 的长方形区域，假定燃料气体在发生爆炸之前，燃料颗粒蒸发已经达到稳定状态，燃料蒸气浓度不再发生改变，与周围的空气形成稳定的气溶胶云团，如图 10.8 所示。这时在外部火源的引燃作用下进行燃料的燃烧过程。由于燃料的燃烧爆炸传播速度较快，假定其在瞬时完成，这样将起爆方式考虑为全起爆，即初始设定外部区域为 1000K 高温起爆环境，开始起爆的时刻为 0 时刻。

图 10.9 为计算得到的燃料燃烧过程中速度矢量分布，可以看到燃料在 1ms 时刻燃料基本燃烧完毕，释放出大量的能量，所形成压力波逐渐由燃料蒸气区域向外部扩散，随着左右两端压力波相遇，水平方向动能逐渐向垂直方向动能转化，垂直

方向速度逐渐增加。在 4ms 时刻，基本全部转化为垂直方向动能，从而对外部物体造成较大的冲击损伤。图 10.10 为计算得到的 4ms 时刻温度场分布，由于燃料的燃烧产生了大量的能量，燃料中心区域温度最高可达 2300K，随着压力波的扩散，高温区域也将随之扩散，对目标造成热辐射毁伤。图 10.11 和图 10.12 分别为计算得到的 4ms 时刻氧气和二氧化碳浓度分布等值线图，燃料燃烧的过程中消耗了大量的氧气，生成了大量的二氧化碳，随着影响区域的进一步扩展，低浓度的氧气及高浓度的二氧化碳必然将对有生力量及汽车等消耗氧气的设备造成巨大破坏。计算结果与实际现象相符合，由于实验较难获得燃料爆炸之后压力波的传播以及各物质的浓度分布参数，同时，其他数值模拟研究大多只停留在云雾团抛撒成型问题上。因此，该算例属于探索性模拟研究，验证新方法的适用性，下一步随着实验的完善，将对具体参数进行深入的对比分析。

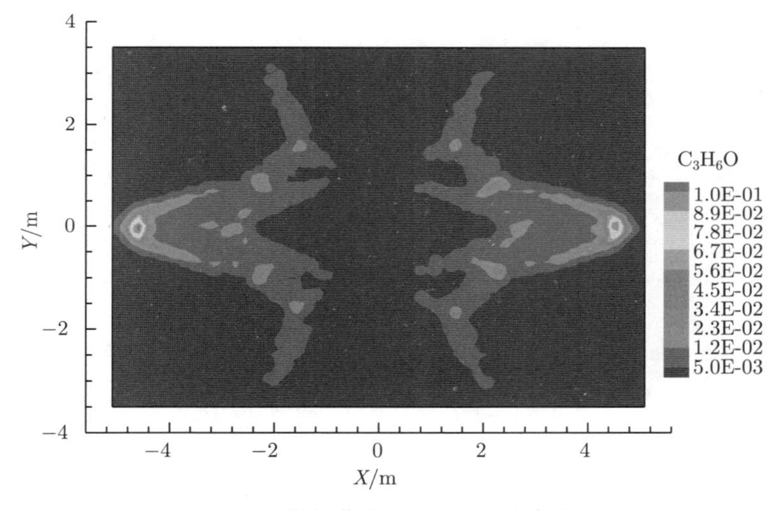

图 10.8 燃料蒸发后 C_3H_6O 浓度分布

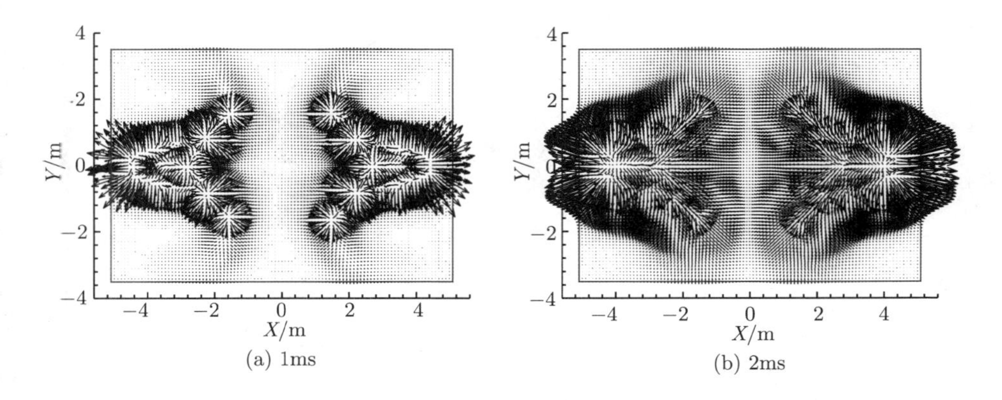

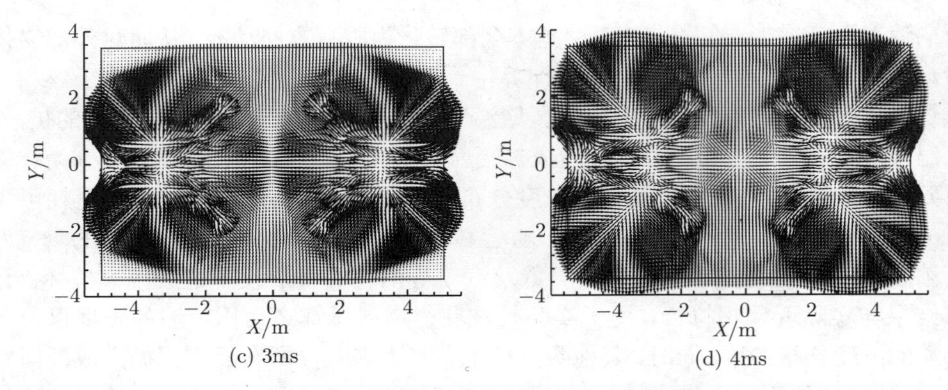

图 10.9　燃料蒸气爆炸过程中速度场变化

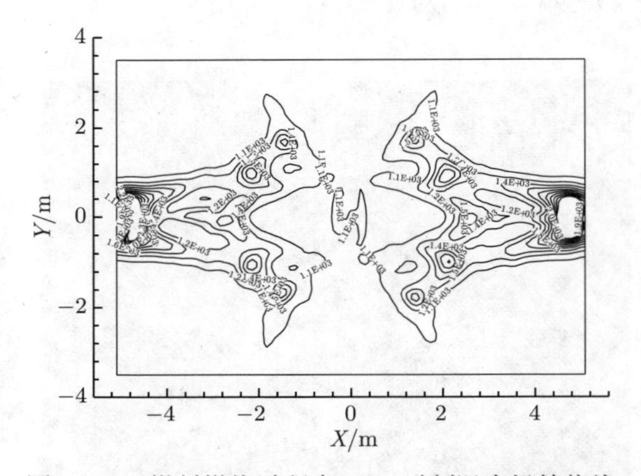

图 10.10　燃料燃烧过程中 4ms 时刻温度场等值线

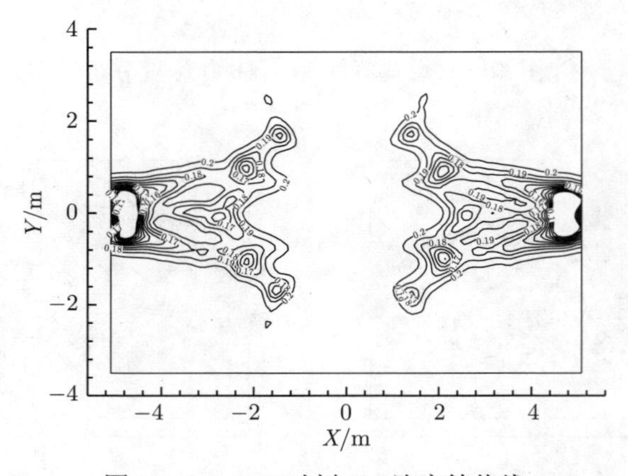

图 10.11　4ms 时刻 O_2 浓度等值线

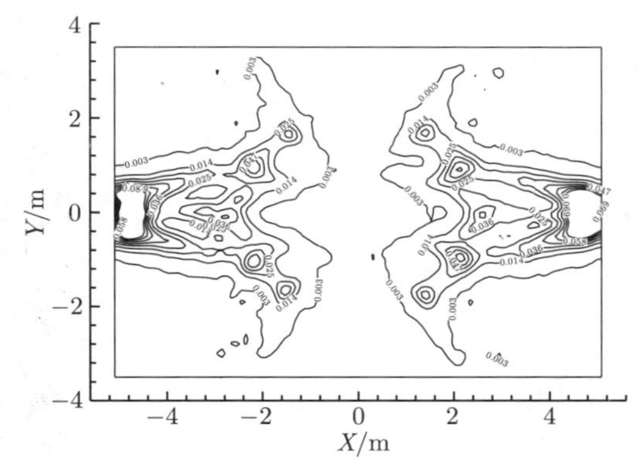

图 10.12 4ms 时刻 CO_2 浓度等值线

10.2 SDPH-FVM 耦合方法在化工领域中的应用

10.2.1 喷动流化床过程数值模拟

喷动床作为一种可以有效提供固体混合及气体–颗粒接触面积的技术，已经广泛应用于众多工业领域中，例如，农业、石化、能源、食品、医药、冶金等。喷动床最常见的为圆锥形，由圆锥底部通入恒定的气体，床体内颗粒由气流吹动，形成三个典型的区域：向上运动的稀相喷动区、向下运动的密相环核区以及喷泉区，颗粒在三个区域间循环流动。由于喷动床在颗粒接触效率、颗粒快速搅动等方面具有比普通流化床更优越的性能，因此对于喷动床内颗粒以及气相场运动状态的研究很有必要。

本节采用新方法对二维喷动床问题进行数值模拟，通过对喷动床内形成的颗粒流动的形态与实验值 [3]、DEM 方法 [3] 以及 TFM(Fluent 6.3.2 计算得到) 得到的结果进行对比，验证新方法对喷动流化床应用的可行性。

选取一个 V 型二维喷动床进行数值模拟研究，模型与 Zhao 等 [3] 的实验模型相同，如图 10.13 所示。喷动床锥形底部宽 15mm，上部出口处宽 152mm，锥形角度为 60°，喷动床体高 100mm，锥形区域高 115mm，总高度为 300mm，床体内充满体积分数为 55%的玻璃珠，所有颗粒直径相同，为 2.03mm，密度 $2.38\times10^3\text{kg/m}^3$，底部充入气体的表观速度 U_g 为 1.58m/s。计算中，FVM 离散网格均为四边形网格，SDPH 粒子半径为 2.375mm，密度即颗粒相的有效密度为 $1.39\times10^3\text{kg/m}^3$，每个 SPH 粒子表征 0.75 个统计颗粒，光滑长度 h 取 1.5 倍粒子间距，FVM 时间步长为 5×10^{-5}s，SDPH 时间步长由 CFL 条件计算得到。计算中所用参数如表 10.2 所示。

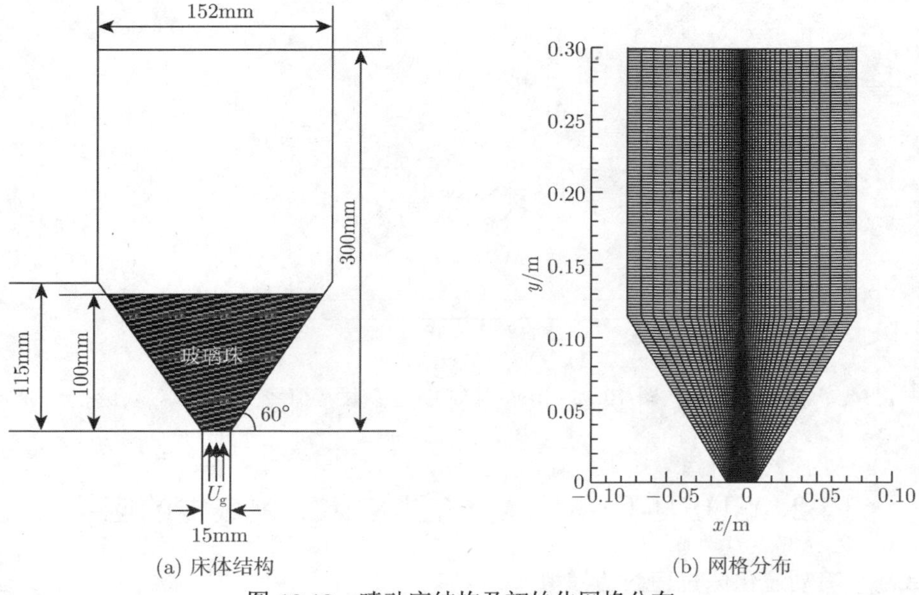

图 10.13　喷动床结构及初始化网格分布

表 10.2　计算中参数设置

参数	描述	值
$\rho_p/(\mathrm{kg/m^3})$	颗粒相密度	2380
$\rho_\mathrm{g}/(\mathrm{kg/m^3})$	气相密度	1.225
$\mu_\mathrm{g}/(\mathrm{Pa{\cdot}s})$	气相黏度	1.7895×10^{-5}
d_p/mm	颗粒直径	2.03
α_p	装载体积分数	0.55
$U_\mathrm{g}/(\mathrm{m/s})$	充气速度	1.58
n	SDPH 粒子表征的颗粒数目	0.75
$\Delta x_\mathrm{SPH}/\mathrm{mm}$	SDPH 粒子间距	2.375
h/mm	SDPH 光滑长度	3.5625
$\rho_\mathrm{SPH}/(\mathrm{kg/m^3})$	SDPH 粒子密度	1309
$\Delta T_\mathrm{FVM}/\mathrm{s}$	FVM 时间步长	5×10^{-5}

1. 喷动床流动形态对比

图 10.14 为采用不同方法得到的颗粒流动形态对比图。气体初始由喷嘴底部充入床体内，随后床体中间形成一个大的气泡，随着颗粒沿着垂直壁面和喷嘴壁面向床体的底部滑动，床体逐渐形成稳定的流化形态。该稳定的状态主要是由于颗粒与气体间相互作用，颗粒受到的作用力逐渐达到平衡，保持恒定的运动速度。从图中可以看到三个典型的流态化区域：喷动区、喷泉区和环核区。每个周期内，颗粒的速度由环核区向下，到达喷嘴底部后逐渐改变为喷动区速度向上，此时速度的绝

对值比环核区速度要大，随后颗粒逐渐运动到喷动顶端，最终以爆破的方式向四周散开，颗粒返回落到环核区。该现象已经过不同的实验观测到，采用本书新方法同样捕捉到了颗粒运动的细节。除此之外，可以观测到颗粒在喷动区主要以成团的方式运动。通过与 DEM 和 TFM 对比可以发现，新方法得到的结果与实验得到的结果更加吻合，在喷动区颗粒的体积分数小于环核区颗粒的体积分数。喷动周期为 150 ~ 160ms，与实验及 DEM 数值结果都较吻合。DEM 计算得到的结果中颗粒在喷嘴底部聚集严重，在床体中心部分较稀少，而本书得到的结果颗粒在床体底部较稀少，在喷动的区域较为连续。TFM 计算得到的颗粒相体积分数在床体达到稳定状态之后基本保持不变，主要是由于颗粒相的速度、密度和气体颗粒属性均为网格上的平均值，同时通过 TFM 计算的结果无法得到单颗粒的运动情形。为进一步分析新方法的准确性，选取了表征喷动特性的几何参量，如喷动区和喷涌区尺寸与其他结果进行对比，定义的几何参量如图 10.15 所示。对比的数据如表 10.3，可以看出 SDPH-FVM 耦合方法得到的结果与实验值更为接近。

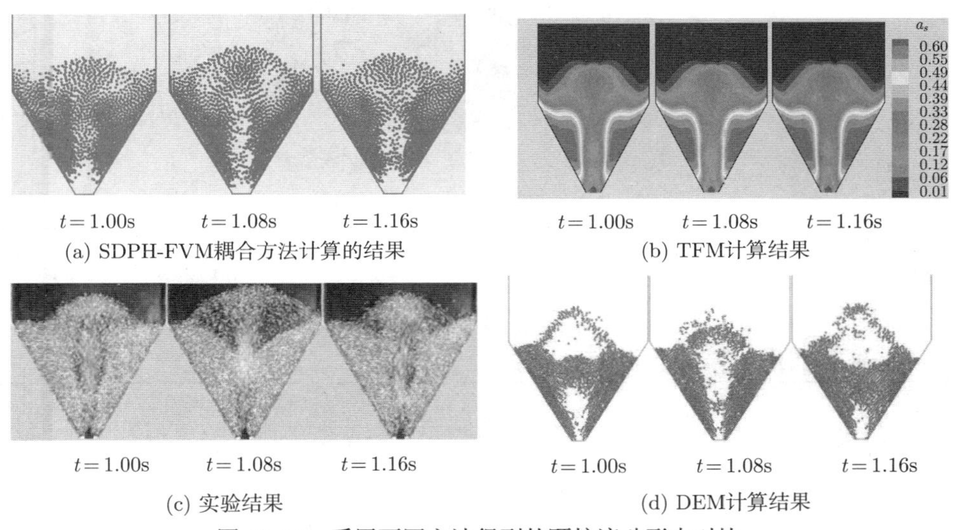

图 10.14　采用不同方法得到的颗粒流动形态对比

2. 颗粒速度特性对比

图 10.16 为采用 SDPH-FVM 方法计算得到的 1.08s 时刻颗粒瞬态速度矢量分布。在三个不同区域每个颗粒的运动情况都可以清晰捕捉。颗粒在床体内周期性运动，在喷动区颗粒的速度与环核区及喷涌区速度相比最大。计算得到的喷动床内颗粒在流动区域的速度时间均值与实验对比结果如图 10.17 所示。在计算流动特性的时间均值时，SDPH 粒子的值首先插值到背景固定的网格上，而后在所有区域上求解时间均值。在喷动区，颗粒速度与实验结果吻合较好，而在喷涌区和环核区，

数值计算的速度较实验值偏大。分析原因为：此处 SDPH 施加的边界力偏向于滑移边界，颗粒受到的边界影响较小，而实际中边界由于不完全光滑造成颗粒动能的损失。该问题将在下一步改进边界条件后加以解决。图 10.17 同时标记出了颗粒垂直速度分量为零的喷动区边界，由此得到的喷动区域的宽度与实验结果同样较为一致。

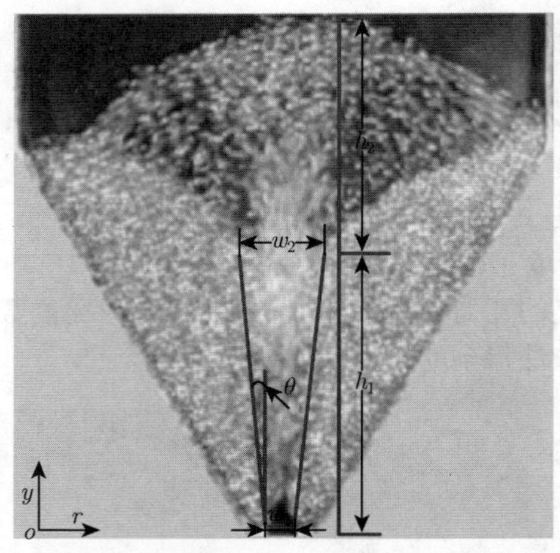

图 10.15　喷动床中定义的特征参数

表 10.3　喷动床中特征参数对比

方法	h_1/mm	h_2/mm	w_1/mm	w_2/mm	θ/(°)
SDPH-FVM	99.12	53.86	10.23	40.22	8.66
DEM	96.14	55.44	12.10	36.87	7.18
TFM	103.45	66.06	11.59	45.74	9.61
实验	98.84	51.05	9.80	38.12	8.15

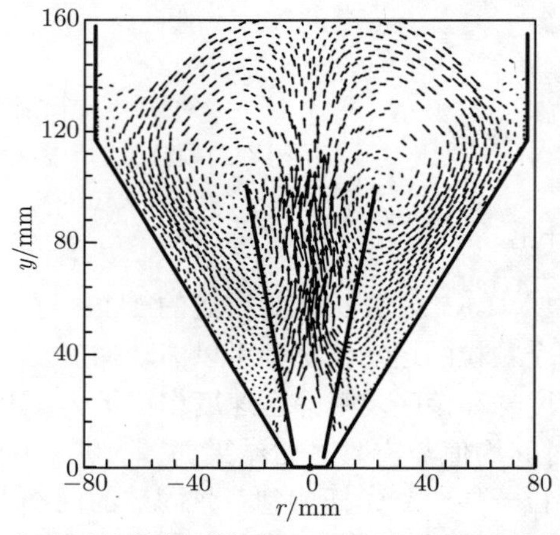

图 10.16　新方法计算得到的喷动床流动区域内颗粒的瞬时速度

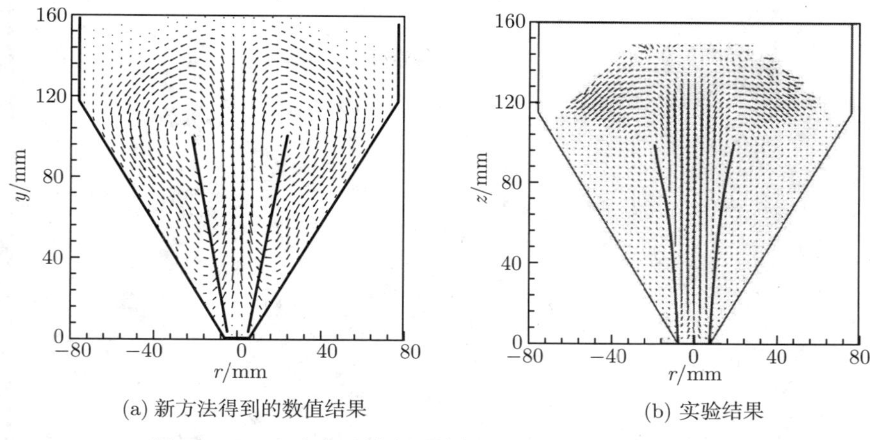

(a) 新方法得到的数值结果 (b) 实验结果

图 10.17 喷动床区域内颗粒的时间平均速度分布对比

图 10.18 为采用不同方法得到的沿喷动轴线方向颗粒的垂直速度分量定量对比图。结果显示喷嘴周围颗粒速度增加明显，在较长的喷动区域内颗粒速度达到最大值并且基本保持恒定，而后在喷涌区逐渐减速。通过新方法计算得到的颗粒最大速度高于 DEM 计算的结果，与实验值最大速度值更为接近。同时沿床体轴线方向得到的颗粒垂直速度分量变化趋势与实验结果更为吻合，而 TFM 结果偏差较大。但是，新方法计算的结果在初始速度上升段与实验有一定偏差。另外还计算得到了不同床体位置处沿横向方向颗粒的垂直速度分量，并与实验值进行了对比，如图 10.19 所示。该速度值沿着床体的横向方向随着半径的增加速度减小，呈三次方曲线函数分布。可以看出，在所有床体部位，数值计算的结果与实验值都较吻合。

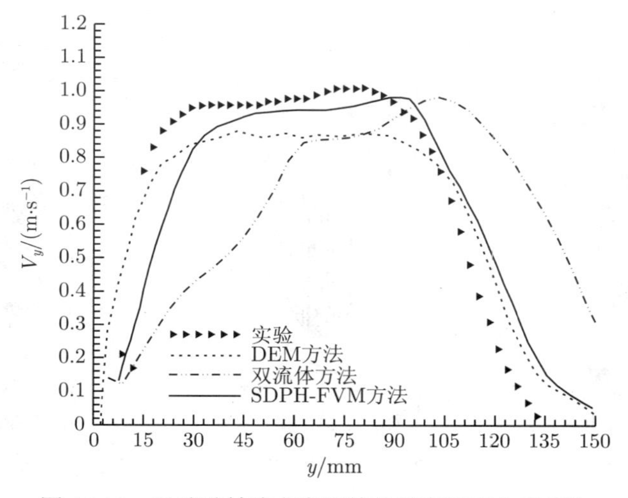

图 10.18 沿喷动轴线方向颗粒的垂直速度分量对比

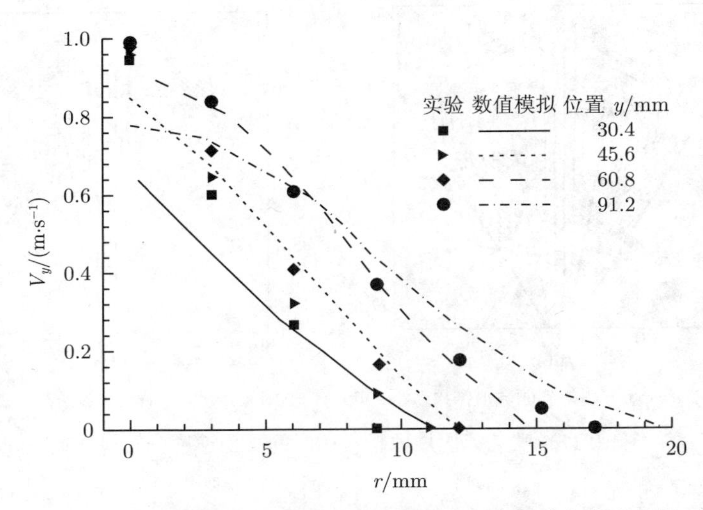

图 10.19 在喷动区不同床体位置处沿床体横向方向垂直速度分量对比

正如文献 [3][4] 中所阐述，气相场分布对于评测喷动床内气固相间接触作用具有重要的意义。图 10.20 展示了喷动床内气流场速度分布和时间均值等值线分布。可以看出，喷动区域的气体速度高于环核区，与 DEM 数值结果相一致。喷动区喷嘴附近的速度梯度与 TFM 及 DEM 数值结果相同。同时，数值结果显示约 80% 的气体正流经喷动区域，其余气体流经环核区域。气相湍动能分布结果对比如图 10.21 所示。可以看到，在中心区域两侧具有两个峰值，主要是由于喷动区和环核区之间具有较大的速度梯度。采用三种数值方法得到的湍动能分布趋势基本相同。

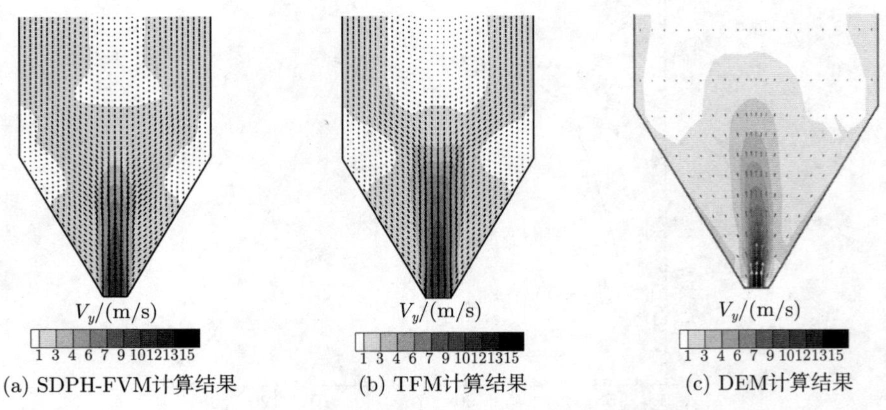

(a) SDPH-FVM计算结果 (b) TFM计算结果 (c) DEM计算结果

图 10.20 喷动床速度分布和气流场时间均值等值线分布

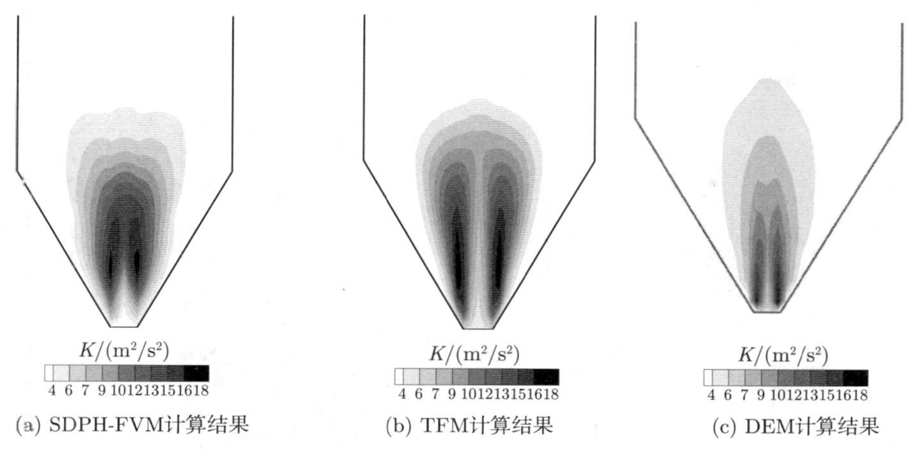

(a) SDPH-FVM计算结果　(b) TFM计算结果　(c) DEM计算结果

图 10.21　气相湍动能时间均值等值线对比图

10.2.2　鼓泡流化床过程数值模拟

在鼓泡流化床中，单孔充气形成鼓泡的过程作为一种典型的气–粒两相流动问题，在质量和能量交换方面具有很多独特的性质，因此准确预测鼓泡的特性对于深入理解流化床工作原理并进行设计具有重要的意义。很多学者对于单孔形成鼓泡的过程进行了实验和理论分析 [5]。为了验证 SDPH-FVM 耦合新方法在鼓泡流化床领域中应用的可行性，同时进一步检验本章采用的热传导模型的准确性，采用单孔鼓泡算例进行分析验证。图 10.22 为含单个喷气孔的流化床初始模型及粒子–网格分布图，气体相在边界上施加无滑移固壁边界条件，颗粒相在边界上施加罚函数边界条件，均为绝热壁面。在床体的中心，气体通过气孔吹入床体内部，喷入气体的温度为 350K。在床体的顶端，对于颗粒相和气体相均假定为自由出口边界条件，在床体的上部为与床体等高的自由床体，用于流化床内颗粒的膨胀，床体内颗粒相和气体相初始温度均为 288K。SDPH 粒子布置在下部床体部位，四边形的 FVM 网格分布占满整个床体，如图 10.22(b) 所示。数值模拟中所用参数如表 10.4 所示。

1. 气泡生长过程分析

图 10.23 为采用 SDPH-FVM 和 TFM 方法计算得到的鼓泡形态与实验结果对比图。可以看出，随着时间的流动，气泡在喷气孔附近逐渐生成，在 0.2s 时刻，气泡达到它的最大尺寸。随后逐渐从床体底部脱离，在大约 0.24s 时刻，气泡尾迹逐渐形成。从图中可以看出，气泡在形态上与 TFM 计算得到的结果以及实验结果 [5] 吻合较好。

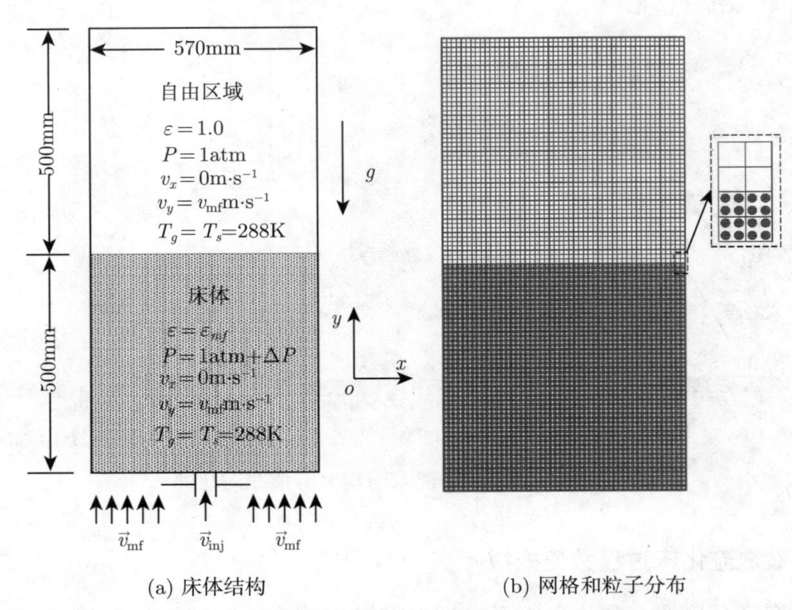

(a) 床体结构　　　　(b) 网格和粒子分布

图 10.22　鼓泡流化床结构示意图和粒子网格分布

表 10.4　鼓泡流化床参数设置

参数	描述	数值
$\rho_g/(\text{kg/m}^3)$	气体密度	1.225
$\mu_g/(\text{Pa·s})$	气体黏性	1.7895E-05
$\rho_p/(\text{kg/m}^3)$	颗粒密度	3060
d_p/mm	颗粒直径	0.285
α_p	装载体积分数	0.55
r_{inj}/mm	气孔宽度	15
$v_{\text{inj}}/(\text{m/s})$	入口速度	10, 15, 20
$v_{\text{mf}}/(\text{m/s})$	最大流化速度	0.08
n	单个 SPH 粒子表征颗粒数目	220
d_{av}/mm	单个 SPH 粒子表征颗粒均值直径	0.285
$\Delta x_{\text{SPH}}/\text{mm}$	SPH 粒子间距	5.7
h/mm	SPH 光滑长度	8.55
$\rho_{\text{SPH}}/(\text{kg/m}^3)$	SPH 粒子密度	1683
$\Delta x\times\Delta y/\text{mm}$	FVM 网格间距	11.4×11.4
$\Delta T_{\text{FVM}}/\text{s}$	FVM 时间步长	5×10^{-5}

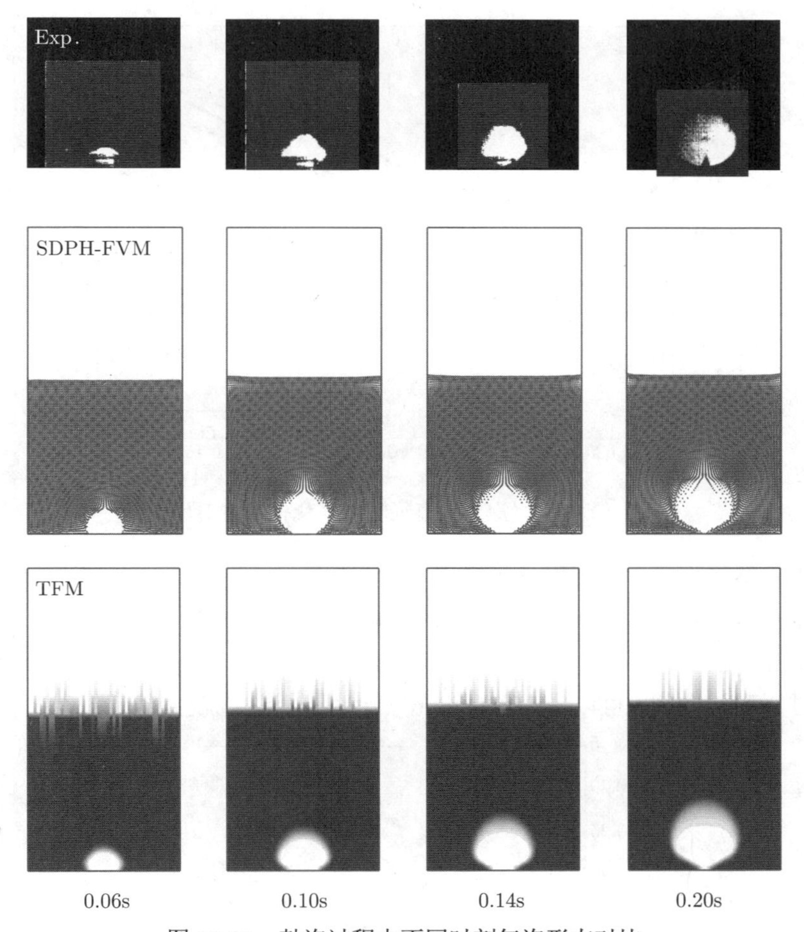

图 10.23 鼓泡过程中不同时刻气泡形态对比

为从数值计算出的气泡分布形态中确定出气泡的直径，在本算例中定义孔隙率为 0.85 的数值线为气泡的轮廓线。这一特定的选择决定了气泡的边界为一条气泡周围空隙率梯度较大的等值线。气泡的直径定义为与数值模拟得到的 $\alpha_{\mathrm{g}} > 0.85$ 的面积 S 相同的等效圆形的直径。二维情形下，等效气泡直径计算公式为

$$D_{\mathrm{e}} = \sqrt{\frac{S}{0.25\pi}} \tag{10.1}$$

图 10.24 为采用不同方法得到的气泡生长直径随时间变化曲线。可以看出，采用 SDPH-FVM 方法计算得到的变化曲线与实验值较为一致，且精度高于其他传统计算模型。由于本算例中每个 SDPH 粒子表征 220 个固体颗粒，因此计算量将有一定程度的减小。

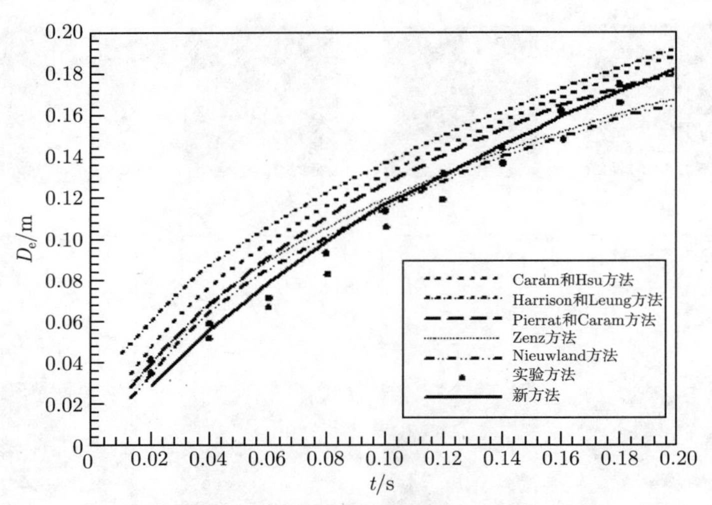

图 10.24　气泡生长直径随时间变化曲线对比

2. 充气速度和颗粒特性的影响分析

为研究充气速度对气泡生长的影响，选取了三种不同的充气速率进行计算模拟，分别为 $v_{\text{inj}} = 10\text{m/s}$，15m/s，20m/s。图 10.25 为这三种充气速度下等效气泡直径随时间变化曲线，可以看出，高的充气速率下将生成较大的气泡。

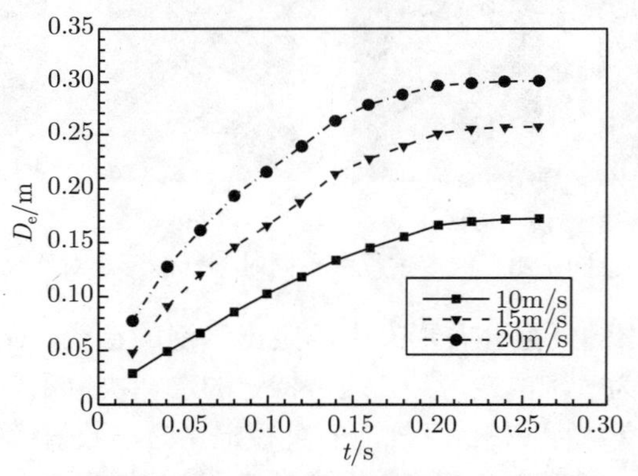

图 10.25　不同充气速度下等效气泡直径随时间变化曲线

图 10.26 展示了不同颗粒属性条件下 (包括直径和密度) 等效气泡直径随时间变化曲线，所采用的参数信息列于表 10.5 中。可以看出，A 和 B 颗粒属性下得到的曲线基本相同，且具有同样较小的流化速度。因此，可知该过程的最小流化速度与颗粒尺寸和颗粒密度对气泡形成的影响作用相关，而且该结论与早期 Nieuwland 等 [5] 报道的结论一致。再者，该结果也阐释了在相同的充气速度下具有较小的最小流化速度的床体将生成尺寸较大的气泡。

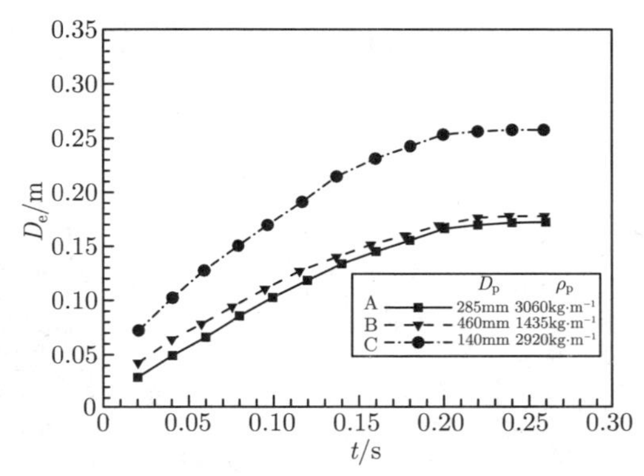

图 10.26　不同颗粒属性条件下等效气泡直径随时间变化曲线

表 10.5　不同计算工况下颗粒属性列表

工况	颗粒直径/mm	颗粒密度/(kg/m^3)	最小流化速度/(m/s)
A	285	3060	0.080
B	460	1435	0.096
C	140	2920	0.019

3. 气体相和颗粒相流场分析

气泡形成过程中不同时刻气体速度矢量及流线如图 10.27 所示。伴随着气泡的生长，气泡尾迹逐渐形成，随着时间的推移，尾迹宽度逐渐减小。在尾迹形成的过程中，周围流体逐渐向分离点区域流入，在气泡的尾部具有较强的当地速度。气体相开始沿气泡边缘向下滑动直到气泡的底部，因此，气泡尾迹的形成早于气泡与床底部的分离。图 10.28 展示了气泡周围颗粒的速度矢量分布。随着气泡的形成，颗粒逐渐向气泡底部运动，同时，具有一定厚度的稀释颗粒边界层覆盖在床体的表面。在该层内，颗粒的间隙较大，该层外部的颗粒较少影响到内部颗粒，同时运动速度高于内部颗粒。

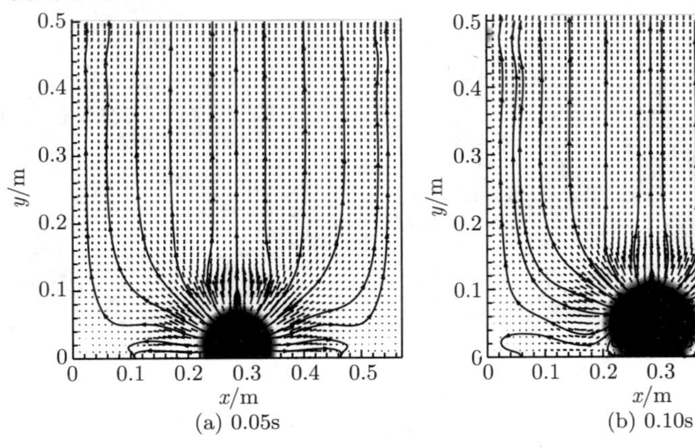

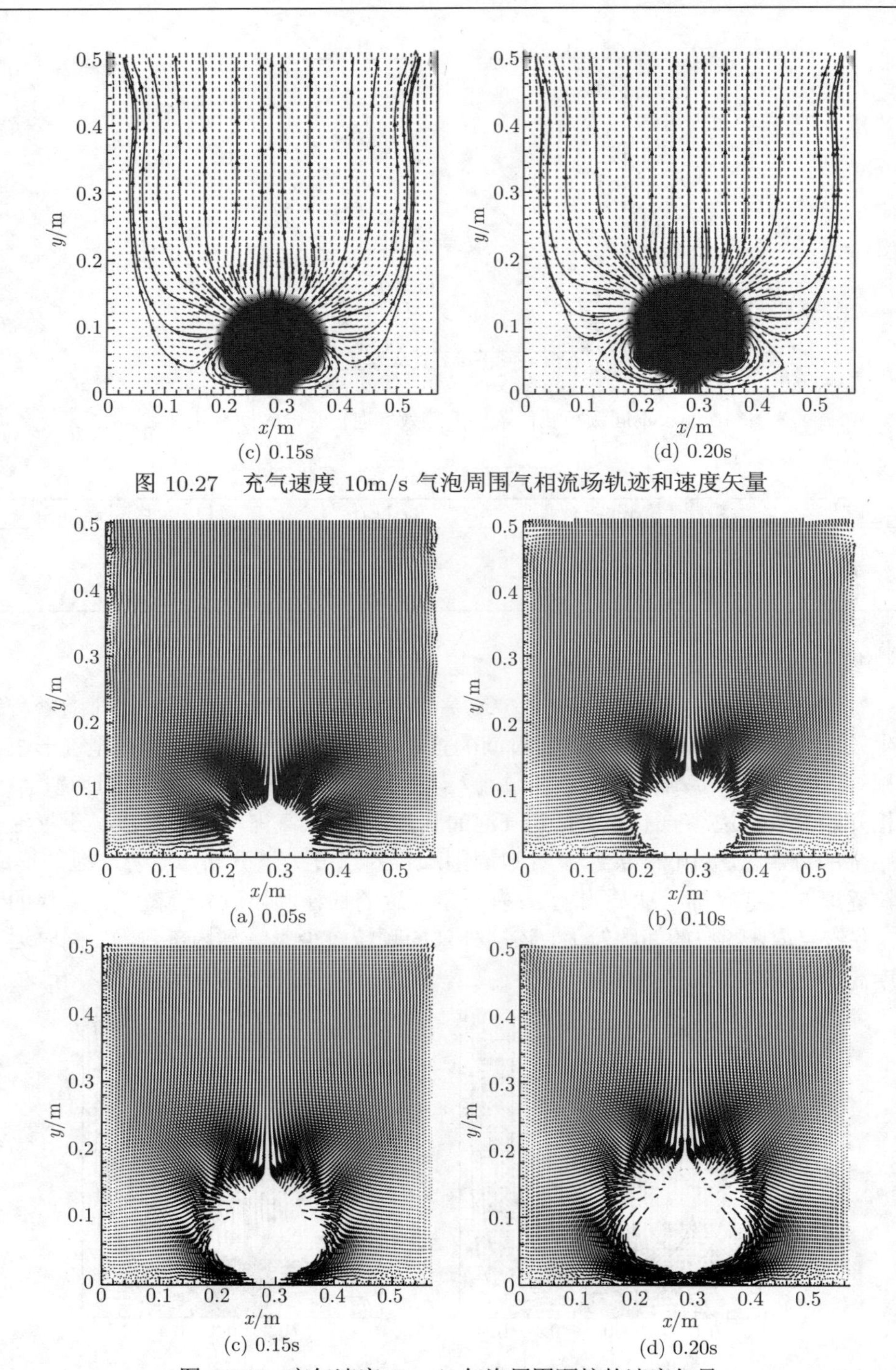

(c) 0.15s　　(d) 0.20s

图 10.27　充气速度 10m/s 气泡周围气相流场轨迹和速度矢量

(a) 0.05s　　(b) 0.10s

(c) 0.15s　　(d) 0.20s

图 10.28　充气速度 10m/s 气泡周围颗粒的速度矢量

4. 温度场分布特性

图 10.29 和图 10.30 为鼓泡过程中不同时刻气体相以及颗粒相的温度分布对比。可以看出，在中心高温气体鼓泡的过程中，不仅床体内部气体相的温度逐渐升高，在中心区域最高可达 345K，而且气体相与颗粒相发生着对流换热作用，颗粒吸收热量后温度同样上升明显。由于颗粒相不仅受相间传热量的影响，而且同样在其内部颗粒与颗粒之间发生着碰撞传热作用，因此在颗粒相气泡区域的外缘同样存在着一个升温区域。从 SDPH-FVM 与 TFM 结果对比来看，基本一致。SDPH-FVM 方法结果中颗粒相与气体相的温度分布基本一致，而 TFM 结果中，颗粒相与气体相的温度却存在着一定差别。分析原因为，在 SDPH-FVM 耦合方法中，每一时间步内 FVM 得到的能量作为源项施加到控制方程中，SDPH 所表征的颗粒的温度值

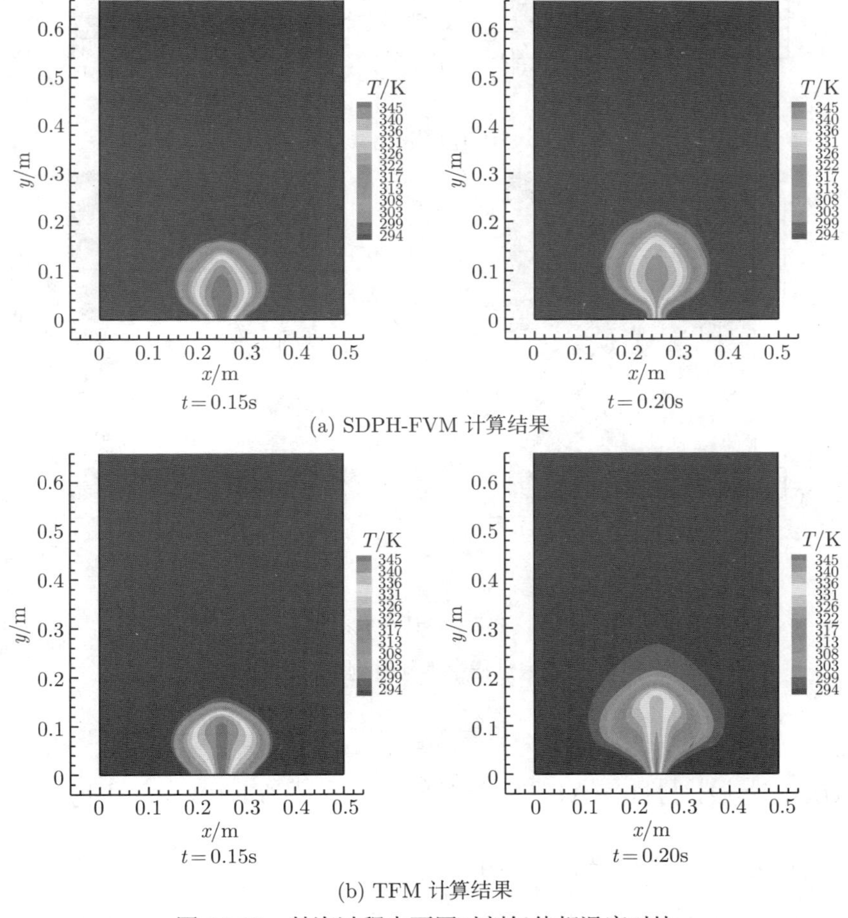

(a) SDPH-FVM 计算结果

(b) TFM 计算结果

图 10.29 鼓泡过程中不同时刻气体相温度对比

作为恒定值参与计算，迭代更新 FVM 网格温度值；而 TFM 中每一迭代步内颗粒与气体的温度值均进行着迭代更新，从能量守恒角度分析，TFM 方法两相间能量传递保持着严格的守恒性，而目前 SDPH-FVM 耦合方法相间能量传递存在一些偏差。因此下一步将对 SDPH 与 FVM 耦合的路径进一步完善，保证各量的守恒。

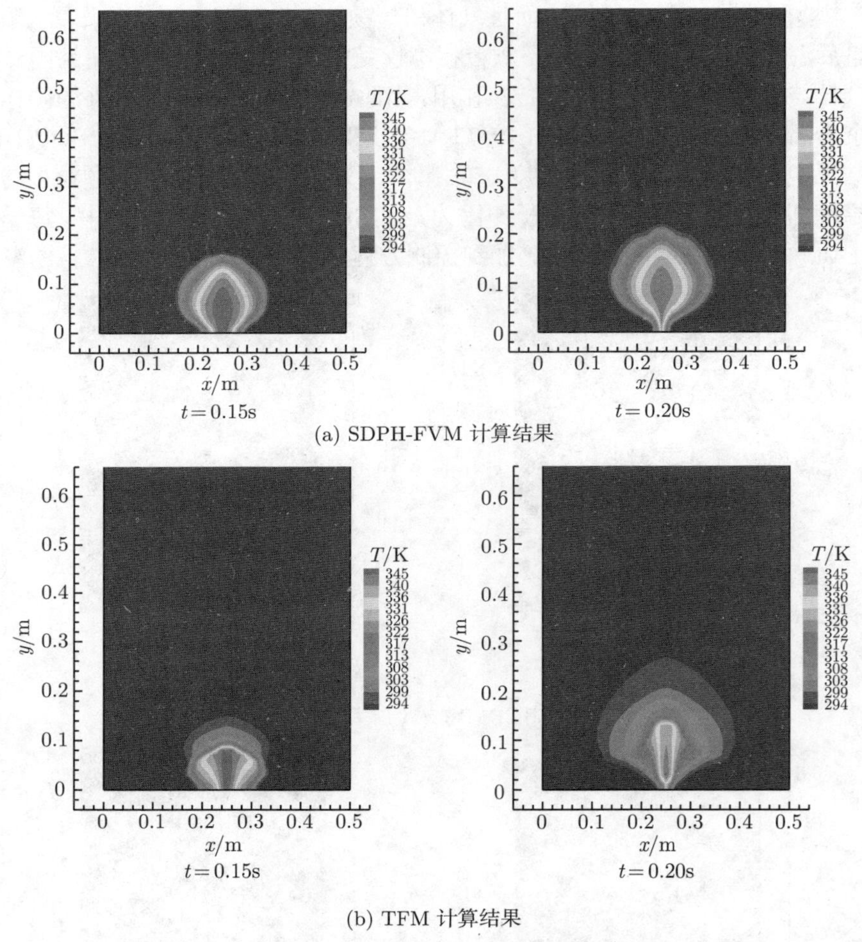

(a) SDPH-FVM 计算结果

(b) TFM 计算结果

图 10.30 鼓泡过程中不同时刻颗粒相温度对比

10.3 SDPH-FVM 耦合方法在灾害预防领域中的应用

10.3.1 沙粒起跳反弹过程数值模拟

沙粒在风力作用下运动有三种形式：跃移、蠕移和悬移，其中跃移颗粒占全部输沙量的 75%以上，蠕移占 20%左右，悬移仅占不到 5%，因此跃移运动是风沙运动的最主要形式，如图 10.31 所示。为了验证新算法的有效性，同时加深对风沙跃移运动机理的认识，本节选用了一个有效测试跃移运动的典型算例 —— 沙粒起跳反弹验证算例，它可以对沙粒的起跳、反弹现象进行详细的捕捉，获取风沙跃移中的速度矢量分布以及单颗粒运动轨迹等。初始模型如图 10.32 所示。在流场的底部有一定厚度的沙床分布，初始时刻速度均为零，在流场入口处，有一定量的沙粒以一定速度加入流场中，同时在入口处施加对数分布形态的风速，沙粒由于受到气流场的曳力、自身重力以及床面颗粒的碰撞作用而不断发生着起跳与反弹。数值计算参数如表 10.6 所示，入口风速遵循指数分布规律，公式为 $\boldsymbol{u} = (\boldsymbol{u}_*/k)\ln(y/y_0)$。式中，$\boldsymbol{u}$ 为床面高度 y 处的风速；k 为卡曼常数；y_0 为粗糙长度，通常取为 $y_0 = d_s/30$；$\boldsymbol{u}_*$ 为摩阻风速。FVM 网格均为正四边形网格。

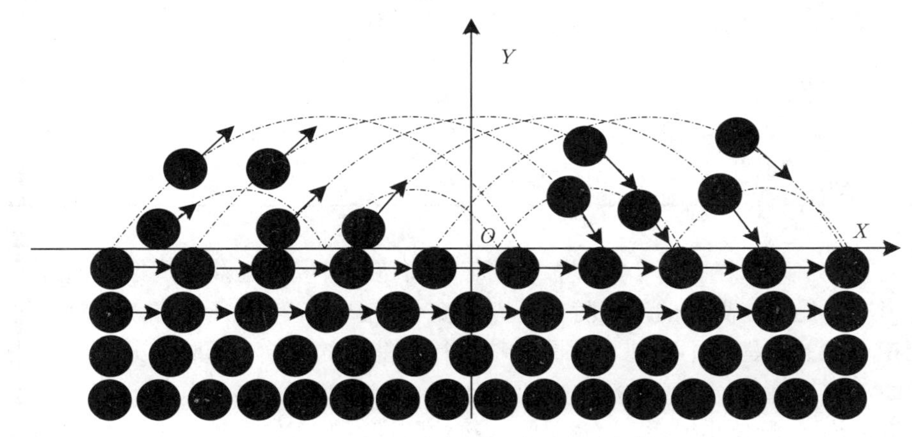

图 10.31 风沙主要运动形式示意图

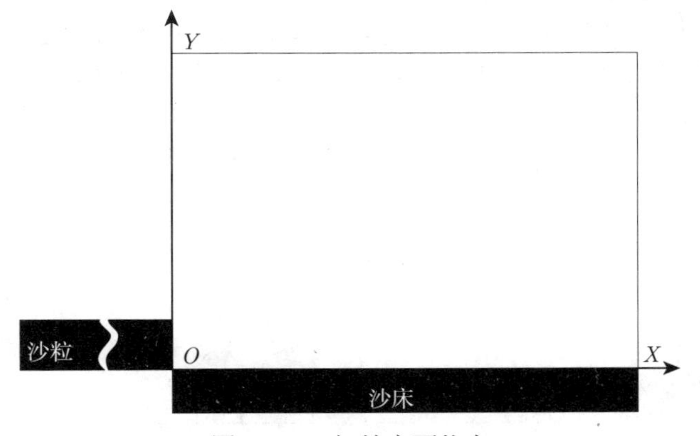

图 10.32 初始床面状态

表 10.6　沙粒与气体的参数列表

参数	描述	值
$\rho_g/(\mathrm{kg/m^3})$	气体密度	1.225
$\mu_g/(\mathrm{Pa{\cdot}s})$	气体黏性	1.7895×10^{-5}
$\rho_s/(\mathrm{kg/m^3})$	沙粒密度	2650
d_p/mm	沙粒直径	0.5
α_s	初始颗粒相体积分数	0.6
$H_{\mathrm{bed}}/\mathrm{mm}$	沙床高度	50
$L_{\mathrm{bed}}/\mathrm{mm}$	沙床长度	2000
$H_{\mathrm{in}}/\mathrm{mm}$	入口沙粒高度	50
H_0/mm	计算区域流场高度	130
$\boldsymbol{u}_*/(\mathrm{m/s})$	摩阻风速	0.6
$\boldsymbol{v}_s/(\mathrm{m/s})$	入口沙粒速度	0.5
k	卡曼常数	0.4
N	SPH 粒子数量	1700
n	SPH 表征的颗粒数量	35
$d_{\mathrm{av}}/\mathrm{mm}$	SPH 表征的颗粒粒径均值	0.5
$\Delta x_{\mathrm{SPH}}/\mathrm{mm}$	SPH 粒子间距	3.8
h/mm	SPH 光滑长度	5.7
$\rho_{\mathrm{SPH}}/(\mathrm{kg/m^3})$	SPH 粒子密度	1590
$\Delta x\times\Delta y/\mathrm{mm}$	FVM 网格间距	7.6×7.6
$\Delta T_{\mathrm{FVM}}/\mathrm{s}$	FVM 时间步长	5×10^{-5}

图 10.33 为沙粒中两个典型颗粒的运动轨迹。可以看出沙粒周期性起跳反弹运动形态，处于较高处的沙粒随着时间的变化，起跳高度有所降低，主要是由于沙粒在运动的过程中不断地与周围沙粒进行着能量的交换，同时与处于静止状态的床面沙粒进行碰撞，动量发生传递，自身动量降低。而 B 颗粒处于底层，起跳的高度要比 A 颗粒小很多，这也是造成风沙随高度的变化运动形态逐渐变化的原因。从 B 颗粒的运动轨迹可以发现，第二个起跳高度与其他几个周期的高度值存在着差别，同时与床体碰撞时间间隔也与其他周期有所不同，这主要是颗粒间存在着相互碰撞，造成颗粒运动轨迹发生变化。图 10.34 为颗粒运动达到平衡态后的

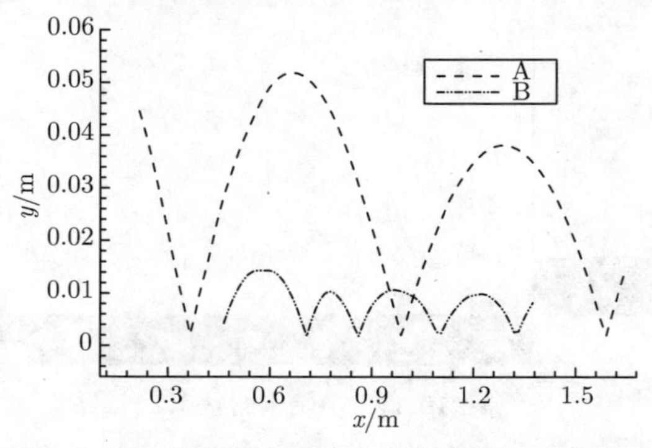

图 10.33　风沙场中两个典型颗粒的运动轨迹

速度矢量分布状况，可以明显地看出流场中有处于起跳状态的颗粒，有处于冲击床体状态的颗粒，以及位置较高处处于悬浮状态的颗粒，同时也可以看出颗粒随着高度的增加浓度逐渐减小，这些现象均与实验结果 [6,7] 相吻合。

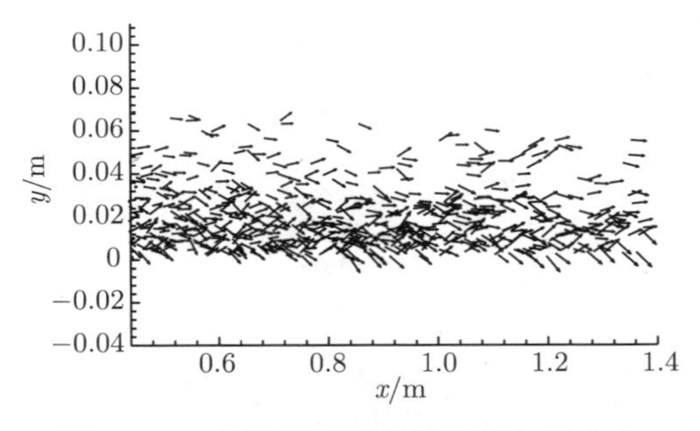

图 10.34　风沙场中颗粒的速度矢量分布

10.3.2　自由来流下风沙跃移过程数值模拟

此算例为风沙运动中的常见算例，主要通过与实验结果对比验证算法的准确性，同时分析风沙流场中沙粒与气体分布特性，为工程实际提供理论指导。计算区域为 0.2m×0.15m 二维矩形区域，初始粒子分布如图 10.35 所示。在进出口边界采用周期性边界描述，具体实施方法是在每一时间步将内部粒子 A 属性赋予边界虚粒子 B，进而用于计算更新内部粒子 B，同样将内部粒子 B 属性赋予边界虚粒子 A，进而用于计算更新内部粒子 A。流场中沙粒以及气体的参数设置如表 10.7 所示。初始 SDPH 粒子均匀排布在沙床底部，由于设置的风沙颗粒直径均相同，因此经过计算可得每个 SPH 粒子表征 6.67 个风沙颗粒，颗粒的粒径均值为 0.15mm，粒径方差为 0，全场共 12000 个粒子，上部和下部均布置一层边界粒子施加基于罚函数的边界条件。初始床面上风速同样遵循指数分布规律，气体的属性与大气属性相同。

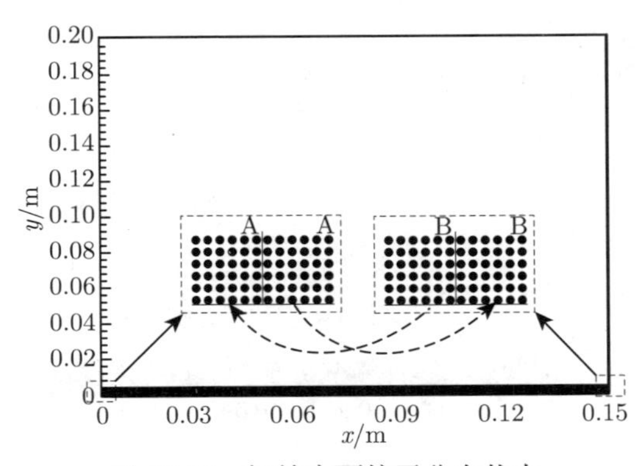

图 10.35　初始床面粒子分布状态

表 10.7　沙粒与气体的参数列表

参数	描述	值
$\rho_s/(\mathrm{kg/m^3})$	沙粒密度	2650
$\rho_g/(\mathrm{kg/m^3})$	气体密度	1.225
$\mu_g/(\mathrm{Pa{\cdot}s})$	气体黏性	1.7895×10^{-5}
d_p/mm	沙粒直径	0.15
α_s	初始颗粒相体积分数	0.6
$H_{\mathrm{bed}}/\mathrm{mm}$	沙床高度	5
$L_{\mathrm{bed}}/\mathrm{mm}$	沙床长度	150
$\boldsymbol{u}_*/(\mathrm{m/s})$	摩阻风速	0.29
k	卡曼常数	0.4
N	SPH 粒子数量	12000
n	SPH 表征的颗粒数量	6.67
$d_{\mathrm{av}}/\mathrm{mm}$	SPH 表征的颗粒粒径均值	0.15
$\Delta x/\mathrm{mm}$	SPH 粒子间距	0.5
h/mm	SPH 光滑长度	0.75
$\rho_{\mathrm{SPH}}/(\mathrm{kg/m^3})$	SPH 粒子密度	1590
$\Delta x\times\Delta y/\mathrm{mm}$	FVM 网格间距	2×2
$\Delta T_{\mathrm{FVM}}/\mathrm{s}$	FVM 时间步长	5×10^{-6}

图 10.36 为计算达到稳定后得到的颗粒空间分布状况，图 10.37 为颗粒速度空间分布状况。从图中可以看出，在沙床底部颗粒聚集度较高，随高度的增加，颗粒浓度逐渐减小，上部颗粒较稀疏，呈现出风沙运动的三种主要的运动形式。在自由来流风速下颗粒被快速地悬浮和传输，产生大量的跳跃颗粒，跳跃颗粒从风中获取能量，通过撞击的形式将能量传给地表面，因此跳跃是风沙相互作用过程中能量与动量交换的最主要的过程。跳跃颗粒同时对于空气气流具有反馈作用，从而在极大程度上改变了风的特性，因此在地表面附近由于吹动作用沙粒的运动形成了一定厚度的下边界层。而空气中颗粒间的碰撞作用以及颗粒与颗粒床体的碰撞作用极大地影响了跳跃沙团中单个颗粒的运动轨迹以及动量值，随着高度的增加，颗粒间的碰撞概率减小，经过两相间不断耦合作用，相互传递动量和能量，最终达到一个比较稳定的状态。

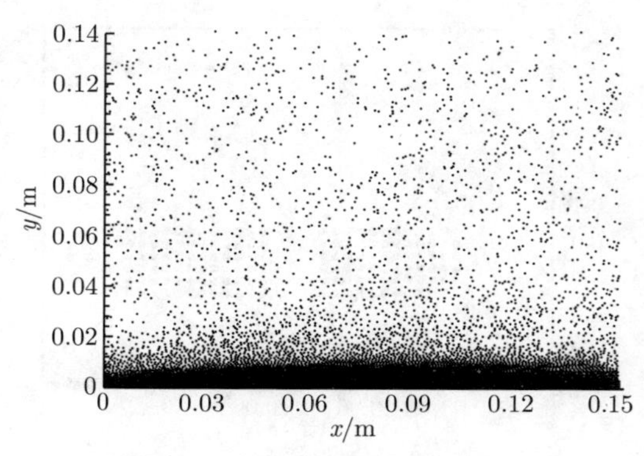

图 10.36　稳定后颗粒空间分布

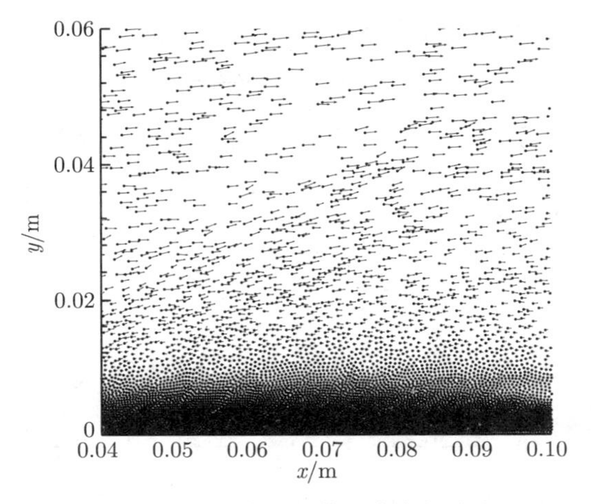

图 10.37 稳定后颗粒速度空间分布

图 10.38 为沙粒平均水平速度随高度变化的曲线，实验值选自 Dong 等 [7] 进行的风洞中砾石表面上颗粒速度分布实验测量结果，U_{F} 为高度为 0.3m 处的来流风速，具体在本算例中通过风速分布公式 $\boldsymbol{u}=(\boldsymbol{u}_*/k)\ln(y/y_0)$ 计算得到。从图中可以看出，沙粒水平速度与高度成正比，在大于 0.02m 的高度可以用对数函数或幂函数表示，与实验结果描述一致。同时为了进一步验证算法的通用性，对另两种来流速度下的颗粒速度分布进行了计算，从对比结果来看，与实验值同样吻合较好。

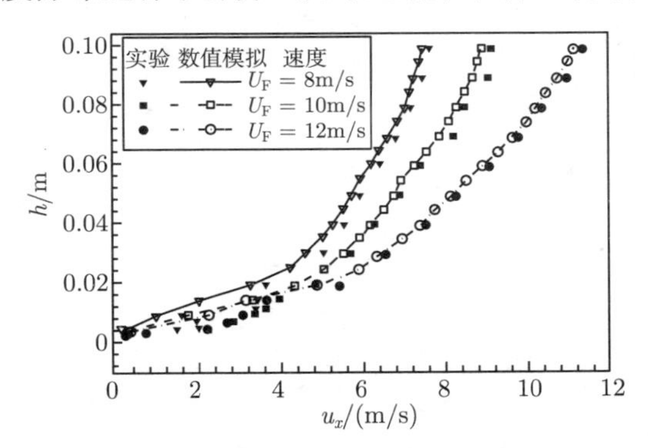

图 10.38 沙粒均值水平速度对比图

图 10.39 为风速随高度变化曲线。可以看出，在未启动沙粒之前，风速随高度完全呈对数分布关系，在启动沙粒之后，由于受到沙粒的曳力反作用，风速降低，在大于 0.05m 高度处，含有沙粒的风速大于未启动沙粒的风速，这与相关数值模拟结果 [7] 基本一致。同时也可以看出，加入沙粒之后，风速在 0.01m 高度以上同样保持对数分布形态。而在 0.01m 高度以下不完全遵循对数分布，这是由于在靠近床体区域，颗粒与颗粒间、颗粒与床体间以及颗粒与空气间频繁发生着动量与能

量交换，使得风速分布变得较为复杂。

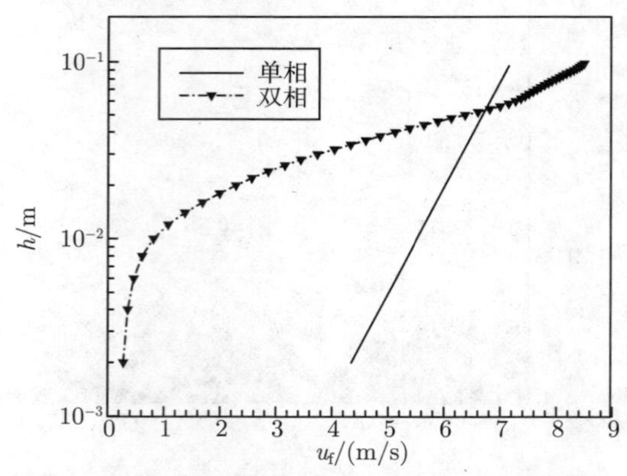

图 10.39　气体在单相和两相条件下水平速度分布

10.3.3　沙丘迁移过程数值模拟

沙丘是风力作用下沙粒的堆积体，为沙漠或沙地的主要地貌类型，属于风沙地貌类型中的风积地貌，其形成发育过程极大地受风沙两相流运动规律的影响，与颗粒运动和气流特征紧密联系。为验证算法的实用性，并且为下一步开展工程应用打下基础，本小节对风力作用下沙丘的迁移问题进行了模拟验证。初始粒子分布如图 10.40 所示。摩阻风速 $\boldsymbol{u}_*$ 沿水平方向取值为 0.29m/s，在边界处理上两个模型间存在差异，该算例不施加完全性周期性边界条件，粒子从出口处飞出流场区域后按照原粒子属性加入入口处继续参与计算，不设置虚粒子边界层。初始时刻，左边界粒子由于受到指数分布的风力作用，会产生斜向上的速度，从而被悬浮和传输，底部沙床形成沙丘。

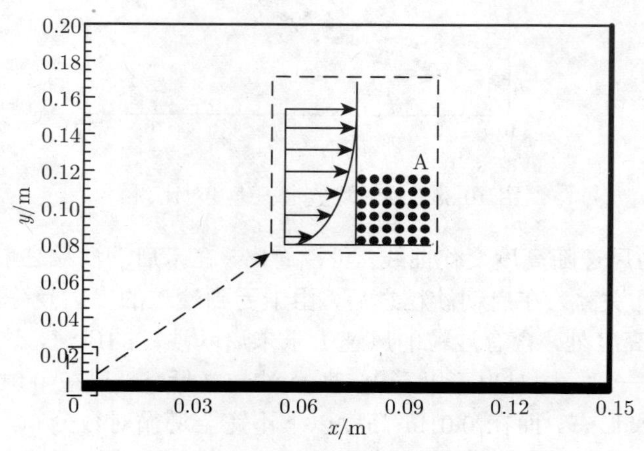

图 10.40　初始床面粒子分布状态

图 10.41 为不同时刻沙丘移动的粒子分布形态。从图中可以看出，受迎风坡脚的阻挡作用，气流沿坡面爬升，风力将沙粒从沙丘和主臂底部挟带至上部和顶部，沙丘坡面在风力的作用下缓慢向前移动，沙丘前缘随时间移动曲线如图 10.42 所示，沙丘移动速度基本保持恒定值，为 0.2m/s。图 10.43 为沙丘周围颗粒与气体速度流场分布，可以看出，沿来流方向，气流在迎风坡脚压缩，随后沿坡面加速上升，风速等值线较为密集并在坡顶前端汇聚，风速随高度增加而增加。流场在沙丘的坡脚处受地形阻滞作用的影响，水平速度有所下降，随着地形的抬升造成流体逐渐加速，并在上方形成一个 $u_y > 0$ 的区域，从而在流场的中心区域形成一个漩涡体，如图 10.44 所示。在该算例的基础上，下一步将开展背风侧流场特性数值模拟，为理解沙丘运动机理提供更为可靠的理论依据。

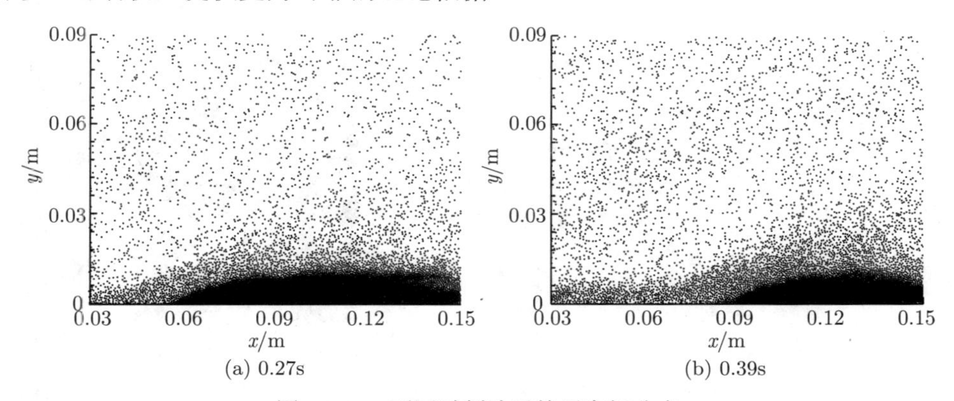

图 10.41 不同时刻沙丘粒子空间分布

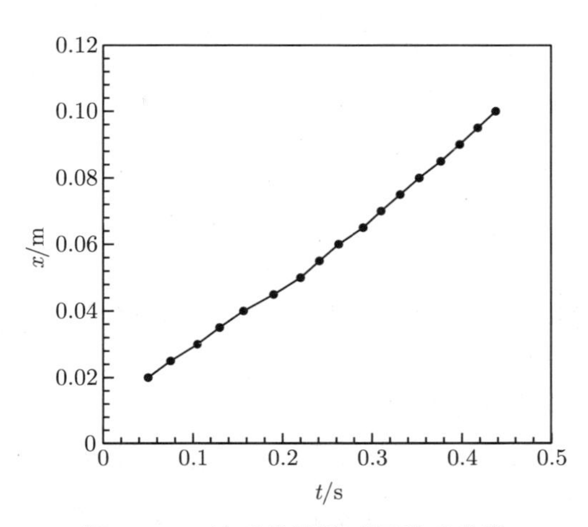

图 10.42 沙丘前缘随时间移动曲线

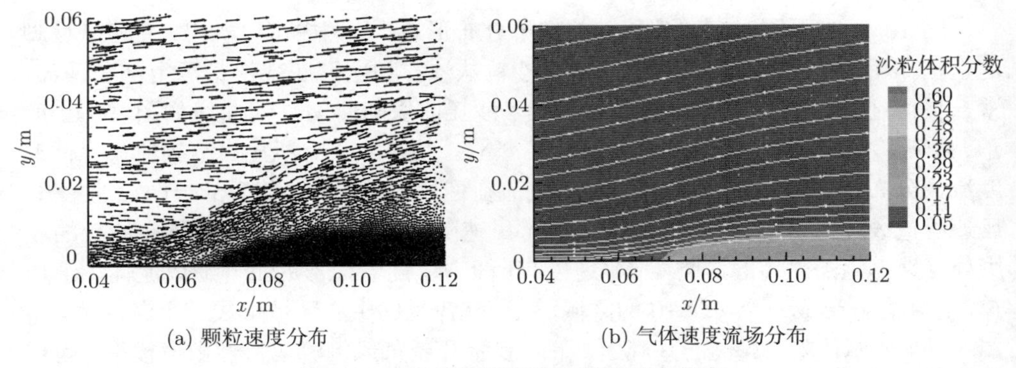

(a) 颗粒速度分布　　(b) 气体速度流场分布

图 10.43　沙丘周围颗粒与气体速度分布

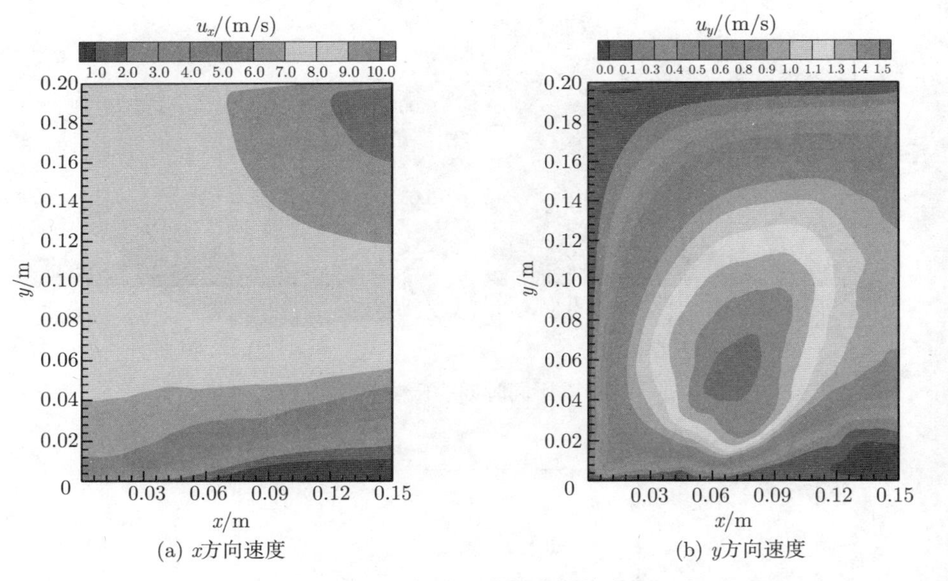

(a) x方向速度　　(b) y方向速度

图 10.44　气体速度分布等值线

10.4　SDPH-FVM 耦合方法在物料输运领域中的应用

10.4.1　垂直管内颗粒的气力输送过程

垂直气力管中颗粒的输送相对简单，重力作用方向与管道延伸方向相同，以管的中心轴线为对称轴左右对称。Gidaspow [8] 通过实验对管中颗粒的聚团进行了详细的分析，采用高速摄像捕捉到了颗粒聚团的产生和下降过程的细节。本小节在该实验的基础上进行模拟，图 10.45 为模型结构示意图，算例中各参量值在图右方列出。

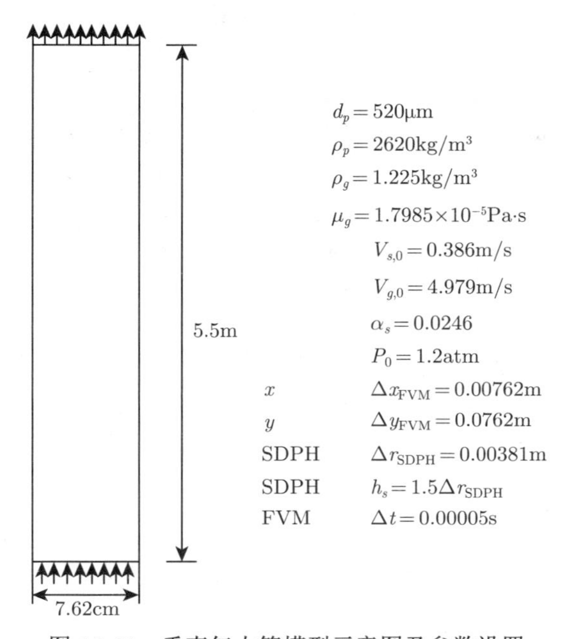

图 10.45 垂直气力管模型示意图及参数设置

图 10.46 为计算得到的 5s 时刻管中颗粒的分布状态。初始时刻，气体均匀充入管口，颗粒受到气流的拖曳力的作用，颗粒逐渐被吹入管中。颗粒在运动中受到壁面的排斥力作用，造成颗粒在径向方向产生速度梯度，与迎面撞向壁面的颗粒相互碰撞，造成颗粒团聚的产生，颗粒团以动力学单元或者大直径颗粒的状态运动，当其重力大于气流的曳力作用时，逐渐向下沉降。图中可以清晰地看到管壁附近团聚物的存在，与实验现象相吻合。图 10.47 为计算得到的在颗粒充分发展的区域 (轴向位置 3.4m 处) 颗粒浓度的时间均值沿径向变化曲线，与实验值基本相符，都显示出在壁面附近颗粒浓度较高，中心区域浓度较低，主要是壁面处颗粒团聚物生成原因造成的。图 10.48 为轴向位置 3.4m 处气体轴向速度的时间均值沿径向变化曲线与实验对比结果。由于受到边界黏附力的影响，气体速度沿径向近似成抛物线形状变化，在中心区域速度值较大，与实验值较为吻合。图 10.49 为在轴向位置 3.4m 处，颗粒轴向速度的时间均值沿径向变化曲线与实验对比结果，两者基本吻合，在中心区域存在一些偏差，分析原因为：Luo [9] 采用 X 射线成像仪测量直径较小的颗粒浓度时，精度较低，而颗粒的速度值即通过采用球形探针测得的颗粒相流量值和该浓度值一起计算得到，因此在中心区域实验存在一定误差。

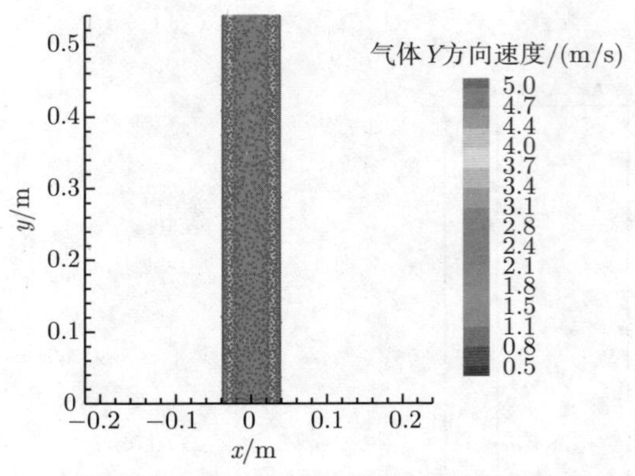

图 10.46　5s 时刻垂直管内颗粒分布

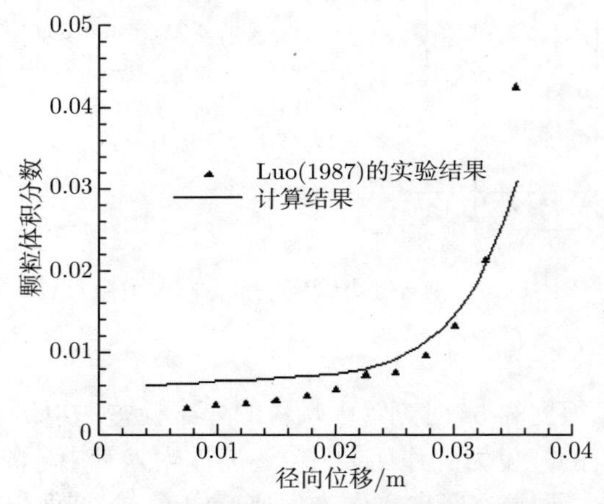

图 10.47　颗粒体积分数沿径向变化曲线

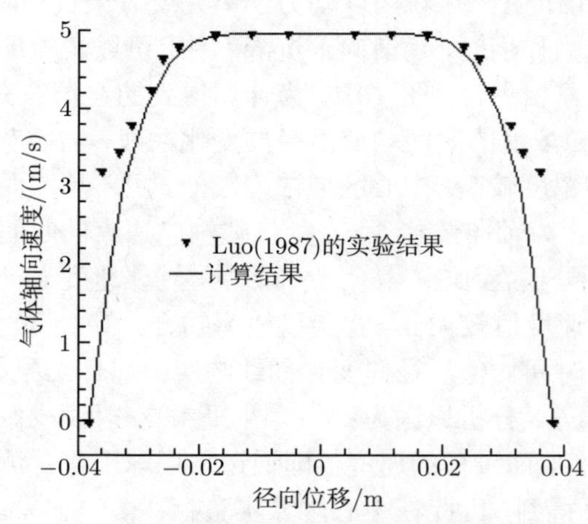

图 10.48　气体轴向速度沿径向变化曲线

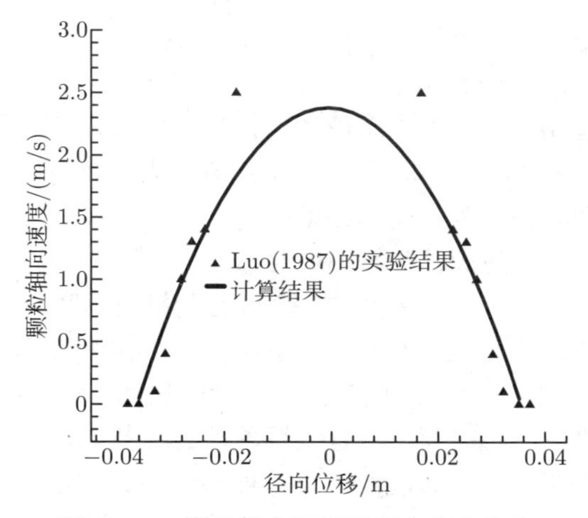

图 10.49 颗粒轴向速度沿径向变化曲线

10.4.2 水平管内颗粒的气力输送过程

不同于垂直管内颗粒的气力输送，水平管内颗粒的运动相对复杂。因为颗粒在重力的作用下将向水平管的底部运动，重力方向与气流方向垂直，造成颗粒运动形态的非对称性。同时向下运动的颗粒与管壁之间发生着频繁的碰撞和摩擦，造成颗粒能量的损失。本节采用 SDPH-FVM 耦合新方法对水平管内颗粒的运动过程进行数值模拟，捕捉颗粒运动的细节，为该问题的研究提供更为有效的数值方法。在该算例中，边界条件对于颗粒的运动影响较大，为与实验结果进行对比，在该算例中引入文献 [10] 中提出的颗粒反弹性边界条件进行处理，颗粒与壁面碰撞后法向速度和切向速度将发生改变，如图 10.50 所示。

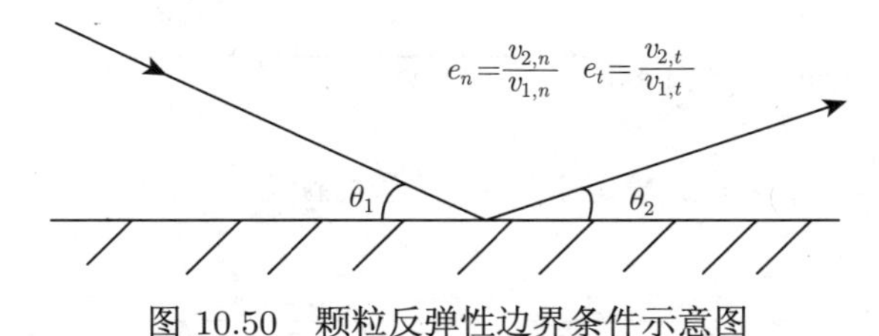

图 10.50 颗粒反弹性边界条件示意图

颗粒在碰撞点处反生碰撞反弹，造成颗粒动量和能量的损失，变化量由碰撞反弹系数确定。如在法向上，法向弹性恢复系数决定了颗粒与壁面发生碰撞后，垂直于壁面方向的动量变化率，$e_n = v_{2,n}/v_{1,n}$，v_n 为垂直于壁面的法向速度分量，下标 1, 2 分别表示碰撞前后的量；同理，e_t 表示壁面切线方向的动量变化率。入射角 θ_1 由入射速度决定，反射角 θ_2 则由入射角 θ_1 和弹性恢复系数 e_n 和 e_t 共同决定。弹性恢复系数通常由实验测得，该比例系数确保了碰撞后颗粒可以继续在气流的作用下漂浮向前运动。本算例中 e_n 取 0.9，e_t 取 0.8。颗粒材质为聚苯乙烯，直径 $d_p = 1\text{mm}$，密度 $\rho_p = 1000\text{kg/m}^3$，管道高度 $h = 25\text{mm}$，长度 $L = 1000\text{h}$，FVM 网格尺寸为 1.0mm×10.0mm，SDPH 粒子直径为 0.5mm，管道为水平管，初始充入的颗粒分布均匀，气体速度为 7m/s，颗粒初始速度为气体速度的 0.5 倍，模型结构及其他参数与图 10.45 垂直管结构和参数相同。

图 10.51 为输运稳定后颗粒在管中的分布状态，图 10.52 为相应颗粒的速度矢量分布。可以看出，颗粒在管中持续与管壁间发生着碰撞反弹作用，颗粒大部分沉积在管的底部，一部分颗粒受到壁面的反弹作用和气流的剪切升力作用悬浮在管中，另一部分颗粒由于向上反弹速度较大到达管的顶部，与上管壁发生碰撞后反弹回管中，数值结果清晰地捕捉到了所有颗粒运动的细节。图 10.53 为达到稳定状态后水平管中颗粒的浓度、颗粒速度及气体速度沿管径方向的变化曲线。可以看出，颗粒浓度在管上部基本为零，沿管径向浓度逐渐增大，在下管壁附近由于碰撞反弹作用，颗粒浓度存在一个减小的趋势，实验 [10] 同样捕捉到了该现象。颗粒的水平速度由于受均匀气流的作用，沿径向变化不明显。由于颗粒在底部的聚集，气体的速度分布呈现出非对称性，尤其对于低速流动的气体，颗粒影响更加明显。由于本算例中气体速度相对为中速，非对称性不明显。同样由于壁面的黏附力的作用，在上下壁面处，气体速度较低。数值结果与实验结果吻合较好，表明本算例采用的壁面处理方法引入 SDPH-FVM 耦合方法中，能较好地处理颗粒与壁面碰撞起主要作用的气–粒两相流动问题。

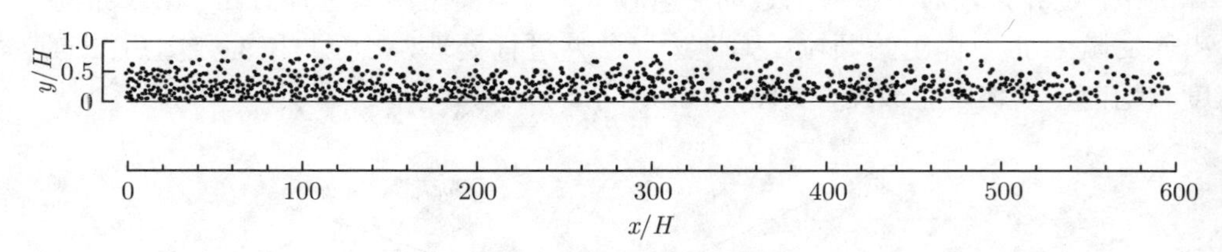

图 10.51　输运稳定后水平管内颗粒的分布状态

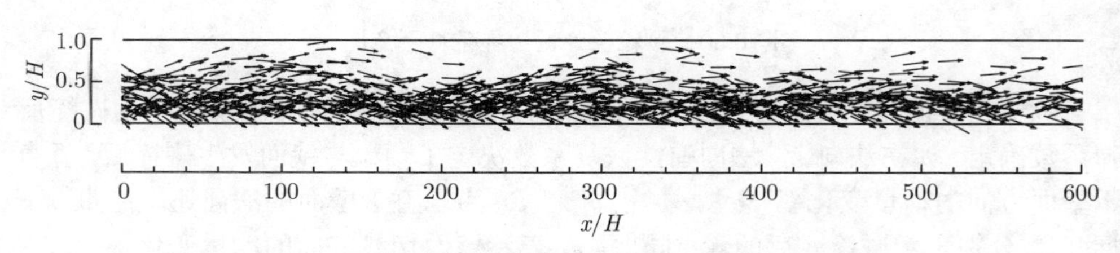

图 10.52　输运稳定后颗粒在水平管中速度矢量分布

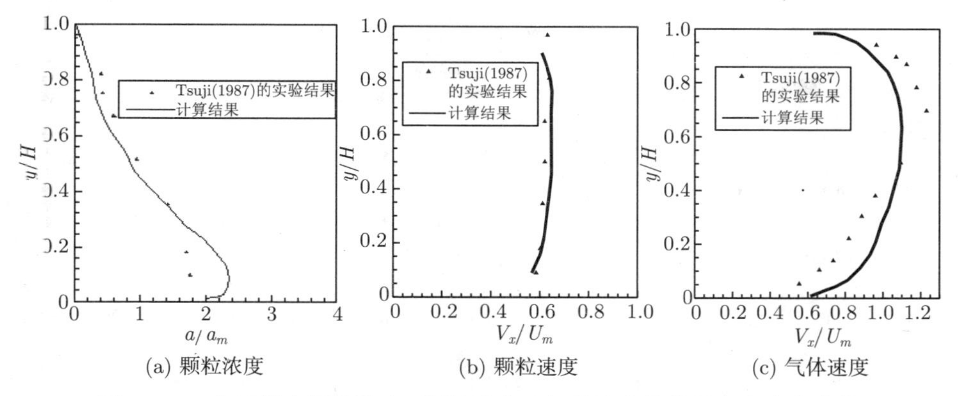

(a) 颗粒浓度　(b) 颗粒速度　(c) 气体速度

图 10.53　水平管内颗粒浓度、颗粒速度及气体速度沿管径方向变化曲线

10.5 小　结

本章在前面所论述的一系列 SDPH-FVM 耦合方法的基础上，进一步选取了四个不同领域内的典型问题进行了数值模拟，分析了气–粒两相流动过程，揭示了相关物理机理，得到了重要结论，为指导相关研究提供了理论依据。具体模拟过程如下。

(1) 对 FAE 燃料爆炸抛撒成雾过程进行了数值模拟，同时对不同起爆方式对云雾形成的影响进行了研究；对抛撒形成的云雾团的燃烧爆炸过程进行了探索性模拟研究，得到了压力波传播过程、温度场分布以及氧气和二氧化碳浓度分布等，较好地模拟分析了爆炸产生的威力，为下一步开展 FAE 燃料以及装置的设计研究提供了一种非常有效的数值方法。

(2) 模拟了二维锥形喷动床内颗粒流化过程，分析了喷动的形态、时间均值颗粒速度、颗粒垂直速度等分布状况，讨论了气流场分布和湍动能分布，与实验结果对比吻合较好，精度高于 DEM 方法。

(3) 模拟了气固流化床中单孔充气条件下气泡的形成过程，分析了充气速度、颗粒尺寸和颗粒密度对气泡生长过程的影响，得到了气泡形状与直径随时间变化历程，与实验值及其他数值模拟结果进行了对比，同时气体与颗粒相的流动特性及传热作用下气泡周围温度分布也进行了细致的分析。

(4) 应用于自然环境领域，首先通过沙粒起跳反弹算例，对风沙运动中的跃移问题进行了详细的模拟分析。模拟了自由来流风速作用下风沙运动问题，得到了风沙场中沙粒的分布形态和颗粒以及气体速度分布曲线，通过与实验进行定量对比分析，验证了算法的准确性。最后通过对风力作用下沙丘的移动过程进行模拟，验证了该方法对于其他不同形式的风沙运动问题求解的有效性。

参 考 文 献

[1] 李席, 王伯良, 韩早, 等. 液固复合 FAE 云雾状态影响因素的试验研究 [J]. 爆破器材, 2013, 42(5): 23-26.

[2] 席志德, 解立峰, 刘家骢, 等. 竖直下抛液体燃料爆炸抛撒的初步数值研究 [J]. 爆炸与冲击, 2004, 24(3): 240-244.

[3] ZHAO X L, LI S Q, LIU G Q, et al. DEM simulation of the particle dynamics in two-dimensional spouted beds[J]. Powder Technology, 2008, 184(2): 205-213.

[4] TAKEUCHI S, WANG S, RHODES M. Discrete element simulation of a flat-bottomed spouted bed in the 3-D cylindrical coordinate system[J]. Chemical Engineering Science, 2004, 59(17): 3495-3504.

[5] NIEUWLAND J J, VEENENDAAL M L, KUIPERS J A M, et al. Bubble formation at a single orifice in gas-fluidised beds[J]. Chemical Engineering Science, 1996, 51(17): 4087-4102.

[6] ZOU X, WANG Z, HAO Q, et al. The distribution of velocity and energy of saltating sand grains in a wind tunnel[J]. Geomorphology, 2001, 36(3): 155-165.

[7] DONG Z, LIU X, WANG X, et al. Experimental investigation of the velocity of a sand cloud blowing over a sandy surface[J]. Earth Surface Processes and Landforms, 2004, 29(3): 343-358.

[8] GIDASPOW D, TSUO Y P, LUO K M. Computed and experimental cluster formation and velocity profiles in circulating fluidized beds[C]. Fluidization VI International Fluidization Conference, Alberta, Canada, 1989.

[9] LUO K M. Dilute, dense-phase and maximum solid-gas transport[D]. Chicago: Illinois Institute of Technology, 1987.

[10] TSUJI Y, MORIKAWA Y, TANAKA T, et al. Numerical simulation of gas-solid two-phase flow in a two-dimensional horizontal channel[J]. International Journal of Multiphase Flow, 1987, 13(5): 671-684.